Martin Gerhardt
Heike Schuster

Das digitale Universum

Interdisziplinäre Wissenschaft

Herausgegeben von H. Schuster

Andreas Deutsch (Hrsg.)
Muster des Lebendigen

Robert Bud
Wie wir das Leben nutzbar machten

John T. Bonner
Evolution und Entwicklung

Martin Gerhardt und Heike Schuster
Das digitale Universum

Vieweg

Martin Gerhardt
Heike Schuster

Das digitale Universum

Zelluläre Automaten als Modelle der Natur

Facetten

Umschlaggraphik: Die Autoren mit Unterstützung von Gerhard Preuss auf der Grundlage einer Simulation eines eindimensionalen zellulären Automaten

Alle Rechte vorbehalten
© Friedr. Vieweg & Sohn Verlagsgesellschaft mbH, Braunschweig/Wiesbaden, 1995
  Softcover reprint of the hardcover 1st edition 1995
Der Verlag Vieweg ist ein Unternehmen der Bertelsmann Fachinformation GmbH.

Das Werk einschließlich aller seiner Teile ist urheberrechtlich geschützt. Jede Verwertung außerhalb der engen Grenzen des Urheberrechtsgesetzes ist ohne Zustimmung des Verlags unzulässig und strafbar. Das gilt insbesondere für Vervielfältigungen, Übersetzungen, Mikroverfilmungen und die Einspeicherung und Verarbeitung in elektronischen Systemen.

Umschlaggestaltung: Schrimpf und Partner, Wiesbaden
Druck und buchbinderische Verarbeitung: Lengericher Handelsdruckerei, Lengerich
Gedruckt auf säurefreiem Papier

ISBN-13: 978-3-322-85006-5   e-ISBN-13: 978-3-322-85005-8
DOI: 10.1007/ 978-3-322-85005-8

*Unseren Eltern
Maria und Toni
Lieselotte und Aribert*

Vorwort

Dank der uns heute zur Verfügung stehenden Rechner und der mit diesen verbundenen computergraphischen Möglichkeiten zählen die zellulären Automaten zu den schönsten Spielzeugen, die die Mathematik dieses Jahrhunderts erfunden hat. Sie ermöglichen zugleich einen einfachen Zugang zu ersten, fast spielerischen Erfahrungen mit dem Grundthema der Wissenschaft zum Ausgang dieses Jahrhunderts: der Auseinandersetzung mit der Komplexität der Systeme, die unser Leben auf allen seinen Ebenen bestimmen, und den Möglichkeiten, diese Komplexität so zu „reduzieren", daß sie wissenschaftlich handhabbar wird, ohne dabei die für sie wesentlichen Momente durch Übervereinfachung zu verfälschen oder gar zu zerstören.

Seit Newton versuchen wir, die Vorgänge in der Natur als Folge von Gesetzmäßigkeiten zu verstehen, welche ausschließlich die elementaren Wechselwirkungen zwischen ihren Teilen beschreiben. Und seit Newton war es die Aufgabe der Mathematik, Werkzeuge zu entwickeln und zur Verfügung zu stellen, welche es erlauben, die langreichweitigen Folgen solch elementarer Wechselwirkungsbeziehungen in zusammengesetzten (also *komplexen*) Systemen zu erfassen. Die gesamte klassische Analysis (oder Infinitesimalrechnung) verdankt ihre Entstehung und ihre bereits im 18. Jahrhundert einsetzende rasante Entwicklung dieser Aufgabe. Die Frage nach einer logisch konsistenten Begründung der dabei zum Einsatz kommenden Berechnungsverfahren und die damit eng zusammenhängende Frage nach deren Automatisierbarkeit führte im zweiten Drittel unseres Jahrhunderts zu einer Thematisierung der Möglichkeiten und Grenzen abstrakt strukturierter, Schritt für Schritt nach weitgehend beliebig, aber fest vorgegebenen Regeln symbolisch operierender Berechnungs-„Maschinen". Während diese Maschinen einerseits die idealisierende, der logischen Überprüfung und

Rechtfertigung dienende Simulation des rechnenden bzw. beweisenden mathematischen Denkens zum Ziel hatten, konnten sie andererseits auch als Metapher einer universell algorithmisch definierten, sich von Augenblick zu Augenblick weiterrechnenden Welt verstanden werden.

Dieser Auffassung verdanken insbesondere die zellulären Automaten ihr Entstehen. Zuerst kaum mehr als ein interessantes theoretisches Konzept, haben sie sich inzwischen, wie das vorliegende Buch überzeugend darlegt, zu einem fast universell und außerordentlich flexibel einsetzbaren Werkzeug zur Analyse, Simulation und Visualisierung räumlich verteilter Prozesse und der sich in solchen Prozessen formierenden Strukturen erwiesen. Mathematisch bislang nur unzureichend analysierbar, bieten sie aufgrund ihrer mit einer enormen Flexibilität verbundenen strukturellen Einfachheit eine ideale Möglichkeit, spielerisch die oft überraschenden globalen Konsequenzen lokal definierter Wechselwirkungen „experimentell" zu erforschen und sich die in einer solchermaßen über die Wechselwirkung im Kleinen algorithmisch definierten Welt abspielenden, globalen „historischen" Prozesse eindrucksvoll vor Augen zu führen. Niemand, der etwa gesehen hat, wie sich die von der (im Kapitel 6 beschriebenen) „Misch-Masch-Maschine" erzeugten Spiralwellenmuster aus beliebig ausgewürfelten Anfangszuständen heraus entwickeln, wird sich je der Faszination dieser Bilder wieder entziehen können.

Das vorliegende Buch bietet eine hervorragende Einführung in die skizzierte Themenstellung; es ist ein gelungener Reiseführer in das Land *Komplexität*. Ich wünsche jeder Leserin und jedem Leser, sich von der disziplinierten Begeisterung der Autoren für ihren Gegenstand anstecken zu lassen. Ich wünsche ihr/ihm weiter viele von diesem Buch begleitete, aufregende Reisen durch dieses Land.

Bielefeld, im Juni 1995

Ein Dankeschön

Vor mehr als zehn Jahren machten wir zum ersten Mal Bekanntschaft mit den zellulären Automaten. Zum damaligen Zeitpunkt geisterten diese Computermodelle in erster Linie als unterhaltsame Spielereien durch die wissenschaftliche Öffentlichkeit – von seriösen Simulationsinstrumenten einer wissenschaftlichen Forschung waren sie noch weit entfernt. Als junge und begeisterte Doktoranden konnten wir uns unbeschwert auf das Abenteuer einlassen, mit ihnen den Versuch einer ernsthaften Modellbildung zu wagen. Doch ohne den Rückhalt, den uns unsere damaligen Doktorväter Nils Jaeger, Peter Plath von der Universität Bremen und vor allem Andreas Dress von der Universität Bielefeld gegeben haben, wäre der Versuch vermutlich zum Scheitern verurteilt gewesen. Indem sie sich über viele Konventionen „wie eine wissenschaftliche Modellbildung zu sein hat" hinwegsetzten, ebneten sie uns den Weg, mit unorthodoxen Methoden zu experimentieren und neue Möglichkeiten der interdisziplinären Theoriebildung zu erkunden. Dafür möchten wir uns nicht zuletzt mit diesem Buch bei Ihnen bedanken, das in seiner Zusammenstellung vieler neuerer Anwendungsbeispiele von zellulären Automaten deutlich dokumentiert, daß sie mit der Unterstützung unserer Arbeit „auf das richtige Pferd gesetzt haben"!

Einen gleichen Dank richten wir auch an John Tyson von der Virginia State University in Blacksburg, USA. Obwohl er selbst zunächst skeptisch gegenüber den Möglichkeiten der zellulären Automaten als ernsthafte wissenschaftliche Werkzeuge eingestellt war, hat er sich mit all seinem Enthusiasmus und seinem Wissen auf den gemeinsamen und erfolgreichen Versuch eingelassen, diese so spielerisch wirkenden Modelle mit so viel Substanz zu versehen, daß sie dem Vergleich mit klassischen und etablierten Modellierungsinstrumenten standhielten. Viele andere Forscher sind unabhängig von uns in den letzten Jahren ähnliche

Wege gegangen. Und es ist der Erfolg all dieser Arbeiten zusammen, der die „wissenschaftliche Reputation" der zellulären Automaten als ernstzunehmende Werkzeuge einer Theoriebildung allmählich aufgebaut hat. Auch von diesem Weg zeugen die Beispiele, die wir in diesem Buch zusammengestellt haben.

Ohne die Hilfe zahlreicher Freunde und Kollegen wäre unser Buch nie entstanden. Da sie uns mit Informationen, Materialien, Artikeln, kritischen Kommentaren und aufmunternden Parolen unterstützt haben, ist es zu dem herangewachsen, was Sie jetzt in den Händen halten. Vor allem möchten wir uns bedanken bei Peter Altevogt, Andreas Deutsch, Andreas Dress, Rainer Hegselmann, Dorothea Rumianek, Tobias Scheuer, Peter Serocka und John Tyson für ihre Anregungen und Kritik. Allen im Bildverzeichnis genannten Personen danken wir dafür, daß sie uns zur Verschönerung des Buches mit Dias und Bildern unterstützt haben. Diesen Dank richten wir besonders an Art Winfree und Chris Henze für ihre intensive Suche nach den schönsten Bildern und an Gerhard Preuss, der viele Stunden dafür opferte, ein attraktives Titelbild zu gestalten. Die technische Unterstützung und die hilfreichen Tips von Tobias Scheuer, Stephan Weber und Dietmar Wierzimok haben uns bei vielen Computerproblemen aus der Bredouille geholfen. Darüber hinaus gilt unser Dank auch der IBM Deutschland Informationssysteme GmbH für ihre Unterstützung, insbesondere Frau Susanne Bühler und Frau Birgit Lunak-Feketija für ihre Hilfe bei der Literaturrecherche. Dem Vieweg-Verlag danken wir dafür, daß er dieses Buchprojekt überhaupt möglich machte, insbesondere Wolfgang Schwarz und Albrecht Weis für die Suche nach den – hoffentlich – letzten Fehlern.

Zu guter Letzt schicken wir ein großes Dankeschön an all unsere Freunde, Bekannte und Verwandte, die sich fast ein Jahr lang immer wieder dieselbe Entschuldigung anhören mußten, wenn wir wieder einmal keine Zeit für sie fanden: „Tut uns leid, aber unser Buch ...!"

Bammental, im Juni 1995

Inhaltsverzeichnis

Vorwort VII

Ein Dankeschön IX

Ursprünge zellulärer Welten

1 Die Software der Natur 3

1.1 Ein Spiel, das seine Regeln hat 3
1.2 Das Ganze ist mehr als die Summe seiner Teile 6
1.3 Zelluläre Automaten: eine vernetzte Welt im Computer 13

2 Bausteine der zellulären Welt 17

2.1 Ein künstlicher Kosmos – der Zellraum 19
2.2 Reviergrenzen – die Nachbarschaft 21
2.3 Am Ende der Welt – Randbedingungen 24
2.4 Artenvielfalt – die Zustandsmenge 26
2.5 Veränderungen – die Zustandsentwicklung 28

3 Das Spiel des Lebens 33

3.1 Vom LIFE-Fieber infiziert 33
3.2 Überlebenskünstler 37
3.3 Fresser in Aktion 44
3.4 Wachstum über alle Grenzen 45
3.5 Paradiesische Zustände 47
3.6 LIFE als Computer: Gleiter statt Strom 48

4 Einfach und komplex zugleich 59

4.1 Auf der Suche nach der Komplexität 59
4.2 Suche mit System 63
4.3 Das ganze Repertoire: vier Klassen 72
4.4 Am Rande des Chaos 92
4.5 Das Ende der Suche? 96

Streifzüge durch zelluläre Welten

5 Die Kräfte der Welt – der Entwurf einer digitalen Physik 105

5.1 Vom Mikrokosmos zum Makrokosmos 105
5.2 Zelluläre Gittergase 108
5.3 Ising-Modelle: Von Unordnung zu Ordnung 124

6 Chemische Wellen – Die Misch-Masch-Maschine 137

6.1 Eine „unpassende" Beobachtung: Oszillationen einer chemischen Reaktion 138
6.2 Oszillationen im „Kat"? 143
6.3 Die Misch-Masch-Maschine 149
6.4 Simulierte Chemie 153

7 Selbstreproduktion – die Basis allen Lebens 157

7.1 Die Suche nach künstlichem Leben 157
7.2 John von Neumann und die Geburtsstunde selbstreproduzierender Automaten 158
7.3 Geht es noch einfacher? 164

8 Der Hyperzyklus – ein Modell zur präbiotischen Evolution 175

8.1 Die Ursprünge des Lebens 175
8.2 Der Hyperzyklus – ein notwendiger Zwischenschritt? 180
8.3 Eine zelluläre Ursuppe 184

9 Künstlerische Freiheit – Muster der Natur 193

9.1 Das Programm der Musterbildung 193
9.2 Kräfte zwischen den Zellen 197
9.3 Konkurrenz als Mustermacher 203
9.4 Modelle im Vergleich 210

10 Nutznießer – die Ökologie von Räubern und ihrer Beute 213

10.1 Fressen und gefressen werden 213
10.2 Haie und Fische auf dem Planeten WATOR 218
10.3 Die Bedrohung des Great Barrier Reef 224

11 Leben ist Miteinander – Simulationen zum sozialen Kontakt 235

11.1 Kooperation oder Nicht-Kooperation: ein soziales Dilemma 235
11.2 Das Gefangenendilemma 238

11.3 Zellen spielen um Kooperation 241
11.4 Das Solidaritätsspiel 248

12 Modell und Wirklichkeit **257**

12.1 Qualität statt Quantität? 257
12.2 Vom Schleimpilz bis zum Herzschlag: Erregbare Medien 261
12.3 Wettlauf um die beste Theorie 270
12.4 Ein Modell für ein Modell 282
12.5 Prüfsteine der Simulation 285
12.6 Auf zu neuen Ufern 291

Anhang: Do it yourself – Zelluläre Kochrezepte **297**

Literatur und andere Quellen **305**

Bildnachweis **313**

Sachwort- und Namensverzeichnis **315**

Ursprünge zellulärer Welten

Kapitel 1
Die Software der Natur

> „In a sense, nature has been continually computing the 'next state' of the universe for billions of years; all we have to do – and, actually, all we *can* do – is 'hitch a ride' on this huge ongoing computation, and try to discover which parts of it happen to go near to where we want."
>
> Tommaso Toffoli, 1982

1.1 Ein Spiel, das seine Regeln hat

Ende der sechziger Jahre verglich der weit über die Grenzen seines Fachgebietes hinaus bekannte Physiker Richard Feynman in einer Vortragsreihe der BBC die Natur mit einem riesigen Schachspiel, das auf den ersten Blick eine große Komplexität aufweist, in dem aber jeder Zug einfachen Regeln folgt. Hinter diesem von Feynman effektvoll genutzten und populären Bild verbirgt sich tatsächlich ein entscheidendes Element im Kern unseres naturwissenschaftlichen Weltbildes. Der Glaube, daß die Prozesse und Strukturen der Natur von unwandelbaren Gesetzen bestimmt werden, ist die Triebkraft für eine Jahrhunderte alte Tradition des naturwissenschaftlichen Forschens. Er gibt uns auch das Gefühl, den Mächten der Natur nicht hilflos ausgeliefert zu sein, sondern selbst ein Teil dieses „Spiels" werden zu können – es zu verstehen, mitzubestimmen und zu gestalten.

Überall dort, wo es gelang, die Gesetze der Natur aufzudecken, wurde diese Leistung als Triumph gefeiert. Die vor etwa drei Jahrhunderten von Isaac Newton entdeckten Bewegungsgesetze der klassischen

Mechanik waren ein besonders wichtiger Meilenstein auf diesem Weg. Alexander Pope faßte die überschwengliche Begeisterung, die diese wissenschaftliche Leistung auslöste, in dem für Newton vorgeschlagenen Grabspruch in folgende Worte:

Nature and Nature's laws lay hid in night
God said, let Newton be! and all was light!

Die Newtonsche Mechanik verkörperte über Jahrhunderte das Bild einer „mechanistischen" Welt, in denen die Prinzipien von Ursache und Wirkung ein für allemal festgelegt sind und sich uns Menschen immer mehr offenbaren. Das Glaubensbekenntnis dieses mechanistischen Weltbildes stellte etwa 100 Jahre nach Newton der französische Mathematiker Pierre Simon de Laplace auf. Den von Newton formulierten universellen Bewegungsgesetzen sollten demnach nicht nur alle irdischen und himmlischen Körper folgen, sondern auch jedes kleinste Atom und Molekül des Universums. Ein allwissendes Wesen – passenderweise der „Laplacesche Dämon" genannt –, der genaue Kenntnis über die Position aller Atome und Moleküle zu Beginn unserer Welt besäße, könnte seine Zukunft in alle Ewigkeit verläßlich prophezeien.

Daß der Newtonsche Determinismus seine Grenzen hat, brachten erst die Erkenntnisse unseres Jahrhunderts ans Tageslicht. Mit der Entdeckung der Quantentheorie und der Relativitätstheorie gerieten die fest verwurzelten Anschauungen über die Kausalität unserer Welt in Raum und Zeit kräftig ins Wanken. Doch den Glauben, daß es uns Menschen gelingen kann, der Natur ihre Geheimnisse zu entreißen, konnten auch diese umwälzenden Forschungen nicht erschüttern: Auch in der Welt des Kleinen, dem Spielfeld der Quantentheorie, oder der Welt des Großen, in dem die Einsteinsche Relativitätstheorie greift, ließen sich „Regeln" entdecken.

Das Geheimnis des Erfolges der naturwissenschaftlichen Forschung liegt auch darin, die Komplexität des Ganzen durch den Blick auf seine Einzelteile zu reduzieren. Um in dem Bild Feynmans zu bleiben, nähert sich die Wissenschaft dem verwickelten Spiel der Natur dadurch an, daß sie versucht, die einzelnen Figuren des Spiels zu identifizieren und deren erlaubte Spielzüge zu entschlüsseln. Die hingebungsvolle Suche unserer modernen abendländischen Naturwissenschaft nach den Bausteinen der Natur bis hinunter zu den kleinsten Elementarteilchen – die noch weit über die Ebene des Atoms bis hin zu Strings und Quarks reichen – spiegelt dieses Prinzip der Forschung wider.

Stück für Stück trugen die Wissenschaftler auf diese Weise die Steine des so mächtigen Theoriegebäudes der Naturwissenschaften zusammen und deckten die Regeln zahlreicher „Spielfiguren" der Natur auf. Je größer das Wissen um die Komponenten des Spiels und ihre Regeln wurde, desto mehr – so die Hoffnung der Wissenschaft – sollten wir uns auch einem Verständnis des gesamten Spiels nähern. Denn das Zusammensetzen des Ganzen aus den elementaren Teilen und ihren Wechselwirkungen erschien vielen als eine rein intellektuelle Leistung, die allerhöchstens durch die Grenzen des menschlichen Geistes eingeschränkt war. Albert Einstein drückte diese Hoffnung in seiner Rede zum 60. Geburtstag von Max Planck mit den folgenden Worten aus: *„die allgemeinen Gesetze, auf die das Gedankengebäude der theoretischen Physik gegründet ist, erheben den Anspruch, für jedes Naturgeschehen gültig zu sein. Auf ihnen sollte sich auf dem Wege rein gedanklicher Deduktion die Abbildung, d.h. die Theorie eines jeden Naturprozesses einschließlich der Lebensvorgänge finden lassen, wenn jener Prozeß der Deduktion nicht weit über die Leistungsfähigkeit des menschlichen Denkens hinausginge."*

Der Traum von einer Welt, die im Grunde ihres Wesens berechenbar ist, zieht sich wie ein roter Faden durch die Geschichte der Naturwissenschaften bis in unser Jahrhundert hinein. Doch die letzten Jahrzehnte des wissenschaftlichen Fortschritts haben diesen Traum in eine zerbrechliche Seifenblase verwandelt, die in den Augen vieler schon längst geplatzt ist. Der Sturm, der durch das auf scheinbar so soliden Beinen ruhende Gedankengebäude der Naturwissenschaftler fegte, hat viele Namen: Chaos, Fraktale, Selbstorganisation, Irreversibilität und Komplexität sind einige der griffigen Schlagworte, die längst die Grenzen der Wissenschaft überschritten haben und zum vielbeachteten Diskussionsobjekt einer breiten Öffentlichkeit wurden. Kaum jemand scheut sich heute noch, diese Begriffe als Synonym einer umwälzenden wissenschaftlichen Revolution zu sehen, die unser Weltbild bis in seine Grundfeste erschüttert hat.

Die Erkenntnisse der Chaosforschung setzen uns einer Natur gegenüber, die uns in unseren Versuchen, ihre Geheimnisse zu enträtseln, auf einen trügerischen Pfad zu locken scheint: Zwar offenbart sie uns an vielen Stellen ihre Gesetze als einfache, deterministische Regeln, die aber dennoch zu einer Komplexität führen, die wir niemals wirklich berechnen und voraussehen können. Schon allerkleinste Abweichungen in den Startbedingungen eines Systems – die jenseits jeder Grenze dessen liegen, was wir überhaupt messen können – können zu völlig unterschiedlichen Entwicklungen führen. Auf den ersten Blick scheinen wir das Spiel der Natur zu verstehen, weil wir doch seine Regeln kennen. Tatsächlich bleiben wir jedoch im Ungewissen über den letztlichen Ausgang des Spiels.

1.2 Das Ganze ist mehr als die Summe seiner Teile

Eine entscheidende Rolle in der Entdeckung des Chaos spielte die Mathematik, oder besser gesagt, die Erfahrung, die man mit mathematischen Modellen machte. Von jeher waren solche Modelle Schlüssel zu wissenschaftlichen Erkenntnissen. An den meisten Stellen tritt uns die Natur als eine „black box" gegenüber. Anders als bei einem uns bekannten technischen Gerät, können wir die Funktionsweise eines natürlichen Systems nicht dadurch ergründen, daß wir es auseinanderschrauben, bis es, fein säuberlich in seine Einzelteile zerlegt, vor uns liegt. Wir müssen uns damit behelfen, uns ein *Modell* von dem System zu machen: eine Idee zu entwickeln, welche Kräfte dort auf welche Weise miteinander wechselwirken, um das von uns beobachtete Verhalten zu erzeugen. Damit die Hypothesen für das, was in der „black box" passiert, überhaupt eine vernünftige und in sich widerspruchsfreie Erklärung sein können, muß ein solches Modell ein ähnliches Verhalten wie in der Wirklichkeit zeigen.

In der Sprache eines mathematischen Modells werden die Gesetze der Natur, die zwischen den Komponenten ihrer Systeme wirken, zu Gleichungen abstrakter Variablen. Erstaunlicherweise sind die Gleichungen, die komplexe Phänomene unserer Welt beschreiben, häufig sehr einfach. Der Schlüssel dazu, wie solche einfachsten Regeln eine unvorhersehbare Komplexität erzeugen können, liegt in dem Prinzip der „Nichtlinearität". In diesem, den Physikern und Mathematikern nur allzu vertrauten *terminus technicus*, verbirgt sich nichts anderes als die Tatsache, daß sich die Kräfte zwischen den Komponenten des Systems nicht einfach aufaddieren und man daher nicht aus der Kenntnis jedes seiner Teile auf sein Gesamtverhalten schließen kann. Gesetze und Regeln sind überall dort nichtlinear, wo das Ganze eben mehr ist als die Summe seiner Teile.

Über einen ersten Hinweis auf die schöpferische Kraft der Nichtlinearität stolperte zu Beginn unseres Jahrhunderts der französische Mathematiker Henri Poincaré. Für spezielle mathematische Gleichungen, die das sogenannte „Dreikörperproblem" der Entwicklung von drei sich gegenseitig beeinflussenden Körpern beschreiben, stieß er zum ersten Mal auf die Erfahrung, daß sich winzige anfängliche Störungen im Laufe der Zeit immer weiter vergrößern können. Diese ersten Grundsteine zu dem, was später unter dem Namen „deterministisches Chaos" in den Naturwissenschaften Wellen schlagen sollte, wurden zur damaligen Zeit kaum beachtet. Poincaré fehlte ein entscheidendes Instrument, um das letzte Stück Überzeugungsarbeit für die Aufdeckung des Chaos zu leisten: der Computer. Um das immer wachsende Aufschaukeln kleiner Ungenauigkeiten in den Anfangsbedingungen wirklich nachvollziehen zu können, muß man die mathematischen Gleichungen dieser Phänomene tatsächlich berechnen, was allein mit der Unterstützung durch Bleistift und Papier selbst für geniale Mathematiker ein hoffnungsloses Unterfangen ist.

Der Meteorologe Edward Lorenz gilt heute als der Pionier der Chaosforschung. Bei seiner ersten Begegnung mit chaotischen Erscheinungen, die sich in einfachen nichtlinearen Gleichungen verbergen, glaubte er allerdings zunächst an einen Fehler in seinem Computerprogramm. Lorenz hatte sich 1963 aufgemacht, die Möglichkeiten der Wettervorhersage durch mathematische Modelle zu untersuchen und einen Satz abstrakter Gleichungen formuliert, die das Wechselspiel der unterschiedlichen Parameter in der Atmosphäre simulierten. Selbst mit der Unterstützung des Computers gestaltete sich die Berechnung seines simplen Wettermodells als ausgesprochen langwierig. Um seine Simulationen etwas zu beschleunigen, gab Lorenz eines Tages die berechneten und vom Computer ausgedruckten Zwischenwerte einer früheren Simulation als Startwerte eines neuen Experiments ein. Schon nach kurzer Zeit wichen die Ergebnisse des neuen Computerlaufs erheblich von den vorher berechneten Werten ab. Es stellte sich jedoch schnell heraus, daß der vermeintliche Fehler eine logische Erklärung besaß. Beim Eintippen der neuen Startwerte hatte Lorenz die Zahlen nur bis auf eine Genauigkeit von drei Stellen hinter dem Komma eingegeben. Da der Computer aber intern mit einer größeren Genauigkeit rechnete, wichen die Zwischenwerte des ersten und die Ausgangswerte des zweiten Experiments um einige Zehntausendstel voneinander ab – genug um in den nichtlinearen Gleichungen seines Klimamodells zu völlig unterschiedlichen Ergebnissen zu kommen.

Der Traum einer verläßlichen Wetterprognose war damit natürlich geplatzt, denn die meteorologischen Messungen, die Ausgangspunkt solcher Simulationen sein mußten, konnten niemals an eine derartige Genauigkeit herankommen. Doch das Wettermodell war längst zweitrangig geworden. Die eigentlich wichtige Erkenntnis lag darin, daß das Phänomen des Chaos, wie es Lorenz bemerkt hatte, überhaupt möglich war, daß exakte deterministische Gleichungen zu einer unvorhersagbaren Entwicklung führten. Der Laplacesche Dämon war damit endgültig aus dem Reich der Wissenschaften verbannt. Denn um aus den anfänglichen Positionen eines chaotischen, nichtlinearen Systems seine zukünftige Entwicklung korrekt vorherzusagen, reicht nicht die ungefähre Kenntnis der Startbedingungen, sondern jede Position müßte *exakt* bekannt sein. Selbst einem allmächtigen Wesen wie dem Laplaceschen Dämon stünde ein solches Wissen aber niemals zur Verfügung – die Ungewißheit über die exakten Zustände der Materie ist ihrerseits ein prinzipielles Naturgesetz, das aus der Quantennatur der Materie folgt und das Werner Heisenberg Anfang des Jahrhunderts in der sogenannten Unschärferelation formulierte.

In den Augen vieler reduziert sich das Wesen des deterministischen Chaos heute auf die prägnante Formel „Chaos ist das vorhersagbar Unvorhersagbare", wie es der Wissenschaftsjournalist John Horgan in einem Artikel im *Scientific American* ausdrückte. Auch wenn wir die Entwicklung eines chaotischen Systems nicht genau berechnen können, heißt das noch nicht, daß wir nichts darüber wissen, „wohin die Reise gehen kann". Chaotische Systeme lassen sich in ihrem Verhalten durch ihre Attraktoren charakterisieren. Sie beschreiben die Zustände, die ein solches System letztlich nur noch annehmen kann. Zwar können die „seltsamen Attraktoren", wie die finalen Endzustände chaotischer Systeme genannt werden, von sehr komplizierter Gestalt sein und sich über den Raum aller möglichen Zustände weit ausdehnen. Aber sie geben uns häufig doch eine Ahnung von den Möglichkeiten und der Richtung ihrer Entwicklung. Uns mit diesem „ungefähren Wissen" zu begnügen und zu begreifen, daß wir – wie es der Physiker Tommaso Toffoli in dem diesem Kapitel vorangestellten Zitat ausdrückte – allerhöchstens die Möglichkeit haben, die Natur auf den einzelnen Etappen „ihrer Berechnung des nächsten Zustandes des Universums" zu begleiten, ist eine der Lehren und Herausforderungen, mit der die Entdeckung des Chaos unser wissenschaftliches Weltbild beeinflußt.

In unserem alltäglichen Sprachgebrauch hat der Begriff Chaos ein ziemlich negatives Image: Wir reden vom Verkehrschaos, einer chaotischen Organisation oder von randalierenden Chaoten. Chaos ist in diesem Sinne immer gleichbedeutend mit dem unliebsamem Zerfall von Ordnung. Doch in jedem Zerfall liegt auch die Chance eines Neuanfangs und einer Weiterentwicklung. So wie in einem Waldbrand die zerstörerische Kraft des Feuers die über lange Zeit bestehende Ordnung des ökologischen Systems vernichtet, können sich durch ihn neue Pflanzen durchsetzen und wachsen. Unter einem solchen Blickwinkel wird das Chaos nicht nur zu einer destruktiven, sondern auch zu einer konstruktiven Kraft. Der Begriff des Chaos beinhaltet für die Wissenschaft auch diese schöpferische Kreativität, mit der ein System einmal ausgebildete Strukturen verlassen und sich durch das Durchschreiten chaotischer Zwischenzustände zu einer neuen Ordnung stabilisieren kann.

Die Chaosforschung hat die klassische Naturwissenschaft damit nicht nur in eine Krise gestürzt, indem sie das Unvorhersagbare als einen Bestandteil unserer Natur identifiziert. In der Entdeckung des Chaos und den damit verbundenen Möglichkeiten der Selbstorganisation natürlicher Systeme liegt auch eine neue Chance, sich der Quelle der sichtbaren Komplexität und Vielfalt unserer Welt anzunähern. Die komplexen Systeme unserer Natur, und allen voran die lebenden Systeme, scheinen sich dadurch auszuzeichnen, daß sie Chaos und Ordnung in einer ausgewogenen Balance halten. Wo veränderte Bedingungen die dynamische Anpassung eines Systems erfordern, erlaubt ihnen das Moment des Chaos schon auf kleinste Veränderungen mit großen Wirkungen zu reagieren und so zu einer neuen, stabilen Ordnung überzugehen.

Wie aber bildet sich Ordnung aus dem Chaos heraus? Dies ist die aktuelle Frage, die viele Wissenschaftler nach der Entdeckung des Chaos bewegt. Aus ihr ist inzwischen eine eigene Wissenschaftsrichtung erwachsen, die die so etablierten Grenzen der verschiedenen Disziplinen weit überschreitet und unter ihrem Dach nicht nur die Naturwissenschaftler und Mathematiker, sondern auch Sozialwissenschaftler, Historiker, Philosophen oder Ökonomen vereinigt. Da die Erscheinungen des Chaos nur einen kleinen Teil ihrer Forschungen ausmachen, beschreibt der Name Chaosforschung diese neu aufblühende Wissenschaft nur ungenügend. *Komplexitätsforschung* oder die *Theorie komplexer Systeme* erscheint vielen Wissenschaftlern als die passendere Bezeichnung. Doch die Schwierigkeiten in der Erforschung der Komplexität beginnen schon dabei, den Gegenstand dieser jungen Wissenschaftsbewegung, die *Komplexität* selbst, präzise zu beschreiben. Als distanzierter Betrachter der Unternehmungen der Komplexitätsforscher kann man leicht den Eindruck gewinnen, daß Komplexität einfach alles ist, was „irgendwie interessant" erscheint. Da man mit einem Forschungsprogramm „interessanter Dinge" aber kaum die Aufmerksamkeit der Öffentlichkeit gewinnt, bemühen sich die Anhänger der Komplexität schon lange um eine überzeugende Begriffsdefinition. Laut einer Liste, die der Physiker Seth Lloyd vom Massachusetts Institute of Technology vor einigen Jahren zusammenstellte, gibt es für mindestens 31 verschiedene solcher Definitionen, in denen Konzepte wie Entropie, Zufälligkeit oder Informationskapazität zu finden sind. Die breiteste Akzeptanz unter all diesen Vorschlägen findet vielleicht die schon oben skizzierte Idee, komplexe Systeme durch ihre Eigenschaft zu charakterisieren, daß sie am „Rande des Chaos" leben.

Zu den Anhängern dieser jungen Wissenschaftsbewegung zählen renommierte Nobelpreisträger genauso wie begeisterungsfähige Diplomanden und Doktoranden. Sie alle sind davon überzeugt, daß in den verschiedenen Systemen unserer Welt, die sich durch ihren komplexen Strukturreichtum auszeichnen, einige grundlegende Prinzipien wirken, die es ihnen ermöglichen, an der Grenze zwischen Chaos und Ordnung zu leben. Diese Prinzipien aufzudecken und damit einen gemeinsamen theoretischen Rahmen für die Behandlung der Komplexität der Welt und des Lebens zu schaffen, ist das ehrgeizige Ziel ihrer Forschung.

Betrachtet man all die verschiedenen komplexen Systeme unserer Natur und unserer Umwelt, fällt einem schnell eine gemeinsame Eigenschaft auf: Hinter ihren vielfältigen und musterreichen Strukturen verbergen sich fast immer zahlreiche Komponenten, die in einer wechselseitigen Interaktion miteinander verknüpft sind. Das Zusammenschließen in größere Gemeinschaften erlaubt einfachen Teilsystemen offensichtlich über sich selbst hinaus zu wachsen und eine höhere Ordnung hervorzubringen:

- Atome finden sich in einem Zustand minimaler Energie zusammen und bilden so die stabilen Strukturen der Moleküle und die Basis der stofflichen Welt.

- Vor Milliarden von Jahren schlossen sich einfache Moleküle zu den ersten lebenden Zellen zusammen, die sich nach einer weiteren langen Evolution zu ersten vielzelligen Strukturen verbanden und so die Voraussetzung für das mannigfaltige Leben auf der Erde schufen.

- Jeder unserer Gedanken ist allein das Resultat von dem Zusammenwirken der Milliarden von Neuronen unseres Gehirns. Um ein Bild, das wir sehen, von einem anderen zu unterscheiden, senden unterschiedliche Gruppen von Neuronen gleichzeitig ein Aktivitätssignal aus. Erst dadurch, daß sich die Verbindungen zwischen den Neuronen ausbilden und festigen, können wir lernen und uns an bereits gemachte Erfahrungen erinnern.

- Tiere organisieren sich – ebenso wie wir Menschen – in Gruppen und Familien, um durch den Schutz und die Stärke der Gemeinschaft im „Kampf ums Überleben" besser gerüstet zu sein.

Wenn die einzelnen Teile eines Systems ihr Verhalten auf das der anderen abstimmen, können sie gemeinsam Ordnung, Muster und

Strukturen hervorbringen und sie in einem schöpferischen, dynamischen Gleichgewicht immer wieder verändern. Die Natur kann so aus eigener Kraft ihre komplexen Erscheinungen hervorbringen, ohne die lenkende Hand eines mächtigen Regisseurs im Hintergrund, der allen beteiligten Komponenten ihre genaue Rolle zuweist. Genau diese Erkenntnis verbirgt sich hinter dem Schlagwort der Selbstorganisation, das ebenso wie der Begriff des Chaos zu einem Stützpfeiler in der Theorie komplexer Systeme geworden ist.

Um das „Spiel" der Selbstorganisation der Natur zu begreifen, genügt es nicht mehr, sie in ihre Teilkomponenten zu zerlegen und nur deren Verhaltensrepertoire zu studieren. Das gesamte Bild erschließt sich uns wie bei einem Puzzlespiel erst, wenn wir alle Teile zusammenfügen und sie in ihrer wechselseitigen Interaktion beobachten. Auf dem Wege rein gedanklicher Deduktion ist dieses Puzzlespiel nicht mehr zu lösen. Selbst wenn allereinfachste Komponenten miteinander wechselwirken, kann das Ergebnis ihrer Interaktion schnell unsere Vorstellungskraft übersteigen. Das überzeugendste Beispiel dafür führen uns ständig die Neuronen unseres Gehirns vor Augen: Obwohl jedes einzelne Neuron durch nur zwei verschiedene Zustände charakterisiert werden kann – nämlich ein Signal zu senden oder nicht – erlaubt die ungeheure Kombinationsvielfalt ihrer Verknüpfungen scheinbar unerschöpfliche Möglichkeiten der Musterbildungen in diesem neuronalen Netz.

Dort, wo unserem Intellekt Grenzen gesetzt sind, bietet die Simulation solcher Prozesse im Computer eine neue Chance, sich den aus unzähligen Aspekten zusammengesetzten Bild der Komplexität anzunähern. Erst die fortschreitende Entwicklung der elektronischen Rechenmaschinen hat uns diese Komplexität überhaupt erschlossen, die uns inzwischen in den Erscheinungen des Chaos oder auch in den bizarren selbstähnlichen Welten der fraktalen „Mandelbrotmengen" und „Apfelmännchen" nur allzu vertraut sind. Für die Unternehmungen der Komplexitätsforscher sind Computersimulationen zu einem unverzichtbaren Werkzeug geworden, die Grenzen und Möglichkeiten der faszinierenden Phänomene der Selbstorganisation zu erkunden.

1.3 Zelluläre Automaten: eine vernetzte Welt im Computer

Um natürliche Systeme unserer Welt in die künstliche Welt eines Computerprogramms zu übertragen, ist die abstrakte Sprache eines mathematischen Modells notwendig. Eine besondere Klasse solcher Modelle, die speziell entworfen sind, um die miteinander verwobene Aktivität zahlreicher Teilsysteme zu beschreiben, stellen die zellulären Automaten dar. Tatsächlich ist diese Art von Modellen einer der einfachsten Ansätze, um ein komplexes Interaktionsgeschehen abstrakt zu erfassen: Sie beschreiben die Wechselwirkung beliebig vieler Teilkomponenten, die alle den gleichen Regeln folgen und sich nur in der unmittelbaren lokalen Nachbarschaft ihres Lebensraums mit anderen Komponenten austauschen können. In den zellulären Automaten wird die Welt zu einem vernetzten Universum, das in seinen Grundzügen einem hochgradig parallel arbeitenden Digitalcomputer ähnelt:

Die „Hardwarebausteine" eines zellulären Automaten sind die sogenannten Zellen. In jeder Zelle wird wie in den Speicherelementen eines Computers der mögliche Zustand einer der beteiligten Komponenten des jeweils modellierten natürlichen Systems gespeichert. Ein kennzeichnendes Element der zellulären Automaten ist, daß das Verhaltensrepertoire der einzelnen Komponenten dramatisch vereinfacht und auf nur wenige Möglichkeiten reduziert wird. Man kann den „Handlungsspielraum" einer Zelle anschaulich mit den Möglichkeiten eines simplen technischen Gerätes vergleichen. So wie sich etwa ein einfacher Ventilator nur in den zwei Zuständen „an" oder „aus" befinden kann, mag eine etwas ausgereiftere Version vielleicht über mehrere Schaltstufen für unterschiedliche Geschwindigkeiten verfügen. Der Zustand jeder Zelle eines Automaten wird also durch nur wenige Zustandswerte beschrieben. Auch darin ähneln sie einem Digitalcomputer, in dem jede Information ebenfalls nur durch digitale Einheiten – der begrenzten Abfolge unterschiedlicher Bits – ausgedrückt wird.

Alle Zellen sind in einer Art räumlichem Netz angeordnet, beispielsweise wie die Gitterplätze eines gigantischen Schachbretts. Nur die unmittelbar benachbarten Zellen innerhalb dieses Netzwerkes können miteinander kommunizieren und sich bei der Wahl ihrer Zustände aufeinander abstimmen. Die Information, die eine Zelle aus ihrer lokalen Nachbarschaft bekommt, entscheidet über ihren zukünftigen Zustand. Bei jedem Ticken einer imaginären Uhr verändern die Zellen aufgrund der Entwicklungsregel des Automaten ihren Zustand. Die lokale Kommunikation zwischen den Zellen ist die einzige Möglichkeit, in dem verwobenen Netz zahlloser Komponenten eine gemeinsame Ordnung zu erschaffen. Welchen Einfluß der Zustand der Nachbarn auf die eigene Entwicklung nimmt, also die Art der Wechselwirkungen zwischen den Zellen, legt die Regel des Automaten fest. Sie beschreibt das eigentliche „Programm", das für alle Zellen gleich ist und das wie in einem Parallelrechner von ihnen simultan ausgeführt wird.

Ein anschauliches Bild dafür, wie diese lokale Signalübertragung in zellulären Automaten funktioniert und wie sie zur Basis globaler Ordnungsstrukturen werden kann, bietet die uns aus allen großen Sportstadien der Welt vertraute „La Ola"-Welle: Wenn es die Zuschauer vor Begeisterung nicht mehr auf ihren Sitzen hält, genügen einige wenige Vorreiter um sie zu starten. Jeder der aufsteht – so das Prinzip der La Ola – animiert seinen Nachbarn ebenfalls dazu, sich im nächsten Moment von seinem Sitz zu erheben. In der Sprache der zellulären Automaten werden die Zuschauer im Stadion zu den Zellen des Automaten, die nur zwei Zustände kennen: „stehen" oder „sitzen". Die Regeln jeder Zelle sind denkbar einfach: Sie steht genau dann auf, wenn eine ihrer Nachbarzellen im letzten Zeittakt aufgestanden ist und setzt sich nach einem kurzen Zeitraum wieder hin. Solange jeder Zuschauer auf den Sitzbänken diese einfache Regel befolgt, durchläuft eine unermüdliche Welle das Stadion, die in ihrem übergeordneten Muster wiederum viel mehr ist als die Summe ihrer Teile.

Manch einem mögen die Grundprinzipien der zellulären Automaten in ihrer ausschließlich lokalen Kommunikation simpler, identischer Teile als viel zu einfach erscheinen, um mit ihnen die Komplexität der Natur erfassen zu können. Daß in ihnen tatsächlich die Möglichkeit schlummert, eine derartige Komplexität abzubilden, kann man nur an konkreten Beispielen erkennen. Einer der ersten und bis heute überzeugenden Hinweise darauf bot ein einfaches Konstrukt, das im wahrsten Sinne des Wortes zunächst nichts anderes als ein Spiel darstellt. Es wurde Ende der 60er Jahre von dem Mathematiker John Horton Conway erfunden und erhielt von ihm den so gar nicht bescheiden klingenden Namen „Spiel des Lebens".

In LIFE – wie wir es hier in seiner Kurzform auch nennen wollen – spielen die Zellen auf den Gitterplätzen eines Schachbretts ein Spiel um Leben und Tod: Eine Zelle kann neu geboren werden, wenn es in den acht um sie herum liegenden Gitterplätzen eine ideale Bevölkerungsdichte von genau drei lebenden Zellen gibt. Auch das Überleben jeder Zelle hängt von der Zahl ihrer Lebensgefährten in der Nachbarschaft ab. Streiten sich zu viele lebende Zellen um den lokalen Lebensraum ihrer Nachbarschaft, stirbt die Zelle. Ein gleiches Schicksal ereilt sie aber auch, wenn sie nicht genügend lebende Nachbarn findet und an Einsamkeit zugrunde geht. Nur bei zwei oder drei lebenden Nachbarn in ihrer Umgebung – so die Regeln von LIFE – sind die Voraussetzungen für das eigene Überleben gesichert.

Conway betrachtete dieses einfache Konstrukt weniger unter dem Gesichtspunkt einer möglichen biologischen Relevanz, als vielmehr im Hinblick auf ein abstraktes Spiel mit den Möglichkeiten, die sich aus einfachsten Wechselwirkungen ergeben können. Seine anfänglichen Erwartungen, daß schon solch simple Regeln komplexe Erscheinungen erzeugen können, wurden – wie wir in Kapitel 3 noch genauer beschreiben werden – nicht enttäuscht. Startet man die Evolution dieser künstlichen Lebenswelt von einer willkürlichen Verteilung lebender Zellen im Gitter, können die vielfältigsten Strukturen entstehen: Die Zellen finden sich teilweise in stabilen Mustern zusammen, die bestens für ein ewiges Leben geeignet zu sein scheinen. An anderen Stellen erwachsen aus der zufällig zusammengewürfelten „Ursuppe" kleine Gestalten, die unermüdlich durch die Gitterwelt wandern und schon stabilisierte Strukturen wieder völlig durcheinanderbringen. Der Ausgang der künstlichen Evolution ist – wie man tatsächlich beweisen kann – völlig unvorhersagbar, so wie das Leben eben selbst!

Was sich in dem spielerischen Charakter von LIFE nur andeutet, zeigt sich heute in einer wachsenden Zahl von Anwendungen zellulärer Automaten als Modelle der Natur immer deutlicher: Das in diesen Automaten umgesetzte Prinzip lokaler Wechselwirkungen einfacher Bausteine erfaßt auf eine leicht zugängliche Weise Grundcharakteristika unserer sich selbstorganisierenden Welt. Wir werden Ihnen im Verlauf diese Buches zahlreiche Beispiele aus den unterschiedlichsten Bereichen unserer Natur und Umwelt vorstellen, in denen solche einfach strukturierten Wechselwirkungen zur Quelle vielfältiger geordneter Muster und Erscheinungen werden. Von ihren spielerischen Ursprüngen haben sich die zellulären Automaten heutzutage weit entfernt, und sie sind zu etablierten und oft genutzten Instrumenten der Modellbildung geworden. Viele Forscher sehen in ihnen eine Möglichkeit, die „Software der Natur" auf einfache Art und Weise zu codieren. Diesen Gedanken hat Mitte der achtziger Jahre Stephen Wolfram geprägt – ein Physiker, der wie kaum ein anderer das Interesse der Wissenschaftler an den Automaten geweckt hat.

Einer der besonderen Vorzüge der zellulären Automaten ist, daß man sich mit ihnen den Phänomenen der Komplexität annähern kann, ohne erst einen umfassenden theoretischen Apparat im Detail zu studieren. Ihr Aufbau ist intuitiv so leicht nachvollziehbar, daß jeder selbst ohne Schwierigkeiten zum Schöpfer künstlicher Welten werden kann – unabhängig davon, ob das Motiv wissenschaftliches Interesse oder der Spaß am Spiel mit den Entwicklungsmöglichkeiten eines derartigen digitalen Kosmos ist. In dem folgenden Kapitel wollen wir Sie daher etwas näher vertraut machen mit dem einfachen Handwerkszeug, das zur Erschaffung eines solchen Computermodells notwendig ist, und Ihnen die Bausteine der zellulären Welt vorstellen.

Bevor wir uns dann im zweiten Teil dieses Buches auf eine Reise durch die unterschiedlichsten Anwendungsbereiche zellulärer Automaten – von physikalischen und chemischen Fragestellungen bis hin zu Problemen des menschlichen Verhaltens – begeben, werfen wir zunächst einen genaueren Blick auf die ersten Versuche, die Komplexität unserer Welt durch ein derart einfaches Regelwerk zu beschreiben. Zu ihnen zählt das hier schon kurz skizzierte Spiel LIFE – das wir Ihnen in Kapitel 3 genauer vorstellen werden – ebenso wie die mehr als zehn Jahre später folgenden Pionierarbeiten Wolframs (Kapitel 4), die einen Zündfunken für die bis heute ständig wachsende Zahl neuer Zellularautomaten darstellen.

Kapitel 2
Bausteine der zellulären Welt

Nach unseren einleitenden Bemerkungen hat vermutlich jeder bereits eine intuitive Vorstellung davon, was zelluläre Automaten sind. Doch will man wirklich mit ihnen arbeiten und ihre „Sprache" nutzen, um reale Probleme der Natur damit abstrakt zu beschreiben und zu untersuchen, braucht man etwas mehr Detailkenntnis über ihr Vokabular und ihre Grammatik. Dies wollen wir Ihnen im Laufe dieses Kapitels vermitteln.

Als geistiger Vater der zellulären Automaten gilt gemeinhin John von Neumann, ein genialer Wissenschaftler ungarischer Abstammung, der in der ersten Hälfte unseres Jahrhunderts gelebt hat und den wir noch ausführlicher in einem späteren Kapitel kennenlernen werden. John von Neumann hatte einen Traum: Er wollte eine künstliche Maschine bauen, die sich selbst reproduzieren kann und damit wesentliche Züge des Lebens zeigt. Er stellte sich diese Maschine aber nicht aus Drähten, Zahnrädern und Metallteilen zusammengesetzt vor, ihm genügte die abstrakte Vorstellung einer geistigen Konstruktion. Doch es war unendlich schwierig, sein imaginäres Konstrukt präzise zu beschreiben und die einzelnen Funktionen aufeinander abzustimmen – ihm fehlte dazu die richtige Sprache.

Ein Freund von ihm, Stanislaw Ulam, kam ihm zur Hilfe. Ulam erkannte, daß von Neumann einen Formalismus benötigte, der es ihm erlaubte, Tausende einzelner Komponenten nach bestimmten abstrakten Regeln miteinander wechselwirken zu lassen. Als Lebensraum dieser Vielzahl von Komponenten schlug Ulam vor, ein einfaches Gitter zu verwenden, dessen Felder die Information aus ihrer unmittelbaren Nachbarschaft in die eigene Lebensentwicklung mit einbeziehen sollten. John von Neumann nutzte genau diese Idee, um einen selbstreproduzierenden Automaten zu bauen. Für ihn lag es nahe, die Felder seines Gitters „Zellen" zu nennen, in Parallelität zu den Grundbausteinen des Lebens, das sein Konstrukt ja beschreiben sollte – der Name „zellulärer Automat" war damit aus der Taufe gehoben.

Dieser Name erwies sich auch als eine ausgesprochen gute Wahl. Seine beiden Teile beschreiben bereits die wesentlichen Eigenheiten, die diese Modelle von anderen unterscheiden. Jeder von uns hat eine naive Vorstellung davon, was ein „Automat" ist. Wir denken dabei etwa an den Zigarettenautomaten an der Straßenecke, in den wir Markstücke hineinwerfen, eine Taste drücken und eine bestimmte Zigarettensorte herausziehen. Genau dieses Bild umfaßte auch der zu von Neumanns Zeiten in der Wissenschaft bereits etablierte Begriff eines Automaten: Man betrachtete ihn allgemein als eine Maschine, die nach logischen Gesetzen Informationen verarbeitet, indem sie von außen kommende Daten aufgrund festgelegter innerer Anweisungen auswertet und daraufhin ein bestimmtes Verhalten erzeugt. „Endliche Automaten", die uns hier vor allem interessieren, konnten nur eine begrenzte Anzahl verschiedener Zustände durchlaufen und hatten damit auch nur eine begrenzte Möglichkeit an Verhaltensweisen zur Auswahl.

Das Attribut „zellulär" kennzeichnet eine wesentliche Besonderheit dieser speziellen Gattung von Automaten: Sie bestehen nämlich aus vielen Komponenten, die wie die Zellen eines Organismus miteinander wechselwirken. In der Sprache der Automatentheorie sind im Grunde alle Zellen einzelne Automaten, die alle nach exakt den gleichen Regeln funktionieren. Die besondere Eigenschaft eines solchen „Teilautomaten" ist, daß in seine Zustandsentwicklung nicht nur sein eigener Zustand, sondern auch der benachbarter Teilautomaten eingeht.

Die Grundcharakteristika eines zellulären Automaten können wir folgendermaßen zusammenfassen:

– Seine Entwicklung findet in Raum *und* Zeit statt.

– Sein Raum ist eine diskrete Menge zahlreicher Zellen.

– Jede dieser Zellen hat nur eine endliche Anzahl möglicher Zustände.

– Die Zustände der Zellen verändern sich in diskreten Zeitschritten.

- Alle Zellen sind identisch und verhalten sich nach den gleichen Entwicklungsregeln.
- Die Entwicklung einer Zelle hängt nur ab von ihrem Zustand und dem ihrer sie lokal umgebenden Nachbarzellen.

Wie die einzelnen Bausteine der zellulären Welt – Zellraum, Zustände, Nachbarschaft etc. – im einzelnen aussehen können, werden wir in den folgenden Abschnitten darstellen. Beschrieben werden können alle diese Bausteine durch exakte mathematische Definitionen, und erst diese Tatsache macht die Idee der Automaten zu einer präzisen Sprache der wissenschaftlichen Modellierer. Um Ihnen dies vorzuführen, werden wir nach der Beschreibung eines jeden Bausteins dessen mathematische Definition für das konkrete Beispiel von LIFE mitliefern.

2.1 Ein künstlicher Kosmos – der Zellraum

Zelluläre Automaten beschreiben typischerweise die zeitliche Veränderung eines gewissen Entwicklungsprozesses in einem Raum. Dieser Raum wird im Automaten repräsentiert durch eine Menge gleichartiger Zellen und hat damit immer eine diskrete Struktur.

Stellen wir uns beispielsweise vor, wir möchten mit einem zellulären Automaten die Bewegungen von Billardkugeln auf einem Tisch beschreiben. Den Billardtisch würden wir uns in dem Modell wie eine gerasterte Oberfläche vorstellen, etwa wie ein Schachbrett. Den genauen Ort der Kugeln können wir dann nur in den verschiedenen Feldern des Schachbretts ausmachen; innerhalb eines Feldes können wir ihre Positionen nicht mehr unterscheiden. Überziehen wir den Tisch mit einem sehr groben Raster, in dem die einzelnen Felder viel größer sind als die Kugeln selbst, würde eine Ortsangabe der Kugeln in diesem Raster zu ungenau sein, um ihre Bewegungen realistisch zu verfolgen. Theoretisch kann die Welt der Billardkugeln in einem solchen diskreten Modell nie ihre wirkliche räumliche Welt exakt wiedergeben. Doch bei einer entsprechend feinen Rasterung des Raums können die Bewegungsvorgänge der Kugeln darin mit genügender Genauigkeit beschrieben werden, um den Weg einer einmal angestoßenen Kugel nachzuvollziehen.

Die diskrete Struktur des Zellraums ist ein grundlegendes Charakteristikum aller zellulären Automaten. Worin sich verschiedene Automaten unterscheiden, ist die Dimension und die Geometrie des zugrundeliegenden Raums. Die geometrische Grundform der einzelnen Zellen bestimmt die Geometrie des Zellraums. Sie ist stets regulär, also für alle Zellen gleich. Die Zellen können die Form eines Quadrats, eines Sechsecks oder auch eines Dreiecks annehmen. Bild 2.1 zeigt hierfür einige Beispiele in zweidimensionalen Zellräumen. Am häufigsten findet man in Anwendungsbeispielen zellulärer Automaten ein zweidimensionales rechteckiges Gitter vor, in dem die Zellen wie die Felder eines Schachbretts angeordnet sind. Dies ist nicht nur rechnerisch am einfachsten zu behandeln, sondern auch besonders leicht auf einem Computerbildschirm zu visualisieren. Viele reale Phänomene, die mit Automaten simuliert werden, erfordern jedoch eigentlich dreidimensionale Strukturen – so wie sich auch unsere Welt über drei räumliche Dimensionen ausbreitet. Die Beschreibung eines solchen Prozesses mit einem zweidimensionalen Modell stellt daher eine Reduktion gegenüber der tatsächlichen Situation dar.

Große Aufmerksamkeit in der Theorie und Praxis zellulärer Automaten haben auch solche Modelle erregt, die in der noch viel einfacheren Welt einer einzigen Dimension leben, in der die Zellen aufgereiht

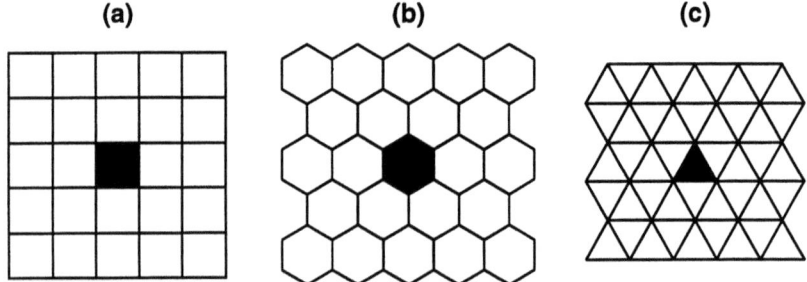

Bild 2.1: Zweidimensionale Zellräume mit unterschiedlicher Gittergeometrie: a) rechteckiges, b) hexagonales und c) dreieckiges Gitter.

sind wie Perlen auf einer Schnur. Der Wert dieser Modelle liegt vor allem in ihrer Einfachheit: In ihnen sind die möglichen Entwicklungsregeln noch so übersichtlich, daß man sie alle systematisch untersuchen kann – ein Anliegen, daß in höherdimensionalen Zellräumen nichts als ein tollkühner Traum ist. Trotz ihrer einfachen Struktur offenbaren aber schon diese eindimensionalen Automaten ein so komplexes Verhalten, wie es auch für die höherdimensionalen Modelle charakteristisch ist. Wir werden im Kapitel 4 diese Untersuchungen zu eindimensionalen Automaten noch genauer diskutieren.

Ein entscheidender Parameter in der Charakterisierung eines Zellraums ist seine Größe. Für theoretische Betrachtungen kann man zwar von einem unendlich großen Raum ausgehen, doch in der praktischen Simulation muß die Zahl seiner Zellen begrenzt werden. Größe, Dimension und Geometrie legen die Struktur eines Zellraums eindeutig fest.

Den zugrundeliegenden Raum des Spiels LIFE können wir als zweidimensionales, rechteckiges $n \times m$-Gitter angeben, wobei n und m als beliebige natürliche Zahlen seine Größe noch variabel halten. Wenn wir den Zellraum von LIFE mit L bezeichnen, würde L wie folgt definiert sein:

$$L = \{(i, j) \mid i, j \in \mathbf{N}, 0 \le i < n, 0 \le j < m\}.^*$$

2.2 Reviergrenzen – die Nachbarschaft

Mit der Festlegung der Geometrie des Zellraums sind bereits entscheidende Weichen für die Art der Nachbarschaft der einzelnen Zellen gestellt. Denn je nach der zugrundeliegenden Gittergeometrie sind auf natürliche Weise unterschiedliche Zellen zueinander benachbart.

Betrachten wir die Entwicklung eines zellulären Automaten in einem eindimensionalen Zellraum, ist die Geometrie dieses Raums so eingeschränkt, daß auch die mögliche Nachbarschaft einer Zelle offensichtlich auf der Hand liegt. Jede Zelle hat eben nur links und rechts jeweils

---

[*] N bezeichnet die Menge der natürlichen Zahlen.

eine andere Zelle, die an sie angrenzt. Die Variationsmöglichkeiten, die wir in eindimensionalen Automaten haben, liegt in dem Radius der Nachbarschaft. Einen Effekt auf die Entwicklung einer Zelle müssen nicht nur die zwei unmittelbar angrenzenden Zellen haben. Auch über eine Entfernung von zwei oder drei Zellen kann die Entwicklung beeinflußt werden. Um die Nachbarschaft in einem eindimensionalen Automaten festzulegen, muß also der Radius r der Nachbarschaft angegeben werden. Die gesamte Nachbarschaft einer Zelle besteht dann insgesamt aus $2r + 1$ Zellen, nämlich der Zelle selbst und ihren $2r$ Nachbarn.

In zwei- und dreidimensionalen Zellräumen kann die Geometrie des Gitters und damit die Form der Nachbarschaft unterschiedlich sein: Hat eine Zelle in einem (zweidimensionalen) Sechseck-Gitter sechs Zellen in ihrer unmittelbaren räumlichen Nachbarschaft, so sieht dies in einem rechteckigen Gitter ganz anders aus (Bild 2.2). Hier ist eine einzelne Zelle direkt benachbart zu vier anderen Zellen, die im Norden, Süden, Osten und Westen an sie angrenzen. Da John von Neumann in seiner „Urversion" eines zellulären Automaten genau diese Nachbarschaftsform verwandte, wird sie als von-Neumann-Nachbarschaft bezeichnet. Statt sich nur auf diese vier Nachbarn einer Zelle zu beschränken, können wir allerdings auch die vier an die Ecken einer Elementarzelle angrenzenden Gitterkästchen als weitere Nachbarn hinzunehmen. Die so entstehende Nachbarschaftsform, in der jede Zelle dann acht Nachbarn besitzt, hat ihren Namen dem ebenfalls in der Automatentheorie aktiven Mathematiker Edward F. Moore zu verdanken.

Ähnlich wie in eindimensionalen Zellularräumen kann man auch in höheren Dimensionen unterschiedlich große Radien einer Nachbarschaft diskutieren. Die Moore-Nachbarschaft in einem rechteckigen Gitter läßt sich leicht erweitern, indem man nicht nur den ersten Ring von Nachbarn um eine Zelle betrachtet, sondern weitere Ringe hinzunimmt. Gerade neuere Zellularmodelle, die vor allem an einer möglichst realistischen Beschreibung natürlicher Phänomene interessiert sind, nehmen diese Erweiterung der Nachbarschaft zunehmend in ihr Regelsystem auf. Sie gewinnen daraus eine wesentlich verbesserte räumliche Auflösung des untersuchten Prozesses.

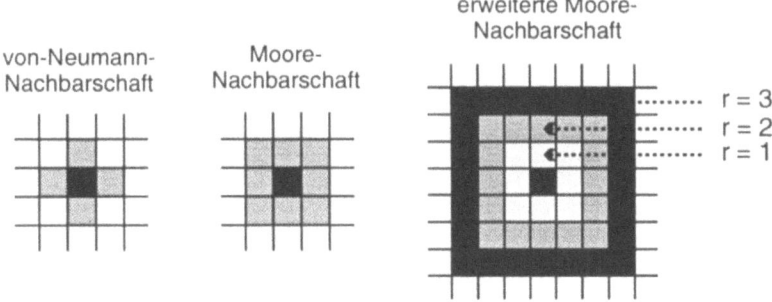

Bild 2.2: Verschiedene Nachbarschaften für ein zweidimensionales Rechtecksgitter

Wenn man auch die von-Neumann- und die Moore-Nachbarschaft am häufigsten in (zweidimensionalen) zellulären Automaten findet, sind grundsätzlich beliebige Formen der Nachbarschaft möglich. Sie alle sollten nur dem Grundsatz folgen, daß die Nachbarschaftsstruktur für alle Zellen identisch ist. Jede einzelne Zelle hat also gleich viele Nachbarn, die in gleicher Weise räumlich miteinander verbunden sind. (An den Rändern der Zellwelt mag dies allerdings nicht zutreffen, wie wir im nächsten Abschnitt sehen werden.)

Wenden wir unser jetziges Wissen über die Nachbarschaften in zellulären Automaten auf LIFE an, so können wir die dort verwandte Nachbarschaftsbeziehung nun präzisieren. LIFE wird mit der einfachen Moore-Nachbarschaft gespielt. Jede Zelle hat also genau acht Nachbarn, die direkt an sie angrenzen. Formal läßt sich diese Nachbarschaft einer Zelle (i,j) wie folgt beschreiben:

$$N_{ij} = \left\{ (k,l) \in L \mid |k-i| \leq 1 \text{ und } |l-j| \leq 1 \right\}.^*$$

---

[*] Wenn wir in späteren Beispielen zellulärer Automaten die *Zustände* der Zellen (statt der Zellen selbst) in der Nachbarschaft N_{ij} beschreiben, drücken wir dieses durch die Schreibweise $N_{ij}(t)$ aus.

2.3 Am Ende der Welt – Randbedingungen

Wann immer man einen zellulären Automaten konkret simulieren will – sei es auf dem Papier oder dem Computerbildschirm – hat man mit dem Problem der Begrenzung des Zellraums zu kämpfen. Denn nur in der Welt der reinen Theorie läßt sich die Entwicklung eines Automaten auf einem unendlich großen Raum durchspielen. Für jeden praktischen Zweck ist der Zellraum in seiner Größe begrenzt, und die Entwicklung räumlicher Phänomene in diesem Raum stößt zwangsläufig irgendwann an die Grenzen dieses Raums.

Problematisch ist dies deshalb, weil Randzellen eine andere lokale Umgebung haben als Zellen im Innern des zugrundeliegenden Raums. Betrachten wir etwa ein zweidimensionales rechteckiges Gitter wie in Bild 2.3 und wählen als Nachbarschaft in diesem Raum die von-Neumann-Nachbarschaft. Jede Zelle im Innern des Gitters hat vier Nachbarn, eine Zelle am Rand besitzt aber nur drei, die in einer Ecke sogar nur zwei Nachbarn. Je nach Wahl der Spielregeln können diese unterschiedlichen Bedingungen in der Nachbarschaft der Zellen ungewollte Effekte im Verhalten des zellulären Automaten bewirken. Solche Artefakte am Rand können sich um so stärker auswirken, je kleiner der Zellraum insgesamt ist. Denn in einem kleinen Zellraum kommt den Randzellen zahlenmäßig ein großes Gewicht zu: Auf einem 10×10-

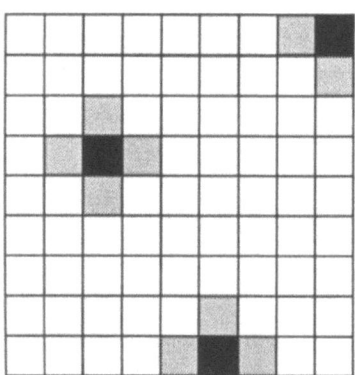

Bild 2.3:
Die Zellen im Gitter können je nach ihrer Position zum Rand unterschiedlich viele Nachbarn haben.

Gitter sind fast 40 % aller Zellen Randzellen, auf einem 100 × 100-Gitter dagegen nur noch knapp 4 %.

Haben die Randzellen eines Automaten entsprechend ihrer natürlichen geometrischen Anordnung weniger Nachbarn als die Zellen im Innern des Raums, wollen wir diese Situation in Zukunft als „offenen Rand" bezeichnen. Gerade um mögliche Artefakte zu vermeiden, wenden die Entwickler zellulärer Automaten sehr häufig künstliche Tricks an, um die Nachbarschaft der Randzellen über den Zellraum hinaus fortzusetzen und gleichzeitig die Illusion eines unendlich ausgedehnten Raums aufrechtzuerhalten. Um das Problem eines offenen Randes zu vermeiden, gibt es im wesentlichen zwei Strategien, die am Beispiel eines eindimensionalen Zellraums in Bild 2.4 veranschaulicht sind:

Eine Möglichkeit ist es, die Ränder des Zellraums miteinander zu verkleben. Im eindimensionalen Raum wird so aus einem einfachen Streifen von Zellen ein Ring, in dem die Zelle am rechten Rand zu der am linken benachbart ist. In zwei Dimensionen wird durch die Verklebung der gegenüberliegenden Ränder das Gitter wie zu einem Schlauchreifen geschlossen. Mathematiker nennen das so entstandene topologische Objekt einen Torus. Man bezeichnet diesen Fall auch als periodische Randbedingungen. Die zweite Möglichkeit der künstlichen Randerweiterung ist die Spiegelung der Randzellen. Die nicht vollständige Nachbarschaft wird hierbei einfach am tatsächlichen Rand des Raums gespiegelt, so daß jede Randzelle auch hier genauso viele Nachbarn besitzt wie die Zellen im Innern. In diesem Fall spricht man von symmetrischen Randbedingungen.

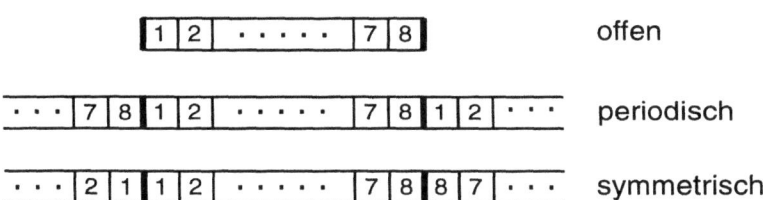

Bild 2.4: Verschiedene Strategien, hier dargestellt für einen eindimensionalen Zellraum, vermeiden das Problem eines offenen Randes, wie er im oberen Teil des Bildes zu sehen ist.

Beide Alternativen – die toroidale Verklebung der Ränder oder ihre spiegel-symmetrische Fortsetzung – sind gleichbedeutend damit, daß der Zellraum des Automaten auf künstliche Weise unendlich weit ausgedehnt wird. In beiden Fällen ist die Situation eines tatsächlichen Randes vermieden. Dies bedeutet aber noch lange nicht, daß die künstliche Randerweiterung keinerlei unbeabsichtigte Effekte auf das Verhalten der zeitlichen Entwicklung eines Automaten hat. Diese Möglichkeit kann nur im konkreten Fall untersucht und ausgeschlossen werden.

Für das Spiel LIFE können die Randbedingungen zunächst einmal völlig beliebig gewählt werden. Sobald man das Spiel auf einem genügend großen Gitter ablaufen läßt, wirkt sich der Einfluß des Randes nicht mehr entscheidend auf das Geschehen aus.

2.4 Artenvielfalt – die Zustandsmenge

Jede Zelle eines Automaten kann sich in nur wenigen Zuständen befinden, die bei seiner Definition genau festgelegt werden müssen. So wie alle Komponenten eines Zellularautomaten vollständig diskret sind, gilt auch hier, daß eine Zelle nur endlich viele verschiedene Zustände annehmen kann. Repräsentiert werden die Zustände einer Zelle durch Zahlenwerte.

Welche Zustandsmenge man für einen speziellen Automaten auswählt, hängt – wie auch bei allen anderen Bausteinen – nur von dem Problem ab, das man mit ihm beschreiben möchte. Genügt eine Wahl zwischen zwei Alternativen, braucht man als Zustandswerte einer Zelle nur die Zahlen 0 und 1 in Betracht zu ziehen – so wie Conways Spiel des Lebens nur zwischen toten und lebendigen Zellen unterscheidet. Zelluläre Automaten mit nur zwei möglichen Zuständen der Zellen werden auch als binäre Automaten bezeichnet. Erfordern die Probleme, die man beschreiben will, jedoch eine präzisere Unterscheidung zwischen verschiedenen Zuständen, kann man weitere Zahlenwerte in Betracht ziehen, wie wir es in späteren Kapiteln noch an einigen Beispielen dokumentieren werden.

Zwei mögliche Zustände lassen auf den ersten Blick ein ausgesprochen eingeschränktes Verhaltensrepertoire erwarten, doch dieser Schein trügt: Viele einfache Zustände können sich zusammentun, um ein komplexes Ganzes zu formen. Auch wenn die einzelne Zelle kaum Möglichkeiten der Entscheidung hat, ist die Kombinationsbreite für die Zustände des gesamten Automaten gewaltig. Sie hängt allein ab von der Zahl aller Zellen des Zellraums. Enthält der Zellraum eines Automaten N Zellen, so gibt es 2^N verschiedene Möglichkeiten, die zwei verschiedenen Zustandswerte auf alle Zellen zu verteilen. Selbst bei kleinen Zellräumen wird diese Zahl schnell gigantisch groß. Bereits für ein 10×10-Gitter gibt es 2^{100} mögliche Zustände eines Automaten – eine Zahl mit immerhin schon 30 Nullen. (Selbst wenn wir alle Sekunden von heute bis zurück in die Zeit des Urknalls unseres Universums zusammenzählen würden, kämen wir nur auf eine Zahl mit nicht einmal 20 Nullen.)

Ist die Zahl der möglichen Zustände einer einzelnen Zelle größer, erhöht sich natürlich die Zahl der Gesamtzustände des Automaten entsprechend. Allgemein gilt: Für N Zellen auf dem Gitter mit jeweils k Zuständen gibt es k^N verschiedene Zustände des Automaten.

Allerdings müssen nicht alle Konfigurationen auch in der zeitlichen Entwicklung eines Automaten erreichbar sein, dies hängt ab von den Regeln der zeitlichen Entwicklung. Die Regeln des Automaten können ihn daran hindern, bestimmte denkbare Zustände jemals anzunehmen. Solche unerreichbaren Zustände werden in der Sprache der zellulären Automaten bildhaft als „Garten-Eden-Zustände" oder „Paradies-Konfigurationen" bezeichnet. Von diesen Zuständen kann der Automat nur träumen, aber seine Entwicklungsgesetze lassen ihm keine Chance, diese paradiesischen Zustände jemals zu erreichen.

Auch LIFE ist ein binärer Automat. Seine Zustandsmenge Z enthält nur zwei Elemente, nämlich die Zahlen 0 und 1, die die toten beziehungsweise lebenden Zellen beschreiben:

$$Z = \{0,1\}.$$

2.5 Veränderungen – die Zustandsentwicklung

Die Zustandsentwicklung jeder Zelle eines zellulären Automaten hängt nur ab von dem Zustand der Zelle selbst und den Zuständen ihrer Nachbarzellen. Was Zellen außerhalb der eigenen lokalen Umgebung tun, interessiert die einzelne Zelle für die eigene Entwicklung überhaupt nicht. Über den Rand ihrer eigenen Nachbarschaft kann sie nicht hinausblicken.

Die Wahl der richtigen Spielregeln ist in vielen Anwendungsbeispielen das Herzstück des Modells. In ihr muß sich vor allem der Realitätsgehalt der abstrakten Übersetzung eines natürlichen Systems beweisen. Dem „Automatenbauer" sind dabei alle Freiheiten in die Hand gegeben, um das jeweilige Problem so gut wie möglich widerzuspiegeln. Um den „Sprachraum" der zellulären Automaten nicht zu verlassen, sind lediglich einige Grundsätze zu befolgen.

Dazu gehört etwa, daß die Entwicklung der Zellen in diskreten Zeitschritten erfolgt. Bei jedem Tick einer imaginären Uhr wird der Zustandswert einer jeden Zelle aufgrund der jeweiligen Spielregel aktualisiert. Für jede Zelle sind dabei die gleichen Regeln maßgeblich. In den meisten zellulären Modellen werden die Zellen des Zellraums synchron aktualisiert. Dies bedeutet zum einen, daß bei jedem Tick der Uhr *alle* Zellen auf der Grundlage ihrer lokalen Information und ihrer Spielregeln ihren neuen Zustand berechnen. Zum anderen garantiert ein synchrones Auffrischen der Information, daß in den Zustand zum Zeitpunkt $t + 1$ nur die Zustandswerte der Zellen aus dem vorherigen Zeitpunkt t eingehen und sich keine Information aus alten und schon neu berechneten Nachbarzellen vermischt. Da es in manchen natürlichen Systemen allerdings auch möglich ist, daß nicht alle Zellen des Raums gleichmäßig in ihrer Entwicklung voranschreiten, kann es für spezielle Fragestellungen sinnvoll sein, die Zellen asynchron zu aktualisieren, etwa auf der Grundlage einer Zufallsentscheidung.

Das ganze Spektrum der möglichen Spielregeln, die man sich für die Entwicklung eines Automaten ausdenken kann, hängt nicht nur von der Zahl der Zellzustände, sondern auch entscheidend von der Größe der Nachbarschaft ab. Jede mögliche Kombination der Zustandswerte in einer Nachbarschaft kann mit einem eigenen neuen Zustand der Zelle verknüpft werden. Stellen wir uns etwa die möglichen Spielregeln für die Entwicklung eines eindimensionalen binären Automaten vor, in der jede Zelle nur mit den zwei direkt angrenzenden Zellen benachbart ist, ihre Nachbarschaft also den Radius 1 hat: Es gibt genau $2^3 = 8$ mögliche Konfigurationen, wie die Zustände 0 und 1 in der dreielementigen Nachbarschaft verteilt sein können. Jede dieser Konfigurationen kann im nächsten Zeittakt eine 0 oder eine 1 für die Kernzelle der Nachbarschaft implizieren. Insgesamt gibt es also $2^8 = 256$ mögliche Spielregeln für die Entwicklung eines eindimensionalen binären Automaten mit einer Nachbarschaft vom Radius 1.

Kann man in diesem Fall noch alle denkbaren Regeln eines Automaten durchspielen – wenn auch nur mit der tatkräftigen Unterstützung eines Computers –, wird dies aber schnell unmöglich, wenn die Zahl der Zustandswerte oder der Nachbarn wächst. Denn hat jede Zelle eines Automaten k Zustände und n Zellen in ihrer Nachbarschaft (sich selbst eingeschlossen), so gibt es k^{k^n} mögliche Spielregeln. Selbst für die binären Automaten wächst diese Zahl bei größeren Nachbarschaften so schnell an, daß man nicht einmal davon träumen kann, alle möglichen Entwicklungsregeln systematisch zu untersuchen: Für die einfache von-Neumann-Nachbarschaft auf einem zweidimensionalen Gitter ($n = 5$) gibt es schon über 4 Milliarden mögliche Entwicklungsregeln. Mit der Moore-Nachbarschaft ($n = 9$) müßten wir mehr als 10^{154} Kombinationsmöglichkeiten durchspielen, um alle Spielregeln kennenzulernen. Angesichts dieser Zahlen läßt sich leicht vorstellen, daß nur ein winziger Bruchteil aller denkbaren Entwicklungsregeln zellulärer Automaten bisher tatsächlich untersucht worden ist.

Die Spielregel eines Automaten können wir auf verschiedene Weise formulieren. Einerseits können wir jeder möglichen Gruppe von Zustandswerten in der Nachbarschaft genau den Wert zuweisen, den die Kernzelle im nächsten Zeitschritt haben soll. Für einen einfachen eindimensionalen Automaten (mit zwei Zuständen und einer Nachbarschaft vom Radius 1) wäre eine mögliche Regel etwa wie folgt gegeben:

000	001	010	011	100	101	110	111
↓	↓	↓	↓	↓	↓	↓	↓
0	0	0	1	0	1	1	0

Um die Entwicklung dieses Automaten zu verfolgen, müßten wir zu jedem Zeitpunkt für jede Nachbarschaftskonstellation in dieser Tabelle nachschauen und den Wert der Kernzelle in der nächsten Generation ablesen. Während uns das mühselige Nachschlagen in einer solchen Tabelle wenig Anschauung von der zugrundliegenden Regel bringt, kann diese Formulierung für die Übersetzung der Spielregeln in ein Computerprogramm tatsächlich ein ausgesprochen effizienter Weg sein. Für den Computer geht es nämlich meistens sehr viel schneller, in einer solchen „look-up-Tabelle" den nächsten Zustandswert nachzuschauen, als komplizierte mathematische Formeln auszuwerten.

Auf den Betrachter einer solchen Regel wirkt allerdings die Schreibweise in einer mathematischen Funktion oftmals überzeugender. Schaut man sich das obige Beispiel genau an, erkennt man, daß der Wert der Zelle im nächsten Zeitschritt nur dann eine 1 ist, wenn die Summe aller Zustandswerte in der Nachbarschaft den Wert 2 ergibt. Bezeichnen wir den Zustand der Zelle i zum Zeitpunkt t mit $z_i(t)$, so können wir diese Entwicklungsregel formulieren als

$$z_i(t+1) = \begin{cases} 1, & \text{wenn } (z_{i-1}(t) + z_i(t) + z_{i+1}(t)) = 2 \\ 0, & \text{sonst.} \end{cases}$$

An dieser Schreibweise erkennt man deutlicher als in der vorher angegebenen Tabellenform, daß die Zustandsentwicklung einer Zelle hier nur von der Anzahl der Einsen in ihrer Nachbarschaft abhängt. Die räumliche Anordnung der sie umgebenden Einsen und Nullen hat keine Auswirkung auf die Entwicklung. Regeln dieses Typs finden sich in vielen zellulären Automaten wieder. Sie werden als „totalistische Regeln" bezeichnet – totalistisch, weil der Zustand einer Zelle nur von der Gesamtsumme der Zustandswerte in ihrer lokalen Umgebung abhängt.

Läßt man in einem zellulären Automaten nur totalistische Regeln zu, so reduziert sich die Zahl aller möglichen Entwicklungsgesetze erheblich. So kann die Summe über allen Zuständen in einer Nachbarschaft eines eindimensionalen binären Automaten mit Nachbarschaftsradius 1 nur 0, 1, 2 oder 3 sein. Um in einer totalistischen Regel jede dieser Summen mit einer 0 oder 1 als neuen Zustandswert zu verknüpfen, gibt es insgesamt nur $2^4 = 16$ Möglichkeiten.

Auch in LIFE hängt die Entwicklung einer Zelle nur von der Summe über den Zustandswerten in der Nachbarschaft und nicht von deren räumlicher Anordnung ab. Doch in LIFE gibt es eine zusätzliche Komplikation, weil der neue Zustand einer Zelle auch noch von ihrem eigenen Wert bestimmt wird. Eine Zelle in LIFE wird neu geboren, wenn sie genau drei lebende Nachbarn besitzt, wenn also die Summe über allen Zustandswerten in der Nachbarschaft 3 ergibt. Eine lebende Zelle überlebt in die nächste Generation, wenn in ihrer Nachbarschaft zwei oder drei andere Zellen leben, wenn also die Gesamtsumme 3 oder 4 ist *und* die Zelle selbst den Wert 1 hat. In allen anderen Fällen ist die Zelle im nächsten Zeitschritt tot. LIFE ist eine sogenannte außentotalistische Regel, weil der Zustandswert einer Zelle zwar von der Summe der sie (außen) umgebenden Nachbarzellen abhängt, aber zusätzlich noch vom Wert der Zelle selbst bestimmt wird.

In allem, was wir bisher über die möglichen Entwicklungsregeln eines Automaten gesagt haben, sind wir implizit davon ausgegangen, daß dessen Regeln deterministisch sind. Mit solchen Regeln ist die Entwicklung eines Automaten zu jedem Anfangszustand eindeutig festgelegt. Wiederholen wir sie zu einem späteren Zeitpunkt von den gleichen Startbedingungen aus, spielt sich exakt das gleiche Geschehen vor unseren Augen ab. Nicht alle natürlichen Prozesse aber sind von einem solch extremen Determinismus geprägt. Viele zelluläre Automaten, die die Natur beschreiben wollen, stützen sich daher in ihren Entwicklungsregeln auf die Einbeziehung des Zufalls. Ihre Regeln sind stochastisch und in Form von Wahrscheinlichkeitsaussagen formuliert. Hier „würfelt" eine Zelle gewissermaßen mit einem speziell definierten Würfel ihr Schicksal in jedem Zeitschritt aus. Auch in diesem Buch werden wir noch solche stochastischen Automaten kennenlernen.

In LIFE ist das Überleben keine Frage des Zufalls, seine Spielregeln sind vollkommen deterministisch. Um sie in einer mathematisch exakten Weise niederzuschreiben, muß man in jedem Zeitschritt lediglich die Summe aller Zustandswerte in der Nachbarschaft bilden. Hat diese den Wert 3, lebt die Kernzelle im nächsten Zeitschritt unabhängig von ihrem jetzigen Wert. Addiert sich die Summe zu einer 4 auf und die Kernzelle trägt dazu selbst mit dem Wert 1 bei, überlebt sie auch in die nächste Generation. In allen anderen Fällen ist kein Leben möglich. Dies faßt die folgende Formel zusammen:

$$z_{ij}(t+1) = \begin{cases} 1, \text{ wenn } \sum_{(k,l) \in N_{ij}} z_{kl}(t) = 3 \\ 1, \text{ wenn } \sum_{(k,l) \in N_{ij}} z_{kl}(t) = 4 \text{ und } z_{ij}(t) = 1 \\ 0, \text{ sonst.} \end{cases}$$

Wir haben nun alle Bausteine kennengelernt, die zur Definition eines zellulären Automaten notwendig sind: **Zellraum, Nachbarschaft, Randbedingungen, Zustandsmenge** und **Zustandsentwicklung**. Bei allen weiteren Beispielen der Automaten, die wir im Verlauf dieses Buches vorstellen, werden wir uns an diesem „Bauplan" orientieren, um ihre spezielle Konstruktion zu beschreiben.

Kapitel 3
Das Spiel des Lebens

3.1 Vom LIFE-Fieber infiziert

Als John Horton Conway 1968 das Spiel des Lebens erfand, konnte er nicht im Traum erahnen, daß es über die nächsten Jahre und Jahrzehnte zu einem der berühmtesten zellulären Automaten aufsteigen sollte. Die zellulären Automaten waren unter den Mathematikern schon lange bekannt. John von Neumanns große Leistung, mit ihnen künstliche Strukturen zu erzeugen, die sich selbst fortpflanzen konnten wie lebendige Wesen, war schon zehn Jahre zuvor in der Wissenschaft bewundert worden. Doch viel mehr als Bewunderung der Genialität von Neumanns blieb für die zellulären Automaten selbst nicht übrig. Kaum jemand dachte an solch weitreichende Möglichkeiten, komplexe Phänomene der Welt und des Lebens mit ihnen zu beschreiben – niemand außer eben dem damals etwa dreißigjährigen Mathematiker Conway.

Conway wollte den Faden, den von Neumann geknüpft hatte, wieder aufnehmen und versuchen, ein ähnlich mächtiges Konstrukt auf die Beine zu stellen. Sein großes Ziel war es, die Konstruktion des Automaten selbst dramatisch zu vereinfachen. Von Neumann benötigte für seinen Automaten fast 30 verschiedene Zustände und entsprechend komplizierte Entwicklungsregeln. Conway dagegen wollte nur wenige Zustände in sein Spiel einbauen, mit allereinfachsten Übergangsregeln. Es mußte, so dachte sich der exzentrische Mathematiker, möglich sein, schon mit einem solch simplen Spiel die Komplexität des Lebens nachzuzeichnen.

Von dem Moment an, in dem Conway sich in sein ehrgeiziges Ziel verbiß, verwandelte sich der Gemeinschaftsraum der mathematischen Fakultät der Universität Cambridge in ein gigantisches Spielfeld. Während wir es heute gewohnt sind, die Entwicklung eines zellulären Automaten von Beginn an mit der Unterstützung eines Computers zu verfolgen, entwarfen Conway und seine Kollegen das Spiel des Lebens in vollständiger „Handarbeit". Verschiedenfarbige Spielsteine wurden aufgrund der erdachten Spielregeln hin- und herbewegt – das Ganze erinnerte teilweise an ein gigantisches Go-Spiel. Fast alle Angehörigen der Fakultät wurden zu Mitspielern der Conwayschen Go-Version. Oft wollten sie nur auf eine Tasse Kaffee vorbeischauen und blieben tatsächlich über Stunden, gefesselt von den möglichen Entwicklungen der Steine auf dem Spielfeld. Zunächst genügte noch der große Kaffeetisch, um die notwendigen Spielsteine zu plazieren, mit denen man sich den Grundzügen des zellulären Spiels annäherte. Doch bald schon mußten die Spieler auf den Fußboden ausweichen und stießen auch dort schnell an die Grenzen des Raums. Conway war mit seinen Regeln ständig am Experimentieren, und es dauerte fast zwei Jahre, bis die endgültigen, uns heute unter dem Namen LIFE bekannten Regeln zur Perfektion gebracht waren.

Erinnern wir uns an die Spielregeln von LIFE, die wir bereits vorgestellt haben, wird offensichtlich, warum Conway seinem Automaten diesen Namen gegeben hat. Seine Zellen stehen in einem ständigen Kampf ums Überleben. Eine Zelle wird geboren (und ihr Gitterplatz entsprechend mit einem Spielstein besetzt), wenn es in ihrer Umgebung eine ideale Bevölkerungsdichte von genau drei lebenden Zellen gibt. Lebende Zellen gehen entweder an Übervölkerung oder Einsamkeit zugrunde, nur wenn eine Zelle genau zwei oder drei lebende Nachbarn besitzt, überlebt sie in die nächste Generation hinein. Im vorherigen Kapitel haben wir bereits die vollständigen Regeln dieses Spiels mathematisch formuliert, der Kasten 3A faßt sie noch einmal zusammen.

Conways Spiel fesselte ihn und seine Kollegen längst nicht nur während ihrer Kaffeepausen. Doch es war ein mühsames Unternehmen, all die richtigen, den Regeln folgenden Spielzüge von Hand auf Tischen und Teppichen durchzuführen. Zum richtigen Durchbruch gelangte das zelluläre Spiel daher auch erst, als es in die Hände der Computerspezialisten fiel. Was sonst Tage und Wochen dauerte, konnte mit Hilfe der elektronischen Rechengehirne innerhalb von Minuten auf dem Bildschirm verfolgt werden. Binnen kürzester Zeit entpuppte sich LIFE als

Kasten 3A
Das Spiel des Lebens

Zellraum: zweidimensionales, rechteckiges $n \times m$-Gitter.

Nachbarschaft: Moore-Nachbarschaft.

Randbedingungen: beliebig.

Zustandsmenge: $\{0,1\}$,
wobei 0 eine „tote" und 1 eine „lebende" Zelle beschreibt.

Zustandsentwicklung:

$$z_{ij}(t+1) = \begin{cases} 1, \text{ wenn } \sum_{(k,l)\in N_{ij}} z_{kl}(t) = 3 \\ 1, \text{ wenn } \sum_{(k,l)\in N_{ij}} z_{kl}(t) = 4 \text{ und } z_{ij}(t) = 1 \\ 0, \text{ sonst}. \end{cases}$$

ein wahrer Renner unter allen Computerbegeisterten. Und dies sicherlich nicht nur, weil es aufgrund seiner einfachen Regeln leicht zu programmieren war. Schon bei den ersten Spielversuchen mit LIFE stellte sich schnell heraus, daß es seinem hochgesteckten Namen in vieler Hinsicht gerecht wurde: Es produzierte überraschend komplexe und in mancher Beziehung verblüffend „lebensähnliche" Strukturen.

Es waren nicht nur die Computerhacker, die eine regelrechte Sucht nach dem Spiel LIFE entwickelten. Auch in renommierten Wissenschaftlerkreisen griff das LIFE-Fieber um sich. Am berühmten Massachusetts Institute of Technology, dem M.I.T. – einem der Tempel von Wissenschaft und Technik –, verbissen sich ganze Scharen von hochbegabten Nachwuchswissenschaftlern in das Rennen um die spektakulärsten und phantastischsten Muster, die LIFE hervorbringen konnte.

Auch Martin Gardner, der brillante Autor der Spalte „Mathematical Games" im *Scientific American* (*Spektrum der Wissenschaft*), war so fasziniert von den Möglichkeiten des zellulären Spiels, daß er in den Jahren zwischen 1970 und 1975 in seiner Kolumne immer neue Entwicklungen und Abenteuer des Spiels LIFE vorstellte. Seine Artikel wurden zu einer regelrechten Bühne, in der sich LIFE wieder und wieder in den Blickpunkt der Öffentlichkeit brachte. Die fanatischen Anhänger von LIFE unterhielten gar in den Jahren zwischen 1971 und 1973 eine vierteljährlich erscheinende Zeitschrift, „Lifeline" genannt, die über alles Neue in LIFE informierte. Zuweilen wurden regelrechte Preise ausgesetzt, um das Rennen um die besten LIFE-Konfigurationen noch spannender und ehrgeiziger zu gestalten.

Das, was die Mathematiker, Physiker und Computerwissenschaftler an diesem Spiel des Lebens so sehr in Bann zog, war vor allem seine völlige Unvorhersagbarkeit. Denkt man sich irgendeinen Anfangszustand aus, so hilft meistens nichts anderes als das Berechnen mit dem Computer, um das Schicksal dieser Anfangskonfiguration zu erfahren. Daß ein solch einfaches Modell mit klar definierten Entwicklungsgesetzen zu einem derart komplexen Verhalten fähig war, erstaunte viele. Das Erstaunen wuchs noch um so mehr, als deutlich wurde, daß LIFE nicht nur auf einem Computer programmiert werden konnte, sondern selbst ein Computer war! Mit seinen simplen Regeln läßt sich ein Netzwerk von Zellen aufbauen, das die elementaren Bausteine eines modernen Computers nachbildet: alle möglichen logischen Schaltkreise sowie Möglichkeiten zur Speicherung und Übertragung von Daten. Mit dieser Entdeckung war die gigantische Komplexität des auf den ersten Blick so einfachen Spiels LIFE endgültig besiegelt und der große Traum Conways erfüllt. Denn wenn LIFE einen Computer nachbauen kann, dann vermag es nicht nur einfache Rechenaufgaben zu lösen, es kann auch andere komplizierte logische Probleme knacken – LIFE kann eben alles tun, was unsere modernen Digitalcomputer tun können!

Auf den folgenden Seiten wollen wir das Spiel LIFE in all seinen Facetten genauer vorstellen und die Muster und Entwicklungen, die dieser zelluläre Automat hervorbringt, im Detail beschreiben – bis hin zu der Möglichkeit, einen funktionierenden Computer aus den LIFE-Konfigurationen zu konstruieren.

3.2 Überlebenskünstler

Alles Leben in LIFE spielt sich in der künstlichen Welt eines zweidimensionalen Gitters ab. Jede Konfiguration – ein Organismus dieser künstlichen Welt – besteht aus einer Ansammlung von belebten Gitterplätzen. Manche dieser Muster sind aufgrund der Spielregeln überhaupt nicht lebensfähig und sterben beim nächsten Tick der gigantischen Uhr, die die gesamte Entwicklung des Spiels regiert. Ein Organismus, der aus nur einem oder zwei belebten Gitterplätzen besteht, hat beispielsweise keine Überlebenschance: Keine der Zellen verfügt über zwei lebende Nachbarn, der Minimalzahl für die Sicherung des eigenen Überlebens. Umgekehrt kann auch keine Zelle neu geboren werden, da erst drei lebende Zellen zusammen für eine erfolgreiche Fortpflanzung sorgen können.

Der kleinstmögliche Urahn, also ein Organismus, der selbst lebensfähig ist und vielleicht sogar eigene Nachkommen erzeugt, muß aus mindestens drei lebenden Zellen bestehen, die alle innerhalb eines 3×3-Blocks auf dem Gitter plaziert sind. Insgesamt gibt es zehn solcher möglichen (nicht-symmetrischen) Urahnen, was jeder auf einem einfachen Blatt Rechenpapier leicht überprüfen kann. Doch nur zwei dieser Mini-Organismen sind wirklich lebensfähig, diese stellt Bild 3.1 vor. Da ist zum einen ein Muster dreier lebender Zellen, die auf einer Linie angeordnet sind (vgl. Bild 3.1a): Die mittlere Zelle dieser Konstellation kann überleben, da sie zwei lebende Nachbarn hat. Ihre beiden lebenden Nachbarn aber haben jeweils nur eine lebende Zelle in ihrer Umgebung und sterben zwangsläufig an Einsamkeit. Allerdings erzeugt der Organismus gleichzeitig zwei neue Nachkommen. In der nächsten Generation hat sich daher ein Ebenbild entwickelt, das wiederum aus drei lebenden Zellen auf einer Linie besteht, nur um 90° gedreht. Das Muster verändert sich von nun an periodisch mit einer Periode von zwei Zeit-

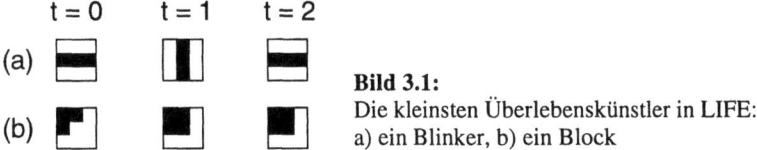

Bild 3.1:
Die kleinsten Überlebenskünstler in LIFE:
a) ein Blinker, b) ein Block

schritten. Seine Gestalt wechselt ständig zwischen einer horizontalen und einer vertikalen Dreierlinie lebender Zellen. Wegen ihrer periodischen Entwicklung haben Conway und seine Kollegen diese Konfiguration auf den eingängigen Namen „Blinker" getauft.

Außer dem Blinker ist nur noch ein weiterer dieser Mini-Urahnen wirklich lebensfähig (Bild 3.1b). Dieser Organismus entwickelt sich durch die erfolgreiche Zeugung eines Nachkommen zu einem 2×2-Block. Jede Zelle dieses Musters hat genau drei lebende Nachbarn und kann daher selbst überleben. Neues Leben kann nicht entstehen, da nirgendwo drei Zellen zusammenstoßen, die sich fortpflanzen können. Der Block existiert also unverändert für alle Ewigkeiten.

Vergrößern wir diese kleinsten Urahnen nur ein wenig, so erhöht sich ihre Überlebenschance immens. Bild 3.2 zeigt, welches Leben aus einem Muster entsteht, in dem eine lebende Zelle genau drei lebende Nachbarn besitzt. Wie man sieht, stirbt nur noch ein einziger dieser Organismen aus (Bild 3.2e). Jeder andere führt ein ewiges Leben, in

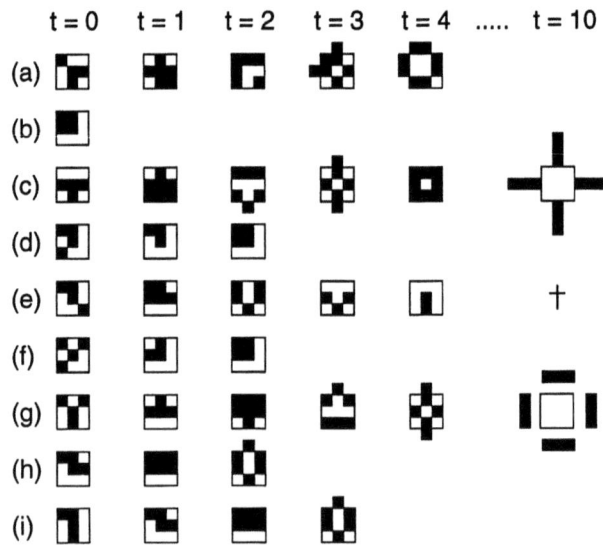

Bild 3.2: Schon aus vier lebenden Zellen entstehen die verschiedensten stationären Muster.

dem er entweder seine Gestalt für alle Zeiten beibehält oder aber zwischen zwei möglichen Erscheinungsformen hin- und herwechselt. Außerdem uns schon bekannten Block von vier Zellen, beobachten wir hier weitere stationäre Muster: den sogenannten Teich (Bild 3.2a) und den Bienenkorb (Bild 3.2h und i). Auch der uns schon bekannte Blinker taucht hier auf, aber nicht als Solowesen, sondern in einem Quartett aus insgesamt vier Blinkern (Bild 3.2c und g). Da sich die Blinker wie an einer Straßenkreuzung gegenüberstehen, ging diese Konfiguration als „Verkehrsampel" in die LIFE-Geschichte ein. (An phantasievollen Namen hat es den Entdeckern von LIFE-Konfigurationen nie gemangelt, und jedes halbwegs interessante Muster hat heute seinen eigenen Namen.)

Durch einiges Herumspielen mit möglichen Mustern kann jeder selbst neue Konfigurationen entdecken, die entweder stationär bleiben (Bild 3.3 zeigt einige Beispiele) oder ihre Form periodisch verändern. Mit genügend Phantasie und Geduld findet man auch etliche Muster mit einer Periode von mehr als zwei Zeitschritten. Es sind Konfigurationen mit allen möglichen Periodenlängen gefunden worden. Bild 3.4 führt einige dieser pulsierenden Strukturen vor.

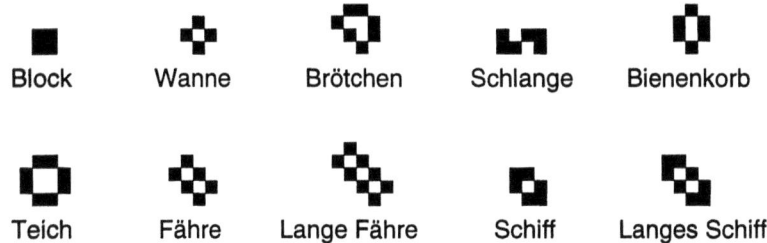

Bild 3.3: Unveränderliche Muster im Spiel des Lebens

Unveränderliche oder periodische Muster sind die Lebensformen, die man in LIFE am häufigsten beobachtet. Wir können ein beliebiges Spiel von LIFE auf einem Computer starten und dabei von zufällig ausgewürfelten Anfangsverteilungen lebender Zellen im Gitter losrechnen. Typischerweise werden wir nach einer gewissen Zeit (das können

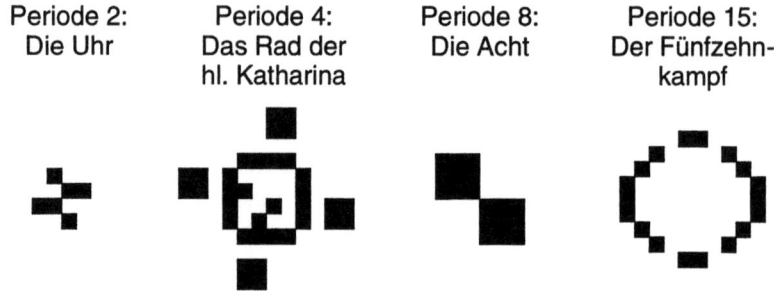

Bild 3.4: Beispiele periodischer Muster in LIFE

einige hundert, aber auch einige tausend Zeitschritte sein) einen Endzustand erreichen, in dem nur wenige Muster überlebt haben, die aber nun für alle Ewigkeit existieren werden. Bild 3.5 zeigt ein Beispiel einer solchen Entwicklung, ausgehend von einem zufälligen Anfangszustand des Spiels auf einem 100 × 100-Gitter. Wie auch in diesem Beispiel setzt sich ein solcher Endzustand meistens aus einfachen stationären Konfigurationen wie Blöcken, Bienenstöcken etc. und einfachsten periodischen Mustern wie dem Blinker zusammen – sie sind die wahren Überlebenskünstler in LIFE.

Das Vertrackte an LIFE – und gleichzeitig für die überzeugten Anhänger des Spiels das Faszinierende – ist die Tatsache, daß man ir-

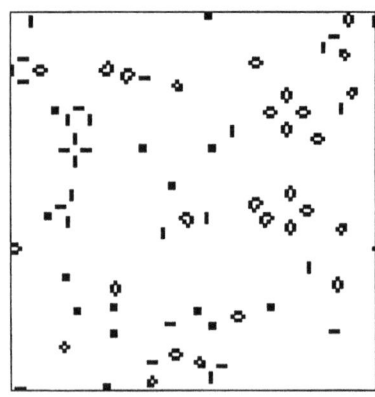

Bild 3.5:
Nach etwa 2 000 Zeitschritten ist das zu Beginn völlig zufällig verteilte Leben zur Ruhe gekommen.

gendeiner LIFE-Konfiguration nicht ansehen kann, was aus ihr wird. Verteilt man lebende Zellen zufällig auf einem Gitter, so gibt es nur eine Chance herauszubekommen, ob die Population aussterben wird, ob sie Blinker, Blöcke oder andere Muster entwickeln wird: das Berechnen bis zu ihrem Endzustand. Schon kleinste Urahnen können eine verblüffende Vielfalt möglicher LIFE-Organismen hervorbringen. Eines der fruchtbarsten Wesen dieses Spiels ist das sogenannte r-Pentomino. Pentominos werden solche Muster genannt, die aus fünf „aneinandergeklebten" Zellen bestehen. Das r-Pentomino, dessen Form an den Buchstaben „r" erinnert, fällt dabei unter all diesen Mustern besonders auf, weil es tatsächlich zum Schöpfer zahlreicher Kreaturen wird, wie Bild 3.6 zeigt. Aus ihm entwickelt sich ein ähnlich reichhaltiges Leben, als wenn wir das Spiel mit einer zufälligen Verteilung lebender Zellen gestartet hätten. Kommt die Entwicklung überhaupt jemals zur Ruhe (was schon auf kleinen Feldern sehr lange dauern kann), beherrscht auch hier eine Ansammlung von stationären Mustern und Blinkern das Geschehen.

Wer selbst mit den Regeln von LIFE herumspielt, kann sich schnell davon überzeugen, daß die Entwicklung dieses Spiels zwar eigentlich ganz einfach aussieht, sich aber jeder Weissagung entzieht. Dies ist einer von mehreren Gründen, warum LIFE als unvorhersehbar bezeichnet wird. Schon bei einfachen Startbedingungen des Spiels ist kein Plan

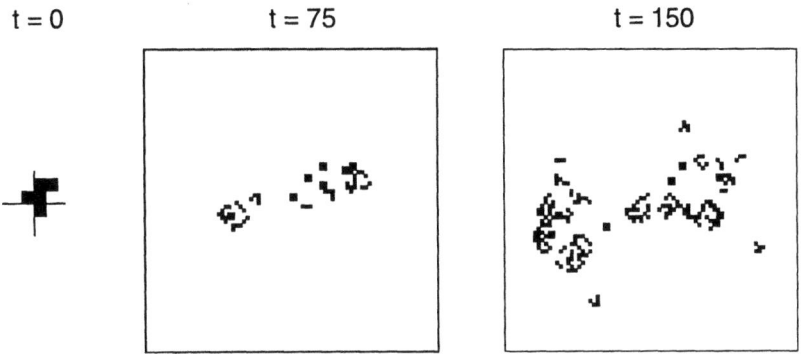

Bild 3.6: Das r-Pentomino ist eines der fruchtbarsten LIFE-Konfigurationen.

zu erkennen, nach dem sich bestimmte Endzustände ausbilden. Wir haben einmal in der nachfolgenden Tabelle die Endzustände aufgelistet, die sich aus solchen Organismen entwickeln, in denen n lebende Zellen nebeneinander in einer Reihe auf dem Gitter starten.

Anzahl Zellen	... und was daraus wird
1 oder 2	stirbt sofort aus
3	ist der Blinker
4	wird nach 2 Generationen zum Bienenstock
5	wird nach 6 Generationen zur Verkehrsampel
6	stirbt in der 12. Generation aus
7	liefert nach 14 Generationen vier Bienenstöcke
8	nach 50 Generationen bleiben vier Blöcke und vier Bienenstöcke übrig
9	produziert nach 20 Generationen zwei Verkehrsampeln
10	wird nach 20 Generationen zum Fünfzehnkampf (Bild 3.4)

Neben den Überlebenskünstlern in LIFE, die irgendwann einmal ihre endgültige Gestalt finden und sich nicht mehr von ihrem Fleck rühren, gibt es auch Muster, die sich munter und fidel auf einer ewigen Reise durch die künstliche Gitterwelt fortbewegen. LIFE kennt also auch Organismen, die laufen können. Wie auf so vieles andere sind die LIFE-Begeisterten durch Zufall auf diese mobilen Kreaturen gestoßen.

Der bekannteste dieser kleinen Wandervögel ist der sogenannte Gleiter. Bild 3.7 zeigt seinen Lebensweg: In aufeinanderfolgenden Zeitschritten verändert er seine Gestalt, um dann aber nach genau vier Generationen in gleicher Form, nur um einen Diagonalplatz auf dem Gitter versetzt, wieder aufzutauchen. Solange er an keine Grenzen der

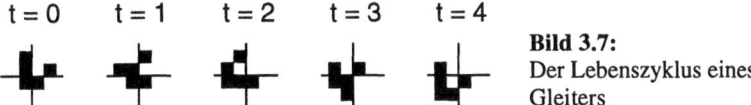

Bild 3.7:
Der Lebenszyklus eines
Gleiters

Gitterwelt stößt, wird er sich mit stets gleichbleibender Richtung und Geschwindigkeit für alle Zeiten durch den Raum bewegen.

Ein weiterer Organismus in LIFE, der laufen kann, ist das „Raumschiff" (Bild 3.8). Ähnlich wie der Gleiter erreicht auch dieses Muster nach vier Generationen wieder seine Ausgangsgestalt. Seine Richtung und Geschwindigkeit unterscheidet sich jedoch von der des Gleiters, das Raumschiff verschiebt sich in diesen vier Zeitschritten um zwei Gitterplätze entlang der Gitterachsen.

Die mobilen Wesen bringen eine ganz neue Komponente in die Dynamik der Evolution des Lebens in LIFE. Denn auf ihrer unermüdlichen Reise können sie andere Organismen, die sich vielleicht schon auf ein ewiges Leben eingestellt haben, völlig verändern und ganz neue Muster erzeugen. Als ein Beispiel solcher Begegnungen wollen wir uns einmal genauer anschauen, was passiert, wenn sich zwei Gleiter selbst auf ihrer Reise zu nahe kommen. Ein solches Aufeinandertreffen kann, abhängig von der jeweiligen Position der beiden Gleiter zueinander, auf viele verschiedene Arten geschehen. Bild 3.9 zeigt einige der möglichen Szenarien einer solchen Kollision auf: Der in (a) gezeigte Zusammenstoß zweier Gleiter bringt einen Blinker hervor, aus einer anderen Situation (b) entsteht ein Block, und beide Muster können auch so ungeschickt zusammentreffen, daß sie sich gegenseitig auslöschen (c und d).

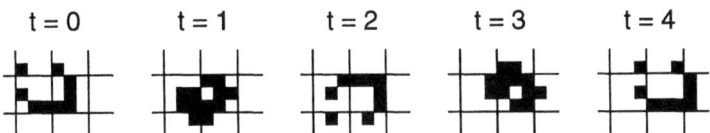

Bild 3.8: Die Reise eines Raumschiffs

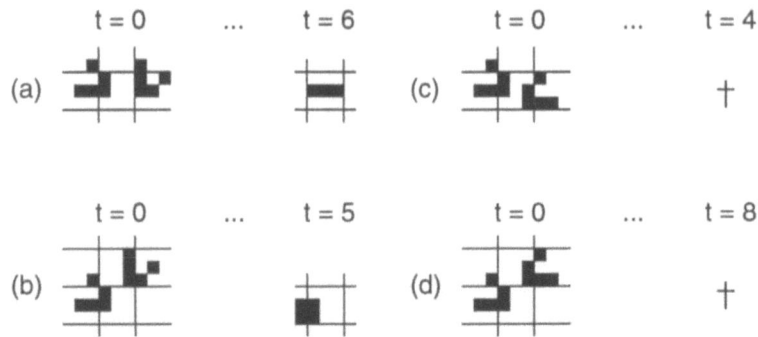

Bild 3.9: Kollisionen zweier Gleiter

3.3 Fresser in Aktion

Organismen, die sich zu nahe kommen, können sich gegenseitig vernichten. Der Zusammenprall von zwei Gleitern ist hierfür ein Beispiel. Schon eine einzelne lebende Zelle kann ein ansonsten ewig lebendes Muster zerstören – ein Virus schleicht sich gewissermaßen in die Welt von LIFE ein und befällt einzelne Organismen. Doch je nachdem wie der Virus ein Muster angreift, kann es auch genügend Abwehrkräfte besitzen, um sich gegen den Eindringling zu behaupten. Bild 3.10 zeigt, wie ein einzelliger Virus ein Mosaik aus Blöcken angreift. Taucht der Virus im Mittelpunkt von vier schwarzen Kacheln im Mosaik auf (im Bild 3.10 ganz links dargestellt), kann sich dieses gegen ihn zur Wehr

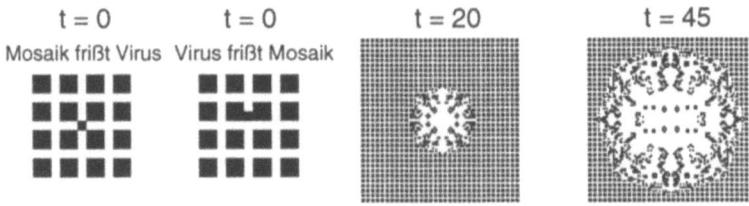

Bild 3.10: Der Angriff eines Virus kann unterschiedliche Folgen haben

setzen. Startet der Virus seinen Angriff jedoch von einer anderen Position, kann er das Mosaik vollständig vernichten, wie die im Bild rechts dargestellten Ausschnitte zeigen.

Es gibt Muster in LIFE, die einen wahren Killerinstinkt an den Tag legen. Sie können zahlreiche andere Muster auffressen und gehen selbst unbeschadet aus einer solchen Mahlzeit heraus. Das eindrucksvollste Beispiel dafür ist der Fresser. Bild 3.11 zeigt ihn nicht nur in seinem scheinbar harmlosen Ruhezustand, sondern auch in voller Aktion. Der Fresser vertilgt hier einen Blinker, einen Gleiter und ein Raumschiff innerhalb weniger Zeitschritte. Er selbst lebt nach seinen Freßattacken weiter, als wenn nichts geschehen wäre.

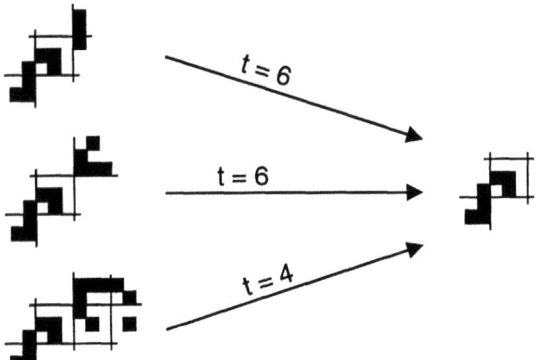

Bild 3.11:
Ein Fresser in Aktion

3.4 Wachstum über alle Grenzen

Die Frage, ob LIFE in seiner Entwicklung vorhersehbar ist oder nicht, beschäftigte John Horton Conway von Beginn an. Um seinem Anspruch gerecht zu werden, etwas ähnlich Kompliziertes wie das Leben zu erschaffen, gehörte diese zwangsläufige Unsicherheit über den Ausgang des Spiels zu einer Grundbedingung. Allein die Ungewißheit, welchen genauen Endzustand die Entwicklung annimmt, war für ihn aber noch kein überzeugendes Argument für sein erwünschtes Ziel. Es gehörte doch wohl mehr dazu, als nur nicht zu wissen, in welcher Zahl die Blöcke, Bienenstöcke und anderen bekannten Muster letztendlich auf dem Gitter existieren. Und Conway vermutete tatsächlich von Anfang an, daß in der Welt dieses zellulären Automaten noch ganz andere Dinge vor sich gehen können. Er fragte sich schon bald nach der Erfindung des Spiels, ob eine LIFE-Population nicht über alle Grenzen anwachsen kann. Wäre neben den zahlreichen faszinierenden Mustern ein solch ungehemmtes Bevölkerungswachstum möglich, ließe sich in seinen Augen mit Fug und Recht behaupten, LIFE sei nicht vorhersehbar.

Conway drängte diese Frage so sehr, daß er sich damit an die Öffentlichkeit wandte und in einer von Martin Gardners regelmäßig erscheinenden Kolumne im *Scientific American* – der ersten zu LIFE überhaupt – einen 50-Dollar-Preis zu ihrer Beantwortung aussetzte. Schon kurze Zeit später hatte sich eine Gruppe im M.I.T. um R. Gosper die Lorbeeren dieses Preises verdient. Sie überraschten 1970 die LIFE-Begeisterten mit der Entdeckung der „Gleiterkanone". Wie dieser Name schon erahnen läßt, entsendet diese Konfiguration in regelmäßigen Zeitabständen einen Gleiter, der dann für alle Zeit durch die künstliche Welt des zellulären Gitters reist.

Bild 3.12 zeigt die ausgeklügelte Gestalt der Gleiterkanone: Jede einzelne Zelle in ihr spielt eine wichtige Rolle für ihren Lebenszyklus. Ohne etwa die beiden 2×2-Blöcke, die das Muster an den Seiten begrenzen, würde sich die Konstellation nach kurzer Zeit auflösen und keine neuen Gleiter entsenden. Doch in genau dieser Anordnung durchläuft das Muster einen komplizierten Lebenszyklus, in dem es alle 30 Zeitschritte einen neuen Gleiter hervorbringt, selbst aber periodisch zu seiner Ausgangsgestalt zurückkehrt. Die Gleiterkanone verfügt über einen unermeßlichen Energievorrat, und das Leben in LIFE wird ständig durch einen neuen Gleiter ergänzt.

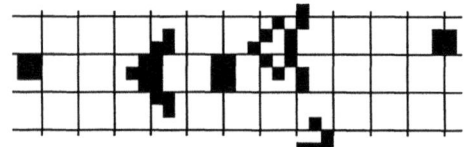

Bild 3.12:
Die Gleiterkanone schickt gerade einen Gleiter auf die Reise.

3.5 Paradiesische Zustände

Es gibt in LIFE Muster, die keinen Vorgänger haben, die also in der Lebensgeschichte dieses Spiels unerreichbar sind. Von der Existenz solcher „Garten-Eden-Zustände" überzeugt ein Argument, das letztlich auf Edward Moore zurückgeht. Er hat sich schon 1962 als einer der ersten systematisch mit paradiesischen Zuständen in zellulären Automaten beschäftigt.

Moores Argument ist – anschaulich gesprochen – das folgende: Man betrachtet zunächst alle Muster einer gewissen Größe und überlegt sich, wie viele mögliche Vorgänger diese Muster überhaupt besitzen können. Wählt man diese Größe geschickt, kann man ausrechnen, daß die Zahl aller möglichen Vorgänger kleiner ist als die Zahl aller denkbaren Muster dieser Größe. Nicht jedes Muster kann also einen eigenen individuellen Vorgänger haben. Dies ist eigentlich keine überraschende Tatsache, jeder kann sie sich leicht dadurch erklären, daß ein Vorgänger eben mehrere Nachfolger besitzt. Doch eben dies ist in LIFE unmöglich. Da die Entwicklungsgesetze des Spiels genau festgelegt, die Regeln des Automaten also deterministisch sind, kann jedes Muster nur genau einen Nachfolger erzeugen. Jedes Wesen in LIFE ist also gewissermaßen ein „Einzelkind". Wenn es dann aber mehr Muster gibt als Vorgänger, die diese Muster erzeugen können, muß es Konfigurationen geben, die keinen „Vorfahren" besitzen – die aus ihrem Paradies nur vertrieben werden können, ohne eine Chance, jemals zurückzukehren.

Auf den mathematischen Beweis zu diesem Argument wollen wir an dieser Stelle verzichten, er bringt uns auch einem konkreten Beispiel eines solchen paradiesischen Zustands in keinster Weise näher. Dennoch kennt man heute einige solcher unerreichbaren Zustände. Ein Beispiel zeigt das Bild 3.13. Diesen konkreten Paradieszustand hat die Gruppe der LIFE-Begeisterten am M.I.T. dank einer guten Idee und dem Einsatz vieler Stunden Rechenzeit auf ihren Computern gefunden.

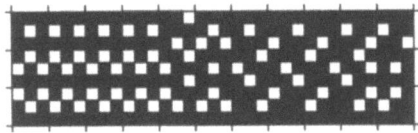

Bild 3.13:
Ein „paradiesischer Zustand" in LIFE

3.6 LIFE als Computer: Gleiter statt Strom

All die Entdeckungen in LIFE, seine möglichen Muster und Entwicklungen konnten nur gefunden werden durch die tatkräftige Unterstützung unserer modernen Computer. LIFE ist eben zu komplex, um all sein Geschehen mit Bleistift und Papier nachzuvollziehen. Doch LIFE braucht nicht nur den Computer – LIFE ist selbst ein Computer. Mit seinen Regeln lassen sich all die Elemente nachbauen, die die Grundlage heutiger Digitalrechner bilden: LIFE kann beliebige Symbole codieren, manipulieren und speichern – mit nichts anderem als den Elementen und Regeln des zellulären Spiels selbst.

Computer können mit allen möglichen Arten von Information umgehen, mit Zahlen ebenso wie mit Buchstaben und Bildern. Sie übersetzen die verschiedenen Informationen in unterschiedliche elektrische Impulse. Unsere heutigen Digitalrechner können in jedem Arbeitstakt Strom fließen oder nicht fließen lassen. Je nach Abfolge dieser „Strom an"- und „Strom aus"-Phasen kann der Computer eine Zahl von einer anderen unterscheiden. Die Rechenmaschinen benutzen daher nur zwei Symbole zum Codieren ihrer Informationen: 1 (Strom an) und 0 (Strom aus). Diese kleinsten Informationseinheiten sind die Bits (binary digits).

In LIFE fließt natürlich kein Strom. Doch so, wie in Computern Strom entlang von Leiterbahnen fließt, bewegen sich in LIFE Gleiter entlang der Diagonalen des Spielfelds. Folgen von Gleitern sind im LIFE-Computer das Gegenstück zu elektrischen Impulsen. Ist ein Gleiter in einem Takt von LIFE vorhanden, so ist dies gleichbedeutend zur „Strom an"-Phase im wirklichen Computer. Wird kein Gleiter auf die Reise geschickt, ist der „Strom" ausgeschaltet. Wir können jede beliebige Folge von Gleitern und Nicht-Gleitern in LIFE auf die Reise schicken – und damit genau wie in wirklichen Computern jeden beliebigen Input codieren. Jede Zahl läßt sich beispielsweise durch die Zerlegung in Zweierpotenzen durch eine einfache Folge von Nullen und Einsen beschreiben. Diese Bitfolge kann genauso in elektrische Impulse übersetzt werden wie auch in einen Gleiterstrom (vgl. Bild 3.14).

LIFE kennt eine Konfiguration, die regelmäßig Gleiter aussendet: die Gleiterkanone. Sie spielt für die möglichen Schaltelemente des

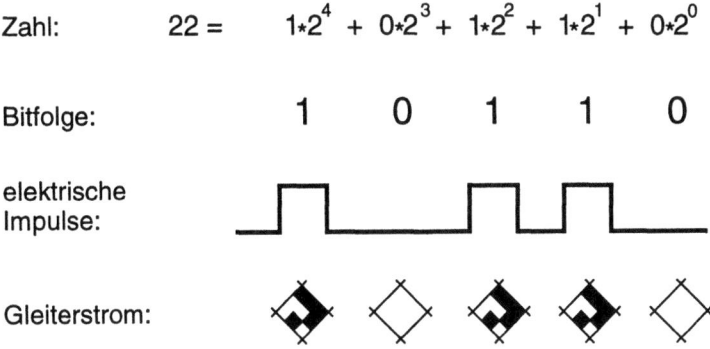

Bild 3.14: Statt Strom fließen im LIFE-Computer Gleiter entlang der Diagonalen des Gitters.

LIFE-Computers eine wichtige Rolle. Die Gleiterkanone sendet einen gleichmäßigen Strom von Gleitern, also die konstante Bitfolge (1 1 1 ...), aus. Da ein neuer Gleiter alle 30 Zeitschritte auf die Reise geschickt wird, definiert die Periodenlänge der Gleiterkanone auf sinnvolle Weise die mögliche Länge eines Arbeitstaktes des zellulären Computers. Jede Impulsfolge von Gleitern, die wir von außen in den LIFE-Computer eingeben wollen, muß auf diesen Takt abgestimmt sein. Die Bitfolge (1 0 1 0 ...) würde dann so aussehen, daß zum Zeitpunkt t = 0 ein Gleiter auf die Reise geschickt wird, zum Zeitpunkt t = 30 – dem Beginn des nächsten Arbeitstaktes – kein Gleiter losgeschickt wird, nach weiteren 30 Zeitschritten dann wieder ein Gleiter startet und so weiter.

Die Logik in LIFE

Das Codieren von Informationen durch Bitfolgen ist nur der erste Schritt des elektronischen Rechenprozesses. Die Verknüpfungen der eingehenden Daten und ihre beliebige Manipulation ist die eigentliche Leistung der Computer. Alles, was die Maschinen mit den eingegebenen Bitfolgen anstellen, wird durch elektrische Schaltkreise in ihrem Innern ermöglicht. Die Basis all dieser Schaltungen sind nur drei elementare Grundbausteine, die sogenannten logischen Gatter: die logischen Verknüpfungen „und", „oder" und „nicht" (vgl. Bild 3.15). Alles, was Computer tun (Zahlen addieren, Grafiken erstellen, Briefe schreiben), geschieht allein durch das richtige Hintereinanderschalten dieser drei logischen Schaltungen. Dabei wird zunächst jede Aktion des Computers auf die Manipulation einzelner Bits zurückgeführt. Will der Rechner also etwa zwei Zahlen zusammenzählen, addiert er statt dessen die einzelnen Bits dieser Zahlen nach folgenden einfachen Regeln:

$$0 + 0 = 0 \text{ und Übertragsbit } 0$$
$$1 + 0 = 1 \text{ und Übertragsbit } 0$$
$$1 + 1 = 0 \text{ und Übertragsbit } 1.$$

Das Übertragsbit ist dabei nichts anderes, als wenn wir mehrstellige Zahlen auf dem Papier durch das Zusammenzählen der einzelnen Ziffern ausrechnen und jedesmal, wenn wir eine Summe über 10 erhalten, eine zusätzliche 1 in der Addition der nächsten Ziffern berücksichtigen. Bild 3.16 zeigt, wie ein logischer Schaltkreis im Computer für diese elementare Bitaddition aussieht.

Ein Ingenieur, der aus den Mitteln von LIFE einen Computer nachbauen will, muß die logischen Gatter in dem zellulären Spiel realisieren und damit all die erforderlichen Schaltkreise zusammensetzen, genau wie in einem „richtigen" Computer. Die hierzu notwendigen Elemente in LIFE haben wir bereits kennengelernt: Es sind in erster Linie Gleiter und Gleiterkanonen. Indem wir Gleiterströme auf richtige Weise mit-

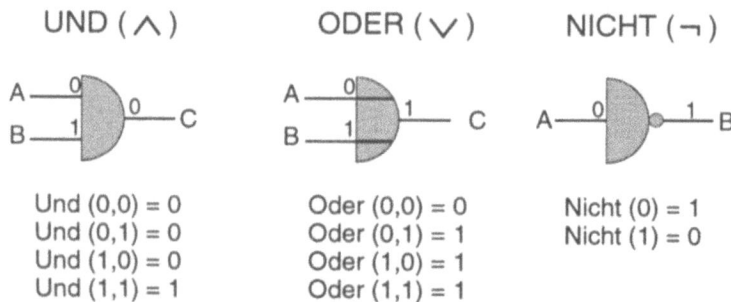

Bild 3.15: Die drei logischen Gatter

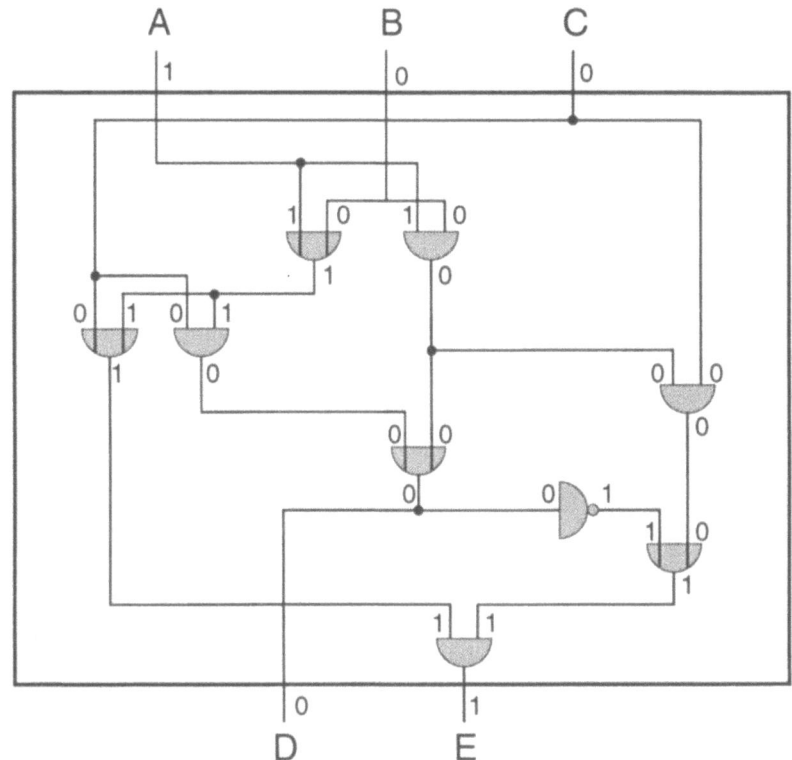

Bild 3.16: Der Schaltkreis für einen 1-Bit-Addierer. Als Eingabe bekommt dieses Addierwerk zwei Inputbits (A und B) und einen Übertrag (C) aus der vorangegangenen Addition. Heraus kommt dann das Ergebnis (E) der binären Summe und der neue Übertrag (D).

einander kollidieren lassen, können wir beliebige Input-Ströme in jeder gewünschten Logik miteinander verknüpfen.

Es gibt für unsere Zwecke eine ungemein nützliche Art der Begegnung zweier Gleiter: ihre gegenseitige Auslöschung, wie wir sie in Bild 3.9c vorgeführt haben. Diese Auslöschreaktion können wir unmittelbar einsetzen, um einen beliebigen Input-Strom in sein Gegenteil zu verkehren, also zu verneinen. Wir lassen den Input-Strom einfach mit dem Strom einer Gleiterkanone (die den konstanten Strom 1 1 1 ... aussendet) in einer geeigneten Auslöschreaktion kollidieren. Prallt ein Gleiter aus dem Input-Strom (also eine 1) nun mit dem Strom der Gleiterkanone zusammen, vernichten sich beide Gleiter gegenseitig. War im Inputstrom aber an einer bestimmten Position kein Gleiter vorhanden, so kann der von der Kanone ausgeschickte Gleiter ungehindert passieren – aus einer 0 im Input-Strom entsteht so eine 1 und umgekehrt. Bild 3.17 veranschaulicht noch einmal diesen simplen Prozeß der Verneinung im LIFE-Computer.

Durch die Auslöschreaktion zwischen einem Input-Strom und dem Strom einer Gleiterkanone haben wir bereits den Bauplan für unseren ersten logischen Schaltkreis – das „NEIN-Gatter" – skizziert. Auch das „UND-Gatter" läßt sich allein durch Auslöschreaktionen aufbauen (Bild 3.18): Der Strom einer Gleiterkanone (G) verneint den ersten

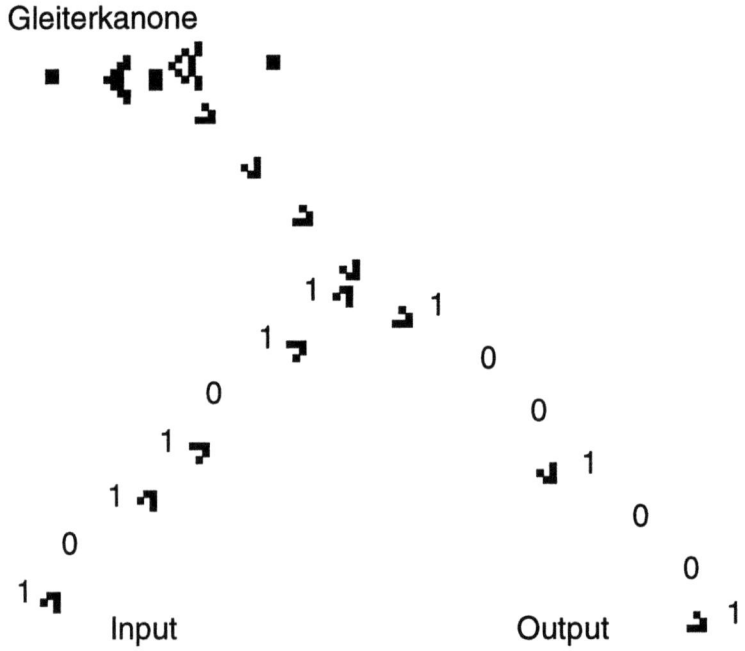

Bild 3.17: Durch die Kollision mit dem Strom einer Gleiterkanone verneint sich ein Inputstrom.

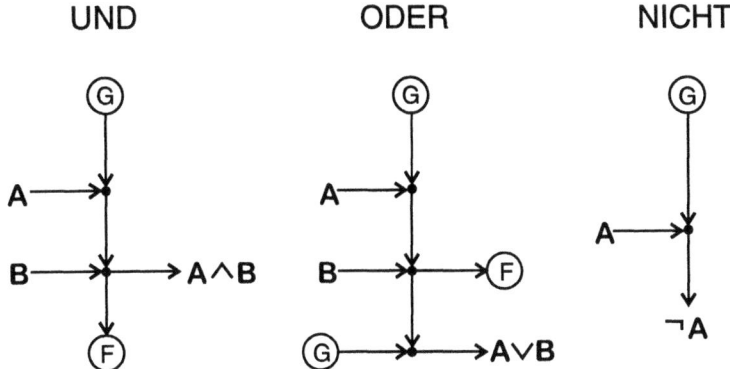

Bild 3.18: So können im LIFE-Computer die drei logischen Gatter aufgebaut werden.

Input (A). Trifft dieser verneinte Strom nun in einer Auslöschreaktion auf den zweiten Input (B), so resultieren daraus zwei Ströme. Einer gibt genau das Ergebnis der logischen Verknüpfung „A und B" wieder. Der zweite Strom interessiert uns für den Aufbau des UND-Gatters nicht weiter, und wir lassen ihn daher von einem Fresser (F) vernichten. Um aber das ODER-Gatter zu realisieren, benötigen wir genau diesen zweiten Strom. Er ist nämlich nichts anderes als des Gegenteil der Verknüpfung „A oder B", kann also durch eine erneute Auslöschkollision – eine Verneinung – mit dem Strom einer Gleiterkanone in die richtige Form überführt werden. Für das ODER-Gatter vernichten wir also durch einen Fresser den ersten Strom (aus der Kollision von A und dem verneinten Input B) und lassen den zweiten Strom bis zu einer erneuten Auslöschreaktion passieren.

LIFE ist universell

Wollte sich ein Ingenieur nun tatsächlich hinsetzen und einen LIFE-Computer konstruieren, hätte er natürlich noch eine Menge Arbeit vor sich. Die Konstruktion der logischen Gatter ist nur ein kleiner, wenn auch wichtiger Schritt auf dem Weg zur tatsächlichen „technischen

Realisierung" des zellulären Computers. Hierzu gibt es noch eine ganze Menge von weiteren Details zu lösen: Wie können Informationen abgespeichert und später wieder benutzt werden? Wie verhindert man, daß zwei Gleiterkanonen, deren Ströme sich kreuzen, sich gegenseitig stören? Wie kann man die Richtung von Gleiterströmen beeinflussen? Doch auf alle diese Frage lassen sich Antworten finden. Wie die notwendigen Bauteile des LIFE-Computers – die Gleiter und Gleiterkanonen – positioniert werden müssen, hängt von dem speziellen Programm ab, das der Computer berechnen soll. Wir wollen an dieser Stelle nicht auf die Spitzfindigkeiten der Details zum Aufbau eines LIFE-Computers eingehen, wer mehr dazu erfahren will, sei auf das Buch von Berlekamp, Conway und Guy (siehe Literaturhinweise) verwiesen. Unser Ziel war es, Ihnen eine vage Idee davon zu vermitteln, wie die Elemente von Conways Spiel genutzt werden können, um so etwas Komplexes wie einen Computer aufzubauen.

Und es ist nicht irgendein Computer, der aus dieser Konstruktion herauskommt. Wenn wir alle Elemente richtig zusammenfügen, können wir mit den Mitteln von LIFE eine „universelle Turingmaschine" bauen. Eine solche universelle Turingmaschine ist ein rein abstraktes Konstrukt des Mathematikers Alan Turing aus den 30er Jahren, das wir in seinen Grundzügen im nachfolgenden Kasten 3B vorstellen. Sie kann ebenso viel wie jeder moderne Computer aus Drähten und Siliziumchips, denn sie kann alles berechnen, was überhaupt berechenbar ist. Daß ein solch einfaches Spiel wie LIFE zu einem derart mächtigen Instrument wird, überraschte nicht nur die begeisterten Anhänger dieser zellulären Welt. Selbst diejenigen, die an der Bedeutung der zellulären Spiele zweifelten, mußten zugeben: LIFE ist universell!

Kasten 3B
Die Grenzen der Berechenbarkeit:
Die universelle Turingmaschine

Turings Entwurf einer abstrakten Rechenmaschine in der Mitte der 30er Jahre bildet die logische Grundlage unserer modernen Digitalrechner. Dabei war der damals 24jährige Doktorand der Universität Cambridge alles andere als davon besessen, der Welt eine große technische Erfindung zu hinterlassen. Seine Gedanken kreisen um tiefschürfende mathematische Probleme, die so abstrakt waren, daß niemand an einen Bezug zu technischen Anwendungen denken mochte. Der große Mathematiker David Hilbert hatte seinen Berufskollegen zum Beginn des 20. Jahrhunderts einige harte Nüsse zum Knacken überlassen. Eines davon war das sogenannte Entscheidungsproblem: Gibt es ein allgemeines Verfahren, zu entscheiden, ob eine beliebige mathematische (oder allgemein: in einer formalen Logik ausgedrückte) Behauptung wahr oder unwahr ist?

Hilberts Problem erforderte einen präzisen Begriff des allgemeinsten denkbaren „Verfahrens", der so schwierig zu finden war, daß es über 30 Jahre dauerte, bis der junge Alan Turing mit einem solchen aufwartete. In Turings Vorstellung mußte ein solches Verfahren „algorithmisch" sein – also aufgrund logischer Gesetze mechanisch ausführbar, ohne eine besondere „intelligente Einsicht" zu Hilfe zu nehmen. Er versuchte daher, einen abstrakten Rechenvorgang in seine kleinsten Elementarschritte zu zerlegen und darauf aufbauend eine logische Rechenmaschine zu entwerfen.

Auch wenn eine „Turingmaschine" nur in der Welt der Ideen lebt, kann man sie sich am leichtesten als eine konkrete, mechanische Maschine vorstellen – etwa als ein abgewandeltes Tonbandgerät: Auf einem endlosen Band ist in einzelnen Abschnitten Information niedergelegt. Der Schreib-Lese-Kopf der Maschine kann sich über dieses Band bewegen, die einzelnen Informationseinheiten ablesen und, wenn notwendig, löschen oder verändern. Ähnlich wie sich eine gewöhnliche Schreibmaschine in zwei verschiedenen Zuständen befinden kann (nämlich Groß- und Kleinschrift, zwischen denen durch die Shift-Taste umgeschaltet wird), kann auch eine Turingmaschine verschiedene innere Zustände haben – je nach dem Problem, das sie beschreiben soll.

Aufgrund der vom Band abgelesenen Information und dem augenblicklichen Zustand der Maschine bekommt der Schreib-Lese-Kopf eine bestimmte Anweisung, die sich aus drei Teilen zusammensetzt: a) dem Zeichen, das in dem gerade gelesenen Feld im nächsten Takt stehen soll, b) dem nächsten Zustand der Maschine, und c) der Angabe, ob der Schreib-Lese-Kopf im nächsten Takt nach links oder rechts wandern soll. Heute wissen wir, daß die Interpretation solcher Anweisungen nichts anderes ist als die Umsetzung eines Programms in einem Computer. In dieser Vorstellung wird eine Turingmaschine also zu einem einfachen Computer, dessen Programm fest auf dem Speicherband der Maschine codiert ist.

Turing zeigte schon damals, daß man das Programm jeder erdenklichen Turingmaschine durch eine endlich lange Kette von Nullen und Einsen auf einem Band darstellen kann. Für jedes spezielle Problem, das die Maschine bearbeiten soll, ist dies natürlich eine andere Kette – also ein anderes Programm. Diese einfache Art der Codierung ermöglicht es, eine beliebige Turingmaschine M durch eine andere zu simulieren. Es läßt sich sogar, wie Turing vorführte, eine besondere Maschine konstruieren, die *jede* beliebige andere Turingmaschine simulieren kann. Diese wird als universelle Turingmaschine bezeichnet.

Die universelle Turingmaschine zerlegt ihr Band in zwei verschiedene Abschnitte: Im linken Bereich steht die codierte Beschreibung der speziellen Turingmaschine M, während rechts die Bandinschrift von M zu finden ist. Der Schreib-Lese-Kopf der universellen Maschine ist so gebaut, daß er zwischen dem linken und rechten Abschnitt des Bandes hin- und herpendelt und so, wie Turing gezeigt hat, die Bandinformation von M genauso bearbeiten kann, wie es diese Maschine selbst getan hätte.

Eine universelle Turingmaschine kann also all das tun, was irgendeine denkbare Turingmaschine bewerkstelligen kann. Dieses logische Konstrukt Turings steckte damit genau den gesuchten Rahmen für einen präzisen Begriff der Berechenbarkeit ab: Das, was eine universelle Turingmaschine nicht berechnen kann, ist einfach nicht berechenbar! Hilberts Entscheidungsproblem war damit endgültig gelöst, da Turings Konstruktion ein Verfahren lieferte, um für ein beliebiges Problem seine Berechenbarkeit zu überprüfen. Und schon Turing selbst führte über seine Idee der Turingmaschine einen überzeugenden, wenn auch abstrakten, Beweis für die Existenz sogenannter nichtberechenbarer Funktionen vor. Die Idee dieses Beweises hängt mit dem sogenannten Halteproblem zusammen, was nichts anderes bedeutet, als daß eine Turingmaschine bei dem Versuch der Berechnung einer nichtberechenbaren Funktion niemals zum Stillstand kommt. Ein konkretes Beispiel einer solchen Funktion sollte allerdings erst Anfang der sechziger Jahre in der Informationstheorie auftauchen. Seitdem jedoch ist es Informatikern gelungen, zahlreiche Probleme zu konstruieren, für die sie beweisen konnten, daß eine universelle Turingmaschine bei ihrer Berechnung nie zu einem Ende kommen kann.

Die Idee der universellen Turingmaschine erweist sich immer wieder als Gradmesser für die Komplexität eines abstrakten, logischen Prozesses, also auch eines zellulären Automaten. Denn auch ein Automat, der den Kriterien einer universellen Maschine genügt, wie etwa LIFE, kann grundsätzlich alles berechnen, was sich überhaupt berechnen läßt, und ist damit so etwas wie der Inbegriff der Komplexität.

Kapitel 4
Einfach und komplex zugleich

4.1 Auf der Suche nach der Komplexität

Das Spiel des Lebens schafft seine eigene Welt – verblüffend in ihrer Vielfalt, faszinierend in ihrer Unberechenbarkeit. Doch kann sie mehr sein als eine Spielzeugwelt? Können wir aus dem Spiel des Lebens etwas über das Leben selbst lernen?

Für viele der unermüdlichen Schöpfer neuer LIFE-Organismen verwischten sich die Grenzen zwischen dem Spiel und der Wirklichkeit, je länger sie sich damit beschäftigten. John Conway nahm den Wahrheitsgehalt seines künstlichen digitalen Kosmos so ernst, daß er tatsächlich lebende Wesen in dieser Welt sah, die sich – wenn die Grenzen ihres Lebensraums nur weit genug gesteckt sind – nach den Gesetzen der Evolution entwickeln, reproduzieren, Territorien bevölkern und verteidigen. Edward Fredkin, einer der vom Automaten-Fieber infizierten Wissenschaftler am M.I.T., ging gar so weit, zu spekulieren, daß das ganze Universum eigentlich nichts anderes ist als ein Zellularautomat, der von einem riesigen Computer dirigiert wird.

Vielen Betrachtern der zellulären LIFE-Welt gingen solche Spekulationen zu weit. Für sie waren und blieben die scheinbar lebenden Organismen der Computerwelt Ergebnisse eines einfachen, von Menschen erdachten Regelwerks mathematischer Formeln – eines Regelwerks allerdings, das vielen eindrucksvoll vor Augen führte, wie sich komplexe, geordnete Strukturen schon nach einfachsten Gesetzen aus einem anfänglich völlig ungeordneten Zustand entwickeln können. Wenn diese Komplexität schon aus einem Automaten mit nur zwei Zuständen und derart einfachen Übergangsregeln entspringt, *„wie viel* *wahrscheinlicher muß es dann sein, daß so etwas in unserem realen Universum passiert"* (so die Autoren Berlekamp, Conway und Guy am Ende des Kapitels über LIFE in ihrem Buch „Gewinnen – Strategien für mathematische Spiele"). In diesem Sinne verbirgt sich hinter dem so einfachen Spiel mit Nullen und Einsen vielleicht doch ein Schlüssel zu einer neuen und weitergehenden Erkenntnis über die Entstehung komplexer Strukturen in unserer wirklichen Welt.

Einer der Wissenschaftler, der – einige Jahre nach dem Höhepunkt des LIFE-Enthusiasmus – am leidenschaftlichsten die These vertrat, daß zelluläre Automaten als Modelle für die Komplexität schlechthin gelten können, war Stephen Wolfram. Wolfram war ein junger Physiker aus Großbritannien, der 1978 im Alter von neunzehn Jahren ans Caltech in Kalifornien kam und nur ein Jahr später dort promovierte. Von seinem Freund Bill Gosper, der für die Entdeckung der Gleiterkanone in LIFE den von Conway ausgesetzten 50-Dollar-Preis kassiert hatte, hörte er immer wieder von den verblüffenden Mustern und Strukturen dieses Spiels. Von dem schon missionarischen Eifer Gospers und seiner Mitstreiter, ständig neue und unerwartete Lebensformen aufzuspüren, blieb Wolfram unberührt. Ihn amüsierten die verschiedenen Konfigurationen, mit denen die LIFE-Anhänger immer wieder aufwarteten – sie erinnerten ihn in vieler Hinsicht an die Computermodelle, mit denen er sich zur Zeit gerade beschäftigte und mit deren Hilfe er den Ursprüngen der Galaxienbildung auf die Spur kommen wollte.

Wirklich nützlich für seine Zwecke schien ihm LIFE jedoch nicht zu sein. Er war nicht interessiert an Modellen, die mit einem ganz speziellen Regelsatz bestimmte komplexe Muster erzeugten. Er suchte nach viel allgemeineren Modellen, die ihm all die vielfältigen makroskopischen Strukturen erklärten, die sich aus der mikroskopischen Wechselwirkung unzähliger Atome, Zellen oder Organismen ergeben konnten. Daß er sich letztlich nicht für LIFE im speziellen, sondern für die Theorie zellulärer Automaten im allgemeinen interessierte, ging ihm erst später, mehr oder weniger durch Zufall auf. Einmal auf die Fährte der zellulären Automaten angesetzt, kam er jedoch für lange Zeit nicht mehr davon los.

Der entscheidende Keim für seine Leidenschaft gegenüber den zellulären Automaten wurde im Januar 1982 gelegt: Fredkin hatte zu einer wissenschaftlichen Konferenz auf seine eigene, private Karibikinsel geladen. Ein kleiner Kreis von etwa einem Dutzend ausgewählter Wissenschaftler traf sich hier in einer Umgebung, in der andere Leute ihren Traumurlaub verbringen möchten. Doch statt ihren Blick auf wiegende Palmen, weiße Strände und ein rauschendes Meer zu lenken, hingen ihre Augen – und die von Wolfram ganz besonders – an den Computerbildschirmen, auf denen zelluläre Automaten ihre bizarren Musterszenarios vorführten. Wolfram war begeistert, zum ersten Mal sah er die diskreten Mustermacher in Aktion. Ed Regis, der Wolfram in seinem Buch „Gödel, Einstein & Co" in seiner ganzen Genialität und Exzentrizität porträtiert, schildert diese Begegnung Wolframs mit den zellulären Automaten: *„Während Wolfram dort vor dem Computer saß und den zellulären Automaten zusah, die den Bildschirm in Wachstumswellen hinunterliefen, wurden ihm ihre wahren Möglichkeiten klar. Diese Dinge konnten weite Strukturbereiche erzeugen, ganze Miniwelten. Manchmal, das ist wahr, starben die Muster fast schon aus, bevor sie richtig begonnen hatten: nicht jede beliebige Menge von Anfangsbedingungen kann anscheinend ein Universum erzeugen. [...] Um herauszufinden was passiert, mußte man diese zellulären Automaten arbeiten lassen. Sie waren geheimnisvoll, sogar etwas unheimlich. Man legt die Anfangsbedingungen und ihre Entwicklungsregeln fest, speist sie in den Computer ein, und wenige Sekunden später – Simsalabim! – hat man seinen ganz persönlichen Kosmos vor Augen"* [ebd. S.249-250].

Daß Wolfram von nun an vom Automatenfieber gepackt war, blieb auch seinen Kollegen nicht verborgen. Tommaso Toffoli, ebenfalls ein Angehöriger der Automatenzunft am M.I.T. und Teilnehmer dieser Konferenz: *„Es war Liebe auf den ersten Blick. [...] Von dem Augenblick an wurde Wolframs Bibliographie, die Liste seiner wissenschaftlichen Veröffentlichungen, von einer Liste, in der nichts über zelluläre Automaten steht, zu einer, in der sie 100 % ausmachen. Er beschloß, daß für zelluläre Automaten alles möglich sei. Von dem Augenblick an wurde Stephen Wolfram zum Paulus der zellulären Automaten."* [ebd. S.249 und S.251]

Wolfram wollte sich nicht mehr damit begnügen, komplexe Phänomene wie Wirbelströme in Flüssigkeiten, Spiralkerne von Galaxien, filigrane Muster in Muschelschalen oder ähnliches zu erklären. Sein Ziel war es nun vielmehr, dem Wesen der Komplexität selbst auf die Spur zu kommen, ihre Prinzipien zu ergründen und das Gemeinsame in jedem der komplexen Naturphänomene, die uns so viele Rätsel aufgeben, zu entdecken. In den zellulären Automaten witterte er die richtige Sprache und das richtige Instrumentarium für dieses kühne Vorhaben.

Die nächsten Jahre der wissenschaftlichen Arbeit Wolframs stehen ganz im Zeichen der zellulären Automaten. Ende 1982 läßt Wolfram Kalifornien und Caltech hinter sich. Er zieht an das renommierte „Institute for Advanced Studies" in Princeton – einem wahren Tempel der wissenschaftlichen Forschung, in dem nur die Créme de la Créme die Chance auf einen Arbeitsplatz erhält. So hochkarätige Namen wie Einstein, Gödel, Oppenheimer und auch von Neumann (um nur einige wenige zu nennen) haben für den elitären Ruf des Instituts gesorgt. Wolfram hat keinerlei Hemmungen, in die Fußstapfen dieser großen Namen zu treten. Für sein brennendes Verlangen, die Komplexität der Natur zu verstehen und zu erklären, bietet ihm das Institut genau den richtigen Rahmen: Frei von so lästigen Verpflichtungen, wie sich um die Ausbildung uninteressierter Studenten zu kümmern oder ständig für das notwendige Geld für leistungsstarke Computerpower in einer festgefahrenen Universitätshierarchie betteln zu müssen, kann er hier seinen Ideen und Forschungen freien Lauf lassen. Zumindest für einige Jahre, denn irgendwann werden ihm auch die so weitgesteckten Grenzen des Instituts in Princeton zu eng, und er beschließt, ein eigenes Institut zu gründen. Die Universität von Illinois empfängt ihn und seine Mitarbeiter mitsamt ihren hochgesteckten Forschungszielen mit offenen Armen und einem genügend dicken Geldbeutel. Dies wird zur Geburtsstunde des „Center for Complex Systems Research", in dem Wolframs Suche nach der Komplexität einen vorläufigen Hafen gefunden hat.

Doch kehren wir zurück zu der eigentlichen Suche selbst. Zu ihrem Beginn – im Jahre 1982 – steht nichts als eine vage Idee im Raum – die Idee, daß sich die zellulären Automaten als die richtigen Modelle zur Beschreibung und Untersuchung der Komplexität erweisen. Um diese flüchtige Vision in eine konkrete Erkenntnis zu verwandeln, gilt es, genau zu ergründen, welche Strukturen, welcher Grad von Komplexität mit diesen Modellen der zellulären Automaten überhaupt möglich ist.

4.2 Suche mit System

Um all die Strukturen in ihrer Gesamtheit zu untersuchen, die zelluläre Automaten überhaupt hervorbringen können, ist ein systematisches Durchforsten aller möglichen Automaten notwendig. Doch wie soll dies tatsächlich durchgeführt werden – zelluläre Automaten kann man sich so viele ausdenken, wie es Sandkörner auf Fredkins traumhafter Karibikinsel gibt: Die Zahl der Zustände einer einzelnen Zelle, Größe und Geometrie des jeweiligen Zellraums, Struktur und Reichweite der Nachbarschaft lassen unzählige Entwicklungsmöglichkeiten zu. Alle möglichen Automatenmodelle in diesem Sinne abzugrasen, ist ein hoffnungsloses Unterfangen und von vornherein zum Scheitern verurteilt. Um also nicht gleich angesichts der Größe der vor einem liegenden Aufgabe zu verzagen, gilt es, sich auf eine überschaubare Menge der zellulären Modelle zu beschränken.

Wolfram löste dieses Problem auf die naheliegendste Art und Weise: Er konzentrierte sich zunächst darauf, all die Strukturen zu untersuchen, die in *eindimensionalen* zellulären Automaten mit vollkommen deterministischen Regeln auftreten können. In Tausenden und Abertausenden von Computerläufen durchstöberte er die immer noch gewaltige Menge aller möglichen Automaten, deren Zellen nur in einem eindimensionalen Raum – also auf einer einfachen Linie – angeordnet sind. Auch hierin mußte er sich noch beschränken auf überschaubare Regelwerke, in denen die Zellen nur wenige verschiedene Zustände annehmen und von einer begrenzten Menge an Nachbarzellen beeinflußt werden können. Dennoch machte die Masse seiner Computersimulationen deutlich, daß es hinter all den verschiedenen Strukturen in der raumzeitlichen Dynamik dieser simplen zellulären Automaten viel Gemeinsames gab. Alle eindimensionalen Automaten können im Hinblick auf ihr qualitatives Verhalten in nur vier verschiedene Klassen eingeteilt werden:

- Automaten der *Klasse 1* entwickeln sich von fast allen möglichen Anfangszuständen aus zu einem unveränderlichen Endzustand.
- Automaten der *Klasse 2* bilden dagegen im Laufe ihrer Entwicklung Muster aus, die sich periodisch für alle Zeiten wiederholen.
- Automaten der *Klasse 3* zeigen ein chaotisches Verhalten, ihre Muster lassen keine Periodizitäten erkennen.
- Automaten der *Klasse 4* entwickeln komplizierte, räumlich voneinander getrennte Strukturen. Charakteristisch für diese Klasse ist, daß sich solche Strukturen – ähnlich wie die Gleiter im Spiel des Lebens – auf eine unendliche Reise durch Raum und Zeit begeben können. Automaten dieser Klasse entziehen sich am hartnäckigsten jedem Versuch der Vorhersagbarkeit.

Wolfram und seine Mitarbeiter sind davon überzeugt, daß diese vier Klassen nicht nur das Verhalten aller eindimensionalen Automaten beschreiben, sondern daß auch zwei- und höherdimensionale Automaten im wesentlichen durch diese Klassen charakterisiert werden können. Bevor wir jedoch die abstrakte Beschreibung dieser Klasseneinteilung mit Leben erfüllen, lassen Sie uns zunächst etwas vertrauter werden mit der möglichen Dynamik eindimensionaler Automaten.

Eindimensionale Automaten erscheinen auf den ersten Blick als ausgesprochen schlechte Kandidaten, um komplexe Naturphänomene auf einer abstrakten Ebene widerzuspiegeln. Was für Muster sollen schon entstehen in einem Konglomerat von Zellen, die wie Perlen auf einer Schnur in einem eindimensionalen Zellraum angeordnet sind? Muster und Strukturen unserer Natur dehnen sich in der Regel über drei, mindestens aber zwei Dimensionen aus (wenn wir an Oberflächen oder auch an charakteristische Querschnitte durch dreidimensionale Körper denken). Dennoch haben Wolfram und seine Mitstreiter einige gute Argumente auf ihrer Seite, die die Untersuchung eindimensionaler Automaten zu einem durchaus gerechtfertigten Vorhaben werden lassen. Eindimensionale Automaten erweisen sich tatsächlich als Mustermacher in einem zweidimensionalen Raum: Zu der einen, unmittelbar gegebenen Dimension des geometrischen Zellraums (einer einfachen

Linie) gesellt sich als zweite Dimension die Zeit. Wenn wir von Musterbildungen in eindimensionalen Zellularautomaten reden, so meinen wir immer Muster in Raum *und* Zeit.

Um eine konkrete Vorstellung von diesen raum-zeitlichen Mustern zu bekommen, lassen Sie uns ein konkretes Beispiel eines eindimensionalen Automaten betrachten. Es ist einer der einfachsten Automaten, den man sich überhaupt ausdenken kann, der aber dennoch zu interessanten Mustern führt: Eine Zelle kann hier nur den Wert 1 oder den Wert 0 als Zustand annehmen. Beschreiben wir eine Zelle an einer Position i im Zellraum zum Zeitpunkt t mit $z_i(t)$, so wird die Entwicklungsregel dieses Automaten durch folgende Formel ausgedrückt:

$$z_i(t+1) = (z_{i-1}(t) + z_{i+1}(t)) \bmod 2.$$

Der Wert einer jeden Zelle ergibt sich also aus der Summe der Werte ihrer beiden Nachbarzellen im vorherigen Zeitschritt modulo 2. Die Vorschrift x modulo (mod) 2 gibt nichts anderes an als den Rest einer Zahl x, der bei der Division durch 2 entsteht. Die gleiche Entwicklungsregel läßt sich auch anders ausdrücken durch:

$$z_i(t+1) = \begin{cases} 0, & \text{wenn } (z_{i-1}(t) + z_{i+1}(t)) \text{ gerade} \\ 1, & \text{wenn } (z_{i-1}(t) + z_{i+1}(t)) \text{ ungerade.} \end{cases}$$

Schon mit einer einzigen von 0 verschiedenen Zelle zeigt der Automat eine sich ständig verändernde Dynamik – die, wenn der Zellraum unbegrenzt wäre, nie zu einem Stillstand käme: Bild 4.1 zeigt die ersten vier Zeitschritte dieser Entwicklung von Nullen und Einsen in einem Ausschnitt des eindimensionalen Felds. Ein charakteristisches Muster

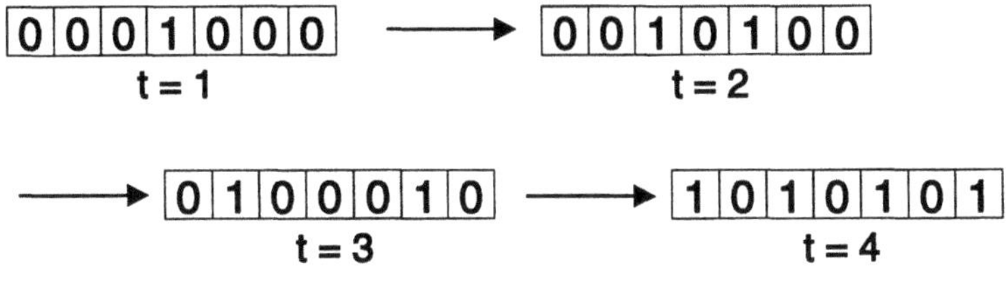

| 0 | 0 | 0 | 1 | 0 | 0 | ⟶ | 0 | 0 | 1 | 0 | 1 | 0 | 0 |
| t = 1 | | | | | | | t = 2 | | | | | | |

⟶ | 0 | 1 | 0 | 0 | 0 | 1 | 0 | ⟶ | 1 | 0 | 1 | 0 | 1 | 0 | 1 |
t = 3 | | | | | | | | t = 4 | | | | | | | |

Bild 4.1: Vier Zeitschritte aus der Entwicklung des „mod-2-Automaten"

in diesem Wechselspiel der binären Zahlen zu erkennen, setzt allerdings einige Phantasie voraus. Deutlich zutage tritt dieses Muster aber, wenn man die Zustände des betrachteten Felds in ihrer zeitlichen Abfolge aneinanderhängt, wie es im Bild 4.2 geschehen ist. Jede waagerechte Reihe von Feldern stellt den Zustand des Automaten zu einem Zeitpunkt dar; insgesamt läßt sich in diesem Bild die Entwicklung des Automaten über 64 Zeitschritte ablesen. Statt die Zahlen 0 und 1 in die Felder einzutragen, wurden hier unterschiedliche Farbwerte zur Darstellung gewählt – 0 ist durch weiße Felder, 1 durch schwarze Felder gekennzeichnet.

Durch die Aneinanderreihung der räumlichen Zustände in ihrem zeitlichen Verlauf entsteht ein ganz anderes Bild der tatsächlichen Musterdynamik. Eine verblüffend reguläre Struktur von ineinandergeschachtelten Dreiecken wird plötzlich sichtbar – eine Struktur, die man hinter der nüchternen mathematischen Formel der zeitlichen Dynamik des Automaten überhaupt nicht vermutet hätte. Dieses raum-zeitliche Muster offenbart jedem Betrachter unmittelbar seinen „selbstähnlichen" Charakter: Das größte in Bild 4.2 durch die schwarzen Felder begrenzte Dreieck enthält drei Dreiecke, die identische Verkleinerungen seiner eigenen Gestalt sind; und jedes dieser kleineren Dreiecke enthält wiederum drei exakte, verkleinerte Kopien usw. Diese Form der Selbstähnlichkeit, die sich bis in alle Vergrößerungen fortsetzen ließe, schreiben Mathematiker den sogenannten fraktalen Strukturen zu. Hinter der so harmlos wirkenden Summenbildung modulo 2 verbirgt

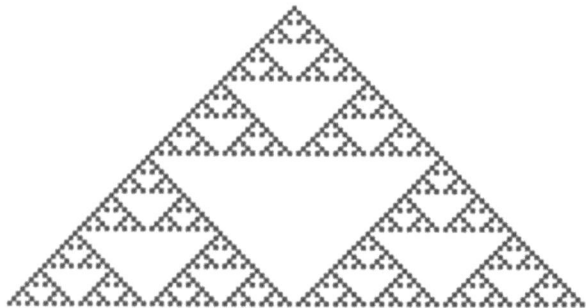

Bild 4.2:
Der „mod-2-Automat" offenbart ein typisches raum-zeitliches Muster.

sich also tatsächlich eine Art fraktales Muster – ein Muster, das allerdings erst dann sichtbar wird, wenn man es in Raum *und* Zeit erlebt.

Der von uns hier betrachtete zelluläre Automat zeigt eine – auf den ersten Blick überraschende – detaillierte Übereinstimmung mit den Mustern einer anderen, Mathematikern wohlvertrauten Struktur: dem Pascalschen Dreieck der Binomialkoeffizienten (vgl. Kasten 4A). Färbt man im Pascalschen Dreieck alle geraden Zahlen weiß und alle ungeraden Zahlen grau, wie in Bild 4.3, so entsteht exakt das gleiche Muster des zellulären Automaten. Doch hier ist weder ein gigantischer Zufall noch eine geheimnisvolle Magie am Werk. Denn die Entstehungsgeschichte des einen Musters unterscheidet sich im Grunde durch nichts von der des anderen: Wenn wir die Binomialkoeffizienten der binomischen Reihe in die Gitterplätze eines Pascalschen Dreiecks eintragen, können wir einem einfachen Bildungsgesetz folgen: In jedem Gitterplatz steht genau die Summe der beiden darüberliegenden Gitterplätze in der vorangegangenen Zeile. Stehen in beiden Gitterplätzen gerade oder in beiden ungerade Zahlen, so ist auch die resultierende Summe eine gerade Zahl. Nur wenn in zwei nebeneinanderliegenden Gitterplätzen sowohl eine gerade als auch eine ungerade Zahl steht, ist das Ergebnis in der Zeile darunter eine ungerade Zahl.

Vergessen wir die konkreten Zahlenwerte der Binomialkoeffizienten und denken nur in den Farben schwarz und weiß (für ungerade bzw. gerade Werte), so können wir diese Bildungsregel unmittelbar auf unseren einfachen Automaten übertragen: Hat ein Gitterplatz im Pascalschen Dreieck (eine Zelle) in der darüberliegenden Zeile (im

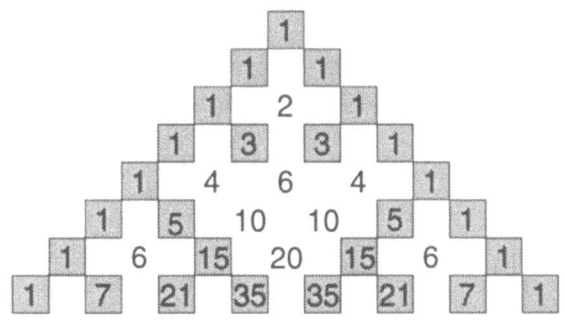

Bild 4.3:
Färbt man alle ungeraden Zellen des Pascalschen Dreiecks grau, ergibt sich das gleiche Muster wie in Bild 4.2.

Kasten 4A
Das Pascalsche Dreieck

Das Pascalsche Dreieck ist eigentlich nichts anderes als eine handliche Tabelle für die sogenannten Binomialkoeffizienten der Form $\binom{n}{k}$ (gesprochen: „n über k"), die definiert sind als

$$\binom{n}{k} = \frac{n!}{k! \cdot (n-k)!}, \text{ wobei } n! = n \cdot (n-1) \cdot \ldots \cdot 2 \cdot 1.$$

Sie spielen nicht nur eine Rolle, wenn der Lottospieler seine Chancen für einen Volltreffer erfahren möchte – es gibt nämlich genau $\binom{49}{6}$ Tips, sechs Zahlen aus 49 auszuwählen. Auch um ein beliebiges Polynom der Form $(x+y)^n$ als Potenzreihe zu schreiben, werden die Binomialkoeffzienten benötigt, da gilt:

$$(x+y)^n = \sum_{k=0}^{n} \binom{n}{k} \cdot x^{n-k} \cdot y^k.$$

Aus dem Pascalschen Dreieck (vgl. auch Bild 4.3) kann man die verschiedenen Binomialkoeffizienten direkt ablesen:

$$\binom{0}{0}$$
$$\binom{1}{0} \quad \binom{1}{1}$$
$$\binom{2}{0} \quad \binom{2}{1} \quad \binom{2}{2}$$
$$\binom{3}{0} \quad \binom{3}{1} \quad \binom{3}{2} \quad \binom{3}{3}$$
$$\ldots \quad \ldots \quad \ldots \quad \ldots \quad \ldots$$

Jede Reihe des Pascalschen Dreiecks ist leicht aus der darüberstehenden Reihe zu bilden: Die beiden äußeren Positionen in jeder Reihe haben stets den Wert 1, an jeder anderen Stelle wird genau die Summe der beiden darüberliegenden Positionen eingetragen. Dies funktioniert, weil die Binomialkoeffizienten die folgende Eigenschaft besitzen:

$$\binom{n}{k} = \binom{n-1}{k-1} + \binom{n-1}{k}.$$

vorherigen Zeitschritt) genau einen angrenzenden Gitterplatz von schwarzer Farbe (genau eine Nachbarzelle mit Zustandswert 1), so wird der Gitterplatz schwarz gefärbt (bekommt den Wert 1). Andernfalls bleibt der Platz weiß (auf dem Zustandswert 0). Die geometrische Struktur dieses mathematischen Konstrukts des Pascalschen Dreiecks läßt sich plötzlich in einer ganz anderen Sprache untersuchen, nämlich der der zellulären Automaten.

In diesem Beispiel ist die Parallelität des zellulären Musters zu einer anderen abstrakten Struktur unmittelbar einsichtig und ohne jeden geheimnisvollen Mythos. Zeigen sich aber Ähnlichkeiten zwischen den simulierten Strukturen der Automaten zu Bildern und Formen, die wir aus unserer natürlichen Umwelt zu kennen meinen, wirkt der Zusammenhang zwischen beiden Mustern häufig mehr als mysteriös. Wolfram hat in seinen unermüdlichen Simulationen immer wieder Strukturen gefunden, die ihn an charakteristische Zeichnungen von Muschelschalen, die typischen Wachstumsmuster von Kristallen und etliche andere Dinge erinnerten. Doch ob diese Übereinstimmung mehr ist als ein großartiger Zufall, bleibt eine Glaubensfrage. Um so wichtiger erschien es Wolfram aber aus diesem Grunde, nicht nur eine zufällige Auswahl von möglichen Automatenregeln zu untersuchen, sondern die Gesamtheit aller denkbaren Automaten einer systematischen Analyse zu unterziehen.

Die Zellen in einem eindimensionalen Automaten sind auf allereinfachste Weise räumlich angeordnet: Jede Zelle hat links und rechts eine unmittelbar anschließende Nachbarzelle. Doch wie wir schon in Kapitel 2 über die verschiedenen Komponenten eines zellulären Automaten beschrieben haben, kann die Nachbarschaft auch für Zellen, die nur in der Enge eines Strichs leben, beliebig groß gewählt werden. Statt nur einen Nachbarn zur Linken bzw. Rechten zu berücksichtigen, kann die Entwicklung jeder Zelle auch von einer frei wählbaren Anzahl von r Nachbarn auf jeder Seite beeinflußt werden. (Wir werden auch hier immer von symmetrischen Nachbarschaften einer Zelle ausgehen.) Jede Zelle, die k verschiedene Zustandswerte annehmen kann, hat demnach (vgl. Kapitel 2) $k^{k^{(2r+1)}}$ mögliche Entwicklungsregeln. Selbst wenn man nur die einfachste denkbare Zustandsmenge für die Zellen eines Automaten zuläßt, d.h. nur die zwei möglichen Zustandswerte 0 und 1 betrachtet, wächst diese Zahl mit zunehmendem Radius der Nachbarschaft schnell zu gewaltigen Größenordnungen: Gibt es in diesem Fall für $r = 1$ noch eine sehr überschaubare Menge möglicher Entwicklungsregeln von nur 256, so sind es für $r = 2$ bereits 2^{32}, also schon etliche Millionen.

Nur in den simpelsten aller denkbaren Automaten (mit nur zwei Zustandswerten und nur zwei Nachbarn einer jeden Zelle) hat man noch eine realistische Möglichkeit, wirklich alle Regeln systematisch auf ihre Musterstrukturen zu untersuchen. Doch schon bei einer nur um eine Zelle zu jeder Seite erweiterten Nachbarschaft scheint dieser Versuch bereits ziemlich aussichtslos. Denn um einen wirklichen Überblick davon zu bekommen, was in einem Automaten mit einer bestimmten Entwicklungsregel passieren kann, kann man sich auch nicht nur mit der Simulation eines einzigen Anfangszustands begnügen, sondern muß die verschiedensten Startkonstellationen verfolgen.

Wie soll man angesichts dieser Mammutaufgabe jemals eine Aussage darüber machen können, welche Arten von Musterbildungen und dynamischen Verhaltensweisen in zellulären Automaten überhaupt möglich sind? Hier gibt es nur eine vernünftige Lösung: sinnvolles Experimentieren mit dem Computer. Die Welt der zellulären Automaten erschließt sich dem Betrachter erst mit der Unterstützung der Computer. In ihnen läßt sie sich bruchstückhaft erkunden, und wir können die Hoffnung haben, durch viele Stichproben das Verhalten aller möglichen Vertreter der zellulären Automaten kennenzulernen.

Wolfram und seine Mitstreiter betrachteten in all ihren Untersuchungen ausschließlich sogenannte legale Spielregeln, in denen aus einem absoluten Nullzustand aller Zellen keine Entwicklung entstehen kann. Unter diesen griffen sie zunächst nur die totalistischen Entwicklungsregeln heraus. Dies sind, wie wir im Kapitel 2 beschrieben haben, solche Regeln, in denen die Zustandsentwicklung einer Zelle nicht von der räumlichen Verteilung der Zustandswerte ihrer Nachbarn abhängt, sondern nur von der Gesamtsumme über allen Zuständen in der lokalen Nachbarschaft. Erlauben wir nur zwei mögliche Zustände – 0 und 1 – und beziehen zu jeder Seite einer Zelle zwei mögliche Nachbarn in das Geschehen ein, so gibt es insgesamt $2^5 = 32$, mögliche legale totalistische Entwicklungsregeln.

Nach unzähligen Computerexperimenten waren Wolfram & Co davon überzeugt, daß schon diese 32 Kandidaten die Prototypen für all die Muster und Strukturen sind, die sich überhaupt in der Welt der eindimensionalen Automaten ausbilden können. Darum wollen auch wir an dieser Stelle diese 32 typischen Vertreter genauer unter die Lupe nehmen und sie als Beispielsmaterial nutzen, um die vier Klassen zu beschreiben, die nach Wolframs Überzeugung jedes mögliche Verhalten der eindimensionalen zellulären Automaten charakterisieren.

Um dabei die eine Regel von der anderen unterscheiden zu können, ist es sinnvoll, jede dieser Spielregeln mit einem eindeutigen Namen zu versehen, so daß wir stets wissen, von welcher Regel wir eigentlich reden. Wir wollen uns hier keiner blumigen Phantasienamen bedienen, sondern jede dieser 32 totalistischen Regeln durch eine eindeutige Codenummer kennzeichnen. Der Kasten 4B beschreibt, wie diese Codenumerierung funktioniert.

Kasten 4B
Codenumerierung der Spielregeln

Um die Dynamik eines eindimensionalen binären, totalistischen Automaten zu definieren, müssen wir für jede mögliche Summe, die aus den Zustandswerten der Nachbarzellen gebildet werden kann, den neuen Zustandswert – 0 oder 1 – angeben, den die Zelle im nächsten Zeitpunkt annehmen soll. Man kann die Entwicklung eines solchen Automaten also über eine beliebige Abbildung f beschreiben, die jeden Wert zwischen 0 und $2r+1$ entweder auf 0 oder 1 abbildet, also

$$z_i(t+1) = f(\sum_{j=-2r}^{2r} z_{i+j}(t)), \quad \text{wobei} \quad f:\{0,1,\ldots,2r+1\} \to \{0,1\}.$$

Die gesamte Abbildung f läßt sich am einfachsten durch einen Tupel mit $2r+2$ Elementen beschreiben. An der ersten Stelle des

Tupels steht der Wert $f(0)$, an der zweiten $f(1)$, bis hin zum letzten Eintrag $f(2r + 1)$. Aus einem solchen binären Tupel läßt sich sofort eine Codenummer C_f generieren, die jede mögliche Entwicklungsregel eindeutig kennzeichnet:

$$C_f = \sum_{j=0}^{2r+1} f(j) \cdot 2^j.$$

Mit dieser Definition sind die Codenummern legaler Spielregeln stets gerade Zahlen. Die 32 möglichen Regeln für $k = 2$ und $r = 2$ werden dementsprechend durch alle geraden Zahlen zwischen 0 und 62 codiert. Die folgende Tabelle verdeutlicht anhand des Beispiels der mod-2-Regel (für $r = 2$) diese Art der Codenumerierung:

Summe:	0	1	2	3	4	5
f(Summe):	0	1	0	1	0	1
C_f:	$0 \cdot 2^0 + 1 \cdot 2^1 + 0 \cdot 2^2 + 1 \cdot 2^3 + 0 \cdot 2^4 + 1 \cdot 2^5 = 42$					

Hat ein Automat mehr als zwei mögliche Zustandswerte, so läßt sich diese Art der Codenumerierung entsprechend übertragen. Als Basis für die Potenzdarstellung der Codenummer dient dann nicht mehr die Zahl 2, sondern die Zahl k, die die Anzahl der Zustandswerte festlegt.

4.3 Das ganze Repertoire: vier Klassen

Um einen ersten Einblick von der Dynamik all der 32 totalistischen Automaten – mit $k = 2$ und $r = 2$ – zu bekommen, lassen wir den Computer einen zufälligen Anfangszustand auswürfeln, in dem für alle Zellen mit gleicher Wahrscheinlichkeit eine 0 oder 1 gewählt wird. Diese Startkonstellation darf sich dann unter jeder der möglichen Spielregeln entwickeln. Bild 4.4 zeigt die Ergebnisse dieses Versuchs. (In diesem

Bild sind die Entwicklungen zu den Codenummern 0 und 62 nicht dargestellt, weil diese Regeln sofort jede Zelle auf 0 bzw. 1 abbilden.) So verschieden all diese Bilder in Raum und Zeit in einer ersten flüchtigen Betrachtung auch wirken, lassen sich doch bei genauerem Hinsehen gewisse Gemeinsamkeiten zwischen den einzelnen Strukturbildungen ausmachen. Wolfram entdeckte in solchen und ähnlichen Bildern vier typische Grundmuster, die ihn dazu bewogen, die gesamte Phänomenologie der eindimensionalen Automaten durch nur vier Klassen zu kennzeichnen:

Einige der Spielregeln führen bereits nach kurzer Zeit auf einen völlig homogenen Endzustand, in dem alle Zellen den gleichen Zustandswert haben und für alle Zeiten beibehalten. Die Automaten mit den Codenummern 0, 4, 16, 32, 36, und 48 führen zu einem völligen Nullzustand auf dem Spielfeld, während Code 54, 60 und 62 alle Zellen mit der Zeit schwarz werden läßt (also auf den Zustandswert 1 bringt). Dieses Verhalten ist typisch für die Automaten der Klasse 1.

Auch in der Klasse 2 findet ab einem gewissen Zeitpunkt keine aufregende Dynamik mehr statt. Typische Vertreter dieser Klasse sind die Automaten mit den Codenummern 8, 24, 40, 56, und 58. In räumlich begrenzten Bereichen bilden sich einfache Muster aus, die sich im Laufe der Zeit überhaupt nicht weiter verändern oder auch – was wir allerdings unter den 32 Beispielskandidaten nicht beobachten – in einem periodischen Zyklus mit kleiner Periodenlänge enden können.

Automaten der Klasse 3 finden sich am häufigsten. Ihre Entwicklung ist, im Gegensatz zu den beiden bisher beschriebenen Klassen, einer ständigen Veränderung unterworfen, sie erreicht nie einen eindeutigen Endzustand. Die Muster im Raum-Zeit-Diagramm weisen alle Eigenschaften eines chaotischen, unvorhersehbaren Verhaltens auf. Wir finden diese Muster wieder in den Automaten mit den Codenummern 2, 6, 10, 12, 14, 18, 22, 26, 28, 30, 34, 38, 42, 44, 46 und 50.

Zwei der in Bild 4.4 gezeigten Automaten sind bis jetzt noch keiner Klasse zugeordnet, es sind diejenigen mit den Codenummern 20 und 52. Sie sind für Wolfram typische Vertreter der Klasse 4. In ihnen können sich – wie auch in der Klasse 2 – lokal begrenzte Muster ausbilden, die stationär bleiben oder sich periodisch verändern. Für andere Anfangszustände aber – und das ist das Charakteristische dieser Klasse –

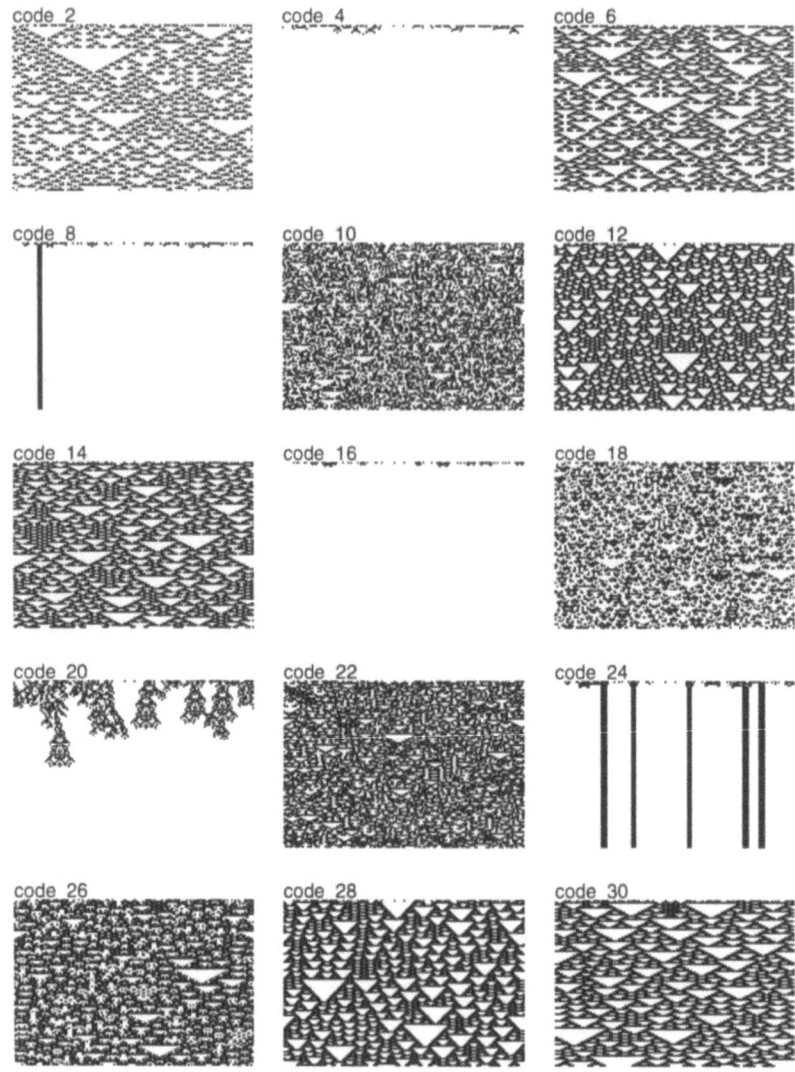

Bild 4.4: Die raum-zeitlichen Muster der eindimensionalen totalistischen Automaten mit $k = 2$ und $r = 2$

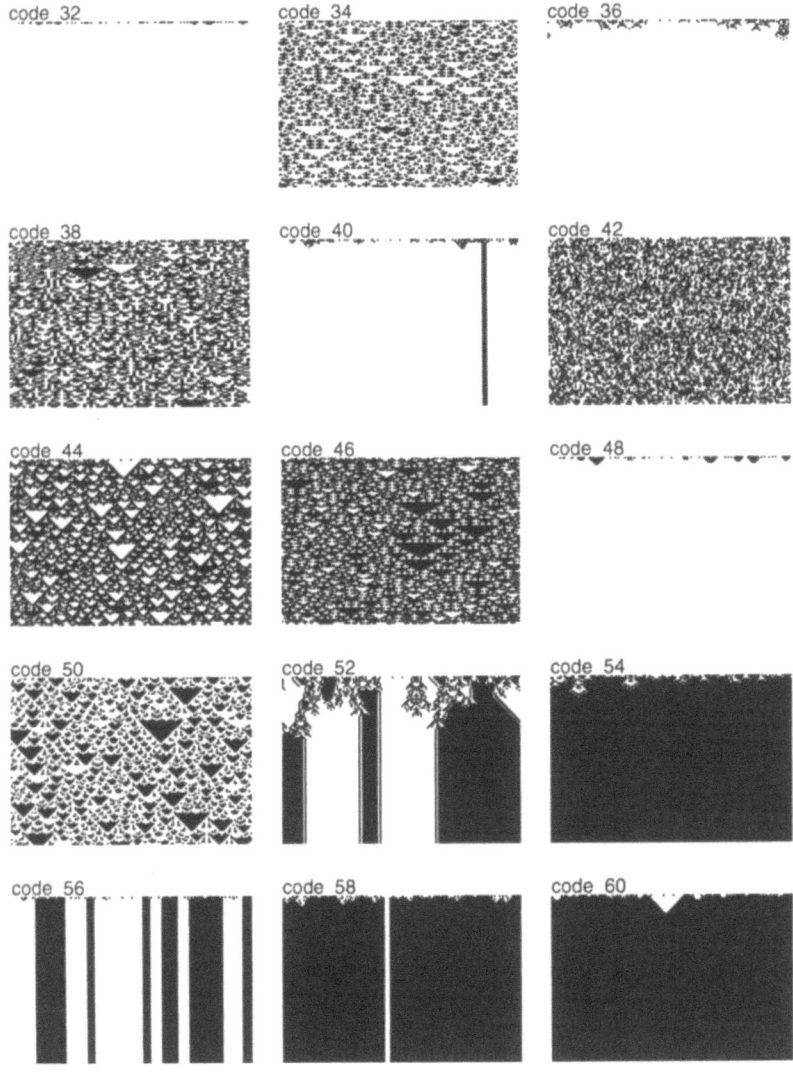

Bild 4.4: Fortsetzung

beobachtet man Strukturen, die zwar in ihrer Form unverändert bleiben, sich aber im Laufe der Zeit durch den Raum bewegen, so wie wir es bei den Gleitern in LIFE kennengelernt haben.

Würden wir die gleichen Entwicklungsregeln von anderen Startkonstellationen aus berechnen, so sähen wir im Prinzip nichts Neues. Mit an Sicherheit grenzender Wahrscheinlichkeit würden wir letztlich das gleiche qualitative Verhalten beobachten, wie wir es in Bild 4.4. dargestellt haben. Zwar gibt es immer bestimmte Ausnahmen von speziellen Anfangszuständen, die zu einem völlig untypischen Verhalten führen können. Doch ist die Menge dieser Startzustände so klein, daß sie statistisch gesehen überhaupt keine Rolle spielen – sie stellen also nichts anderes dar als die goldenen Ausnahmen, die nur den Regelfall bestätigen. Möchten Sie also wissen, zu welchem dynamischen Verhalten eine bestimmte (eindimensionale) Automatenregel fähig ist, so berechnen Sie auf Ihrem Computer die Entwicklung von vielleicht zehn oder zwanzig verschiedenen Anfangszuständen. Diese Stichproben sollten Ihnen bereits genügen, um diese eine Regel in eine der vier Klassen Wolframs einzuteilen. Nur aus dem Wissen von der Entwicklung weniger Startzustände können Sie somit eine globale Aussage machen über das grundsätzliche Verhalten, das dieser von Ihnen betrachtete Automat erlaubt.

Doch wie sieht das genaue Verhalten der Automaten in den einzelnen Klassen aus? Unser oben gegebenes Kurzporträt läßt sicherlich noch viele Fragen offen, insbesondere zu den Automaten der Klassen 3 und 4. Lassen Sie uns also die einzelnen Klassen noch etwas näher im Detail betrachten, um so nicht nur ihre möglichen Musterbildungen besser zu verstehen, sondern auch um ein Gefühl zu bekommen, wodurch sich die eine Klasse deutlich von der anderen unterscheidet.

Klasse 1

Am leichtesten zu identifizieren sind sicherlich die Automaten der Klasse 1. Beobachten wir einen solchen Vertreter auf dem Computerbildschirm, so tut sich schon nach kurzer Zeit gar nichts mehr auf dem Spielfeld, weil alle Zellen die gleiche Farbe erreicht haben. Was für einen Anfangszustand Sie auch auswählen – wenn Sie nicht gerade an eine solche, oben erwähnte Ausnahmekonstellation geraten –, erwartet Sie am Ende immer das gleiche monotone Einerlei. Jede Information, die ein Startmuster am Anfang noch beinhaltet, wird von der Entwicklungsregel des Automaten vollständig zerstört.

Klasse 2

Ein etwas interessanteres Geschehen auf dem Spielfeld der zellulären Perlenschnur erwartet uns bereits in der Klasse 2. Hier stirbt die Mustervielfalt während der Entwicklung nicht völlig aus. Einige einfache Muster – dies sind in Bild 4.4 typischerweise kurze Blöcke benachbarter Einsen – überleben den Lauf der Zeit. Automaten dieser Klasse agieren gewissermaßen als eine Art „Filter", der die Informationen aus bestimmten Zellsequenzen durchläßt und in neue, einfache Muster umwandelt. Gewisse Zellmuster in Teilen des Anfangszustands sind die Voraussetzung für die Ausbildung dieser unsterblichen Strukturen. Je nachdem wie diese typischen Zellmuster in einem Anfangszustand verteilt sind, werden auch die letztlich übrigbleibenden Muster im Endzustand verteilt sein. Daher werden zwei Anfangszustände unter einer solchen Entwicklungsregel zwar nicht notwendigerweise zu einem exakt gleichen Endzustand führen, doch qualitativ gleichen sich die Endzustände in ihren Charakteristika vollkommen. Im Bild 4.5 sind zur Untermauerung dieser Behauptung zwei typische Automaten der Klasse 2 mit anderen Anfangszuständen als in Bild 4.4 dargestellt.

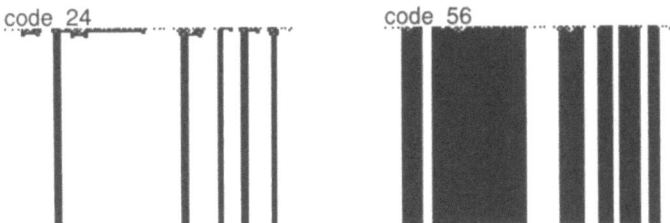

Bild 4.5: Die Automaten der Klasse 2 zeigen auch von anderen Startbedingungen aus ihr typisches Verhalten.

Bei allen totalistischen Regeln mit $k = 2$ und $r = 2$, wie wir sie in Bild 4.4 vorgestellt haben, bilden sich unter den Klasse-2-Automaten ausschließlich kurze Blöcke schwarzer oder weißer Zellen in einer homogenen Umgebung von Zellen der anderen Farbe aus. Im Raum-Zeit-Diagramm nehmen wir diese Muster in Form von typischen Streifen wahr. Einige dieser Regeln lassen nur Blöcke einer bestimmten Länge zu. So ist etwa für Codenummern 8 und 40 nur ein Block von genau drei benachbarten Einsen (umgeben von 0-Zellen) überlebensfähig. Für Code 24 erweisen sich Blöcke von drei, aber auch von vier Einsen als widerstandsfähig. Andere Regeln dagegen können zu einer unendlichen Vielfalt solcher Überlebenskünstler führen. Die Regel mit der Codenummer 56 läßt beispielsweise jeden Block, der mehr als drei benachbarte Einsen enthält, für alle Zeiten fortbestehen.

Solche kompakten Blöcke benachbarter Einsen sind nicht die einzigen Muster, die sich letztlich in einem Klasse-2-Automaten ausbilden können. Für andere Werte von k und r gibt es Spielregeln, die zu anderen unsterblichen Mustern führen. Wolfram zählt zu dieser Klasse auch solche Automaten, die sich nach einer gewissen Zeit auf ein periodisches Muster (mit meistens kleiner Periodenlänge) einspielen. Bild 4.6 zeigt ein Beispiel für ein solches periodisches Muster, das sich unter einer totalistischen Regel mit $k = 2$ und $r = 3$ ausgebildet hat.

Klasse 3

Auch die Automaten der Klasse 3 sind anhand ihrer Musterbildungen auf Anhieb leicht zu erkennen. Im Gegensatz zu allen übrigen Klassen lassen sich hier keine Strukturen mehr ausmachen, die nur auf einen

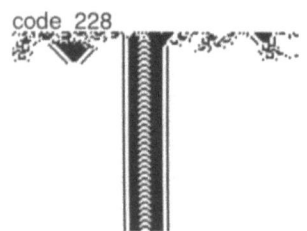

Bild 4.6:
Ein periodisches Muster in der Klasse 2 für $k = 2$ und $r = 3$

kleinen räumlichen Bereich begrenzt sind. Der gesamte Zellraum ist einer ständigen Veränderung unterworfen, der Automat scheint nie ein definitives Ende seiner Entwicklung zu erreichen. Wolfram bezeichnet alle sich hier ausbildenden Muster als chaotisch. Dies bedeutet aber nicht, daß sie durchweg irregulär und ohne jede Ordnung sind. Während einige der in Bild 4.4 gezeigten Zustände der Klasse 3 völlig ungeordnet erscheinen (wie etwa Code 10), wirken andere sehr viel geordneter, bis hin zu ziemlich regelmäßigen Mustern wie die von Code 12 erzeugten.

In diesen regelmäßigeren Mustern lassen sich typischerweise dreiecksförmige Lichtungen von weißen (vereinzelt auch schwarzen) Zellen ausmachen, die auf verschiedenen Größenskalen immer wieder auftreten. Die Basis dieser dreiecksförmigen Flecken gleicher Farbe ist immer ein größerer Block benachbarter Zellen mit gleichem Zustandswert, etwa mit dem Wert 1. Bei einer Regel wie der des Codes 12 wechseln alle inneren Zellen dieses Blocks im nächsten Zeitpunkt auf 0, also zu weiß. Nur die direkten Randzellen des Blocks – für die die Gesamtsumme der Zustände in ihrer Nachbarschaft kleiner ist – haben eine Chance, den Zustand 1 zu behalten. Ausgehend von diesen Randzellen auf beiden Seiten des Blocks, wachsen also schwarze Zellen in den kompakten Bereich jetzt weißer Zellen hinein – solange bis sich die beiden Ränder treffen und ein Dreieck im Raum-Zeit-Diagramm gemalt haben.

Verfolgt man die gleichen Entwicklungsregeln, ausgehend von verschiedenen Startbedingungen, so ändern sich die Muster zwar im Detail, aber nicht in ihrer qualitativen Charakteristik. Die eher irregulären Muster sehen auch mit den verschiedensten Anfangszuständen ähnlich ungeordnet aus, während sich für die eher regulären Muster die dreiecksförmigen Lichtungen immer wieder durchsetzen.

Klasse 4

Die Automaten der Klasse 4 erfordern einen größeren detektivischen Spürsinn, um sie eindeutig zu identifizieren. Die größte Schwierigkeit liegt darin, daß man die Endzustände dieser Klasse nicht durch *ein* charakteristisches Muster kennzeichnen kann. Während die Muster der drei übrigen Klassen sich als sehr robust gegenüber einer Veränderung der Startbedingungen erweisen, trifft dies auf die Vertreter der Klasse 4 nicht zu. Für einige Anfangszustände kann die zeitliche Dynamik zu einer völligen Auslöschung der Strukturen auf dem Spielfeld führen. Aus anderen Anfangsbedingungen hingegen überleben einzelne Muster für alle Ewigkeit. Typisch für die Langzeitentwicklung dieser Automaten ist jedoch, daß die überlebenden Muster sich nur auf einen kleinen räumlichen Bereich des Zellraums beschränken. Es können also auf dem Spielfeld mehrere Strukturen völlig isoliert voneinander existieren, die jede für sich entweder stationär bleibt oder sich im weiteren Zeitverlauf nur noch periodisch verändert. Diese ewig lebenden Muster können sehr komplexe Formen annehmen, wie es Bild 4.7 vorführt. Hier sind verschiedene solcher stationären und periodischen Muster dargestellt, die sich alle aus einem relativ kleinen Anfangszustand (von nur zwanzig Zellen) entwickelt haben.

Bis zu diesem Punkt der Beschreibung erscheinen die Automaten der Klasse 4 wie ein Gemisch aus den Klassen 1 und 2, zeigen sie doch

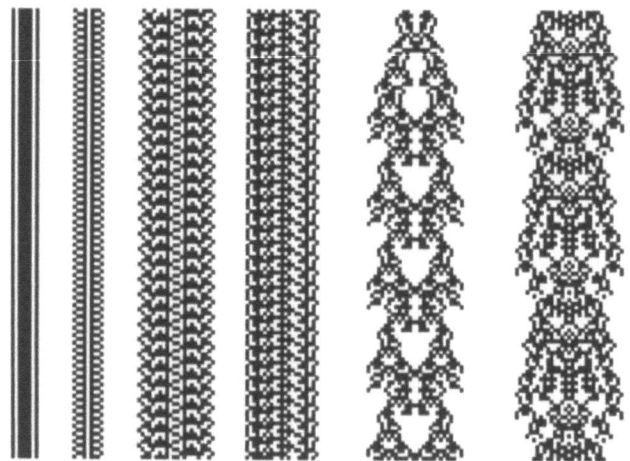

Bild 4.7: Ewig lebende Muster in den Automaten der Klasse 4 (Code 20 und Code 52)

offensichtlich ein Verhalten (völliges Aussterben der Entwicklung, bzw. stationäre oder periodische Muster), das für diese beiden Klassen als typisch beschrieben wurde. Doch die Klasse 4 ist tatsächlich mehr als nur eine Schublade für die Automaten, die sich nicht eindeutig einer der übrigen Kategorien zuordnen lassen. Das wirklich Besondere an diesem Verhaltenstyp – das ihn eben doch von allen anderen deutlich abhebt – ist die Existenz solcher Muster, die sich in unveränderlicher Form über das Spielfeld des Automaten bewegen. Neben den stationären und periodischen Mustern entwickeln sich aus den verschiedensten Anfangszuständen auch immer wieder solche wandernden Konfigurationen. Bild 4.8 zeigt zwei dieser Muster, die sich unter der Code-20-Regel ausbilden können.

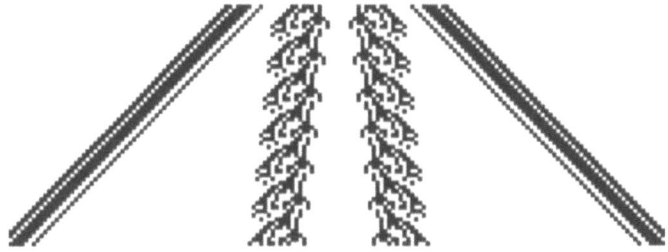

Bild 4.8: „Wandernde" Muster zur Code-20-Regel der Klasse 4

Damit können wir die endgültige Charakterisierung der Klasse 4 zusammenfassen: In ihr entwickeln sich (komplizierte) stationäre oder periodische Muster. Es gibt aber auch immer wieder Anfangszustände, die in ihrer Form unveränderliche Strukturen erschaffen, die sich über das Spielfeld bewegen. Um einen Automaten der Klasse 4 eindeutig zu identifizieren, muß man sicherlich eine größere Zahl von Anfangszuständen simulieren. Allerdings lassen die Entwicklungen eines solchen Automaten schon recht früh erahnen, daß man es hier nicht mit einem einfachen Typ der Klasse 2 oder 3 zu tun hat. Denn die typischen filigranen Muster, die letztendlich das Verhalten der Klasse 4 bestimmen, zeigen sich schon zu einem frühen Zeitpunkt – auch von den unterschiedlichsten Startbedingungen aus, wie man in Bild 4.9 erkennt.

Wir haben diese Art der „Schlüsselmuster" der Klasse 4, die, ohne ihre Form zu ändern, über das Spielfeld wandern, bereits im Zusammenhang des „Spiel des Lebens" kennengelernt – dort waren es die Gleiter. Für die ganze Komplexität von LIFE spielten sie eine zentrale Rolle. Sie erwiesen sich als der entscheidende Baustein, um mit der Regel von LIFE eine universelle Turingmaschine zu konstruieren. Dank der Gleiterkanone, die in unermüdlicher Abfolge regelmäßige Gleiterströme entsendet, übernehmen diese wandernden Muster die Rolle der Informationsträger in einem künstlichen Computer. Diese sich in Raum und Zeit ausbreitenden Strukturen sind die notwendige Voraussetzung dafür, mit einem Automaten die Komplexität einer universellen Turingmaschine zu erreichen. Wie wir aber bereits im vorherigen Kapitel gesehen haben, ist ein universeller Automat der Inbegriff der Komplexität schlechthin. Das Verhalten solcher Systeme ist grundsätzlich unvorhersagbar; es kann keinen einfacheren und abkürzenden Algorithmus zu seiner Berechnung geben als sein eigenes Regelwerk selbst. Um zu entscheiden, ob ein bestimmter Anfangszustand letztlich zu einem Aussterben der Entwicklung, einem stationären Muster oder einer anderen Konfiguration führt, gibt es nur einen einzigen Weg – seine tatsächliche Berechnung.

Aufgrund der „gleiterähnlichen" Strukturen in der Klasse 4 vermutete Wolfram, daß in dieser Gruppe Kandidaten für einen möglichen eindimensionalen universellen Automaten verborgen sind. Ein wesentli-

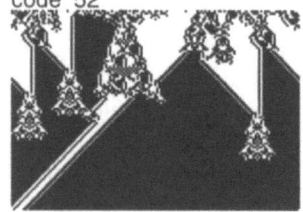

Bild 4.9: Auch von unterschiedlichen Startbedingungen führen die Code-20- und die Code-52-Regeln zu dem typischen Verhalten der Klasse 4.

ches Element, das ihm allerdings zum Beweis seiner Vermutung fehlte, war eine passende „Gleiterkanone". Wie andere später zeigten, gibt es dieses mächtige Element selbst in den so einfachen eindimensionalen Automaten. Bild 4.10 zeigt eine Gleiterkanone, die James Park, damals Student an der Princeton Universität, für einen eindimensionalen Automaten mit $k = 2$ und $r = 3$ und der Codenummer 88 entdeckt hat.

Um wirklich einen universellen eindimensionalen Automaten zu konstruieren, gehört allerdings noch viel mehr dazu als nur eine Gleiterkanone zu bauen. Läßt sich beispielsweise in der Enge einer Dimension Information durch Gleiterströme über große Entfernungen übertragen, ohne dazwischenliegende Bausteine zu zerstören? Tatsächlich hat man für spezielle Regeln Gleiterströme entdeckt, die sich gegenseitig durchdringen, ohne sich dabei im geringsten zu beeinflussen. (Farbtafel 1). Eine wirklich überzeugende Konstruktion eines eindi-

Bild 4.10:
Eine Gleiterkanone in einem eindimensionalen Automaten mit $k = 2$ und $r = 3$

mensionalen „Computers" läßt allerdings immer noch auf sich warten. Die öffentlich präsentierten eindimensionalen Abbilder einer universellen Maschine waren immerhin so kompliziert, daß sie 18 oder mehr verschiedene Zustände enthielten. Letztlich waren diese Bemühungen mehr von theoretischem als von irgendeinem praktischen Wert und interessierten vor allem die Computerwissenschaftler. Uns soll an dieser Stelle die Einsicht genügen, daß die Kandidaten für einen universellen eindimensionalen Zellularautomaten in der Klasse 4 zu suchen und wohl auch zu finden sind.

Unterschiede zwischen den vier Klassen

Die vier verschiedenen Klassen von Automaten unterscheiden sich nicht nur in bezug auf Aussehen und Gestalt der letztlich entstehenden Musterbildungen. Die unterschiedlichen Muster implizieren auch jeweils einen eigenen Grad der Vorhersagbarkeit über das endgültige Verhalten. In der Klasse 1 stellt sich eine solche Frage erst gar nicht, das gesamte Verhalten läßt sich hier ohne die genaue Kenntnis eines Anfangszustands voraussagen. Auch in der Klasse 2 macht eine Prognose wenig Mühe. Denn für die überlebenden, räumlich begrenzten Strukturen – wie etwa die der geschlossenen Blöcke von Einsen – sind auch nur kleine, begrenzte Bereiche im Anfangszustand relevant. Tauchen also diese bestimmten Schlüsselmuster von einigen wenigen Zellen in einer Startkonstellation auf, so kann man sicher sein, daß sich daraus ein ganz spezifisches Endmuster entwickeln wird. Die Information weit entfernt liegender Zellen ist für diese eine Strukturbildung völlig unerheblich. Die Informationen verschiedener Zustände wirken in einem Klasse-2-Automaten also nur über einen sehr kleinen räumlichen Bereich. Ganz anders ist dies in den Klassen 3 und 4. Hier kann die Informationsänderung einer einzelnen Zelle die gesamte Musterbildung auf dem Spielfeld beeinflussen. Genaue Voraussagen über das letztlich ausgebildete Muster sind in diesen Klassen also kaum zu treffen, in der Klasse 4 sind sie anscheinend sogar völlig ausgeschlossen.

Die hochsensible Abhängigkeit der Muster von einer kleinsten Variation im Anfangszustand führt uns das Bild 4.11 eindrucksvoll vor. Hier haben wir für verschiedene Regeln der Klassen 2 bis 4 nur eine einzige Zelle in ihrem Wert verändert und dann die unterschiedliche Entwicklung auf dem Feld angeschaut. In jedem Zeitschritt werden dabei die Zellen schwarz gefärbt, die gegenüber der Entwicklung aus dem originalen Anfangszustand zu diesem Zeitpunkt einen anderen Zustandswert haben.

In der Klasse 2, so erkennen wir deutlich, wirkt sich eine solche Veränderung in der Startkonstellation kaum aus – in dem hier gewähl-

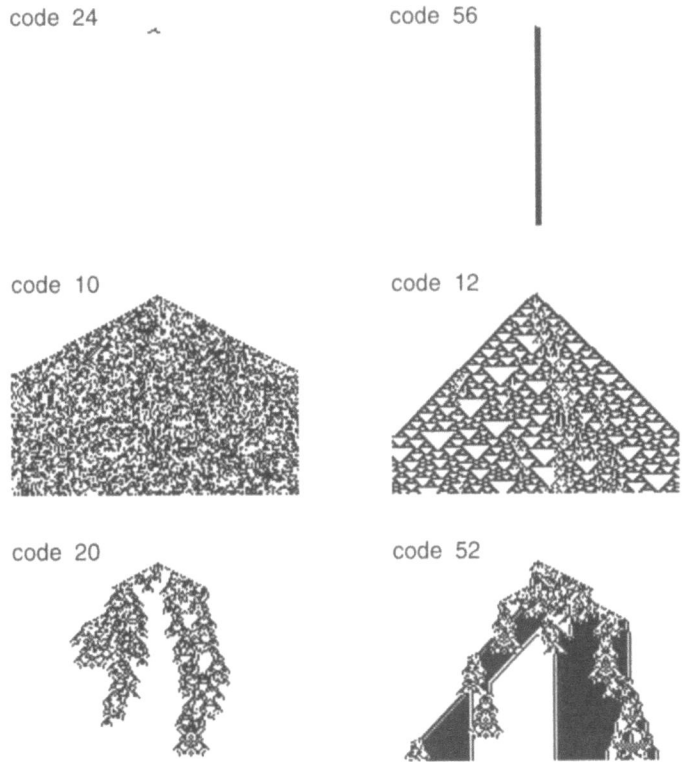

Bild 4.11: Durch die Veränderung einer einzigen Zelle ergeben sich in den verschiedensten Klassen typische „Differenzmuster".

ten Beispiel bleibt die Entwicklung des Automaten letztlich davon völlig unberührt. Hätten wir die anfängliche Störung so plaziert, daß sie einen der sich ausbildenden Einser-Blöcke beeinflußt hätte, könnten wir zwar für alle Zeiten Unterschiede auf dem Spielfeld der Zellen erkennen, sie würden sich aber immer nur in einem kleinen räumlichen Bereich bemerkbar machen, wie Bild 4.11 für Code 56 dokumentiert.

Einen viel dramatischeren Effekt hat eine solche minimale Veränderung von nur einer einzigen Zelle in der Klasse 3. Die an einer Stelle veränderte Information breitet sich über das gesamte Spielfeld aus, die zunächst unbedeutende Störung gewinnt im Laufe der Zeit immer mehr an Einfluß. Die genaue Musterbildung in einem Automaten der Klasse 3 hängt damit von jeder einzelnen Zelle des Spielfelds ab. Gleiches läßt sich auch für die Klasse 4 erkennen. Auch hier kann sich die Störung eines einzigen Zustandswertes über einen großen räumlichen Bereich, ja sogar über das gesamte Spielfeld fortpflanzen.

Die vier Klassen als typische Vertreter aller Automaten?

Alles, was wir bisher über das Wesen der vier verschiedenen Verhaltenstypen eindimensionaler Automaten berichtet haben, wurde durch unsere Beispiele für die spezielle Wahl von $k = 2$ und $r = 2$ belegt. Auch für andere Werte von k und r finden wir diese Verhaltensweisen wieder. Qualitativ unterscheiden sich die Musterbildungen nicht voneinander, egal ob wir große oder kleine Nachbarschaften, viele oder wenige Zustände einer Zelle erlauben. Wählen wir stichprobenhaft eine beliebige Regel aus (sie darf natürlich auch nicht-totalistisch sein), so stoßen wir mit größter Wahrscheinlichkeit auf einen Vertreter der Klasse 3. Je größer die k- und r-Werte werden, desto größer wird auch die Häufigkeit dieser Klasse. Die Klasse 4 ist insgesamt am dünnsten besiedelt, doch auch sie wird mit steigenden Werten von k und r häufiger. Wolfram hat einmal für die (legalen) totalistischen Regeln die Häufigkeiten der einzelnen Klassen für bestimmte k- und r-Werte genau ausgezählt und folgende Anteile herausbekommen:

Klasse	k = 2, r = 1	k = 2, r = 2	k = 2, r = 3	k = 3, r = 1
1	0.5	0.25	0.09	0.12
2	0.25	0.16	0.11	0.19
3	0.25	0.53	0.73	0.60
4	0	0.06	0.06	0.07

Gerade weil sich die beschriebenen Verhaltenstypen der eindimensionalen Automaten in ihrem qualitativen Wesen gegenüber einer Veränderung der Startbedingungen und sogar der Spielregeln als so robust erwiesen, vermutete Wolfram, daß sie auch für die Automaten in höherdimensionalen Zellräumen typisch sind. Um den Katalog dessen, was in den Automaten alles passieren kann, abzurunden, wollen auch wir uns am Ende dieses Kapitels noch kurz aus der Enge einer Dimension befreien. Lassen Sie uns also einen Blick in einen uns schon etwas vertrauteren Raum werfen: die zweidimensionale Ebene. Wolfram und seine Mitarbeiter haben nach ihren unermüdlichen Simulationen der eindimensionalen Automaten diese Stufe ebenfalls erklommen und sich unbekümmert darangemacht, auch die Welt der zweidimensionalen Automaten zumindest in experimentellen Stichproben zu erkunden. Die wichtigste Botschaft, die sie nach diesen Experimenten verkünden konnten, hieß: Im wesentlichen nichts Neues!

Die beste Vorstellung von den möglichen Phänomenen in einer zweidimensionalen Zellenwelt bekommt man, wenn man sich einige dieser Musterbildungen einmal konkret anschaut. Dabei ist in zwei räumlichen Dimensionen das Anschauen und Erkennen der Musterbildungen in den einzelnen Klassen gar nicht so einfach. Solange sich die Muster nur auf einem Strich entwickelten, war es leicht, sie in ihrem räumlichen und zeitlichen Verlauf zusammen darzustellen. Wollten wir das gleiche aber mit einem zweidimensionalen Muster machen, müßten wir in die dritte Dimension ausweichen, um noch die Zeit mit in die Darstellung einbeziehen zu können. Eine Visualisierung dreidimensionaler Strukturen ist aber nicht nur sehr viel komplizierter, sondern auch für unser Auge auf dem Papier viel schwerer nachzuvollziehen als eine zweidimensionale Darstellung. Wir behelfen uns hier mit einem simplen Trick. Neben einigen Schnappschüssen des tatsächlichen zweidimensionalen Musters zu bestimmten Zeitpunkten schauen wir uns die zeitliche Entwicklung außerdem in einem einfachen Querschnitt des Gitters an. Für die Darstellung in den folgenden Bildern haben wir jeweils die horizontale mittlere Zellreihe des Gitters ausgewählt. Wenn wir nur eine einzelne Reihe von Zellen herausgreifen, verfolgen wir im Prinzip wieder einen eindimensionalen Automaten.

Bild 4.12 zeigt Beispiele typischer Musterbildungen in zweidimensionalen Automaten. In einigen dieser Bilder (b und c) hat eine Zelle des Gitters vier Nachbarn, in anderen acht (a und d). Wir haben also sowohl die von-Neumann-Nachbarschaft, als auch die Moore-Nachbarschaft zugrunde gelegt (vgl. Bild 2.2). Jede Zelle kann entweder den Zustand 1 (schwarz) oder 0 (weiß) annehmen. Die Spielregeln sind zum Teil totalistische (Codenummer 30 in Bild 4.12b und Codenummer 52 in c), zum Teil außen-totalistische Regeln (a: Codenummer 736, d: Codenummer 224).[*]

Durch den Trick, den Querschnitt der Gittermitte im zeitlichen Verlauf zu verfolgen, wird die Parallelität zwischen den zweidimensionalen Mustern und den zuvor beschriebenen Typisierungen der eindimensionalen Automaten offensichtlich. In Bild 4.12a erkennen wir in diesem Querschnitt einen typischen Vertreter der Klasse 2 wieder. Auch das entsprechende zweidimensionale Muster verhält sich in gleicher Weise stationär. In verschiedenen Bereichen des Gitters haben sich räumlich isolierte, aber unveränderliche Strukturen ausgebildet. Im Bild b zeigt sich uns ein deutlicher Typ der Klasse 3. In seinem eindimensionalen Schnitt finden wir sogar die in dieser Klasse typischen dreiecksförmigen Lichtungen wieder. Auch die Klasse 4 entdecken wir mit all ihren Charakteristika unter den zweidimensionalen Automaten. Bild 4.12d zeigt ein Musterexemplar. Dies ist allerdings auch das einzige

---

[*]Ähnlich wie die totalistischen Regeln zuvor, können auch die außen-totalistischen einfach kodiert werden durch eine Codenummer

$$\overline{C}_f = \sum_n (\bar{f}(0,n) \cdot 2^{2n} + \bar{f}(1,n) \cdot 2^{2n+1}).$$

Für die uns schon bekannte, außen-totalistische Spielregel von LIFE berechnet sich diese Codenummer beispielsweise folgendermaßen:

$$\overline{C}_f = 1 \cdot 2^{2 \cdot 2+1} + 1 \cdot 2^{2 \cdot 3} + 1 \cdot 2^{2 \cdot 3+1} = 32 + 64 + 128 = 224.$$

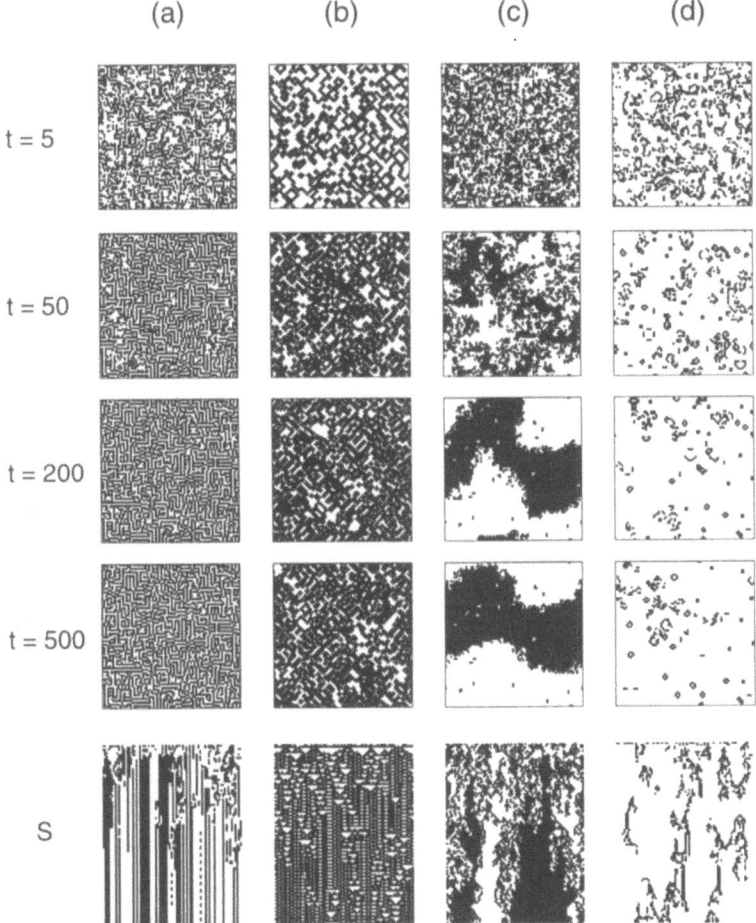

Bild 4.12: Beispiele zweidimensionaler Automaten in Momentaufnahmen zu verschiedenen Zeitpunkten. In der untersten Reihe ist der eindimensionale Schnitt (S) gezeigt, in dem nur die raum-zeitliche Entwicklung der mittleren horizontalen Zellreihe dargestellt ist. (Die einzelnen Regeln a-d werden im Text erläutert.)

einfache Beispiel dieser Klasse, das Wolfram und sein Kollege Norman Packard unter den zweidimensionalen Automaten gefunden haben – es ist, wie könnte es anders sein, LIFE. Die Klasse 4 scheint in zwei räumlichen Dimensionen eine absolute Ausnahmeerscheinung zu sein.

Die in Bild c gezeigte Entwicklung ist nicht so leicht einer der vier Klassen zuzuordnen. Zwar deutet der eindimensionale Schnitt am ehesten auf einen Vertreter der Klasse 3 hin, doch in den Momentaufnahmen des zweidimensionalen Gitters fehlt das für diese Klasse typische chaotische Muster. Aus der völlig zufälligen Startkonfiguration entwickelt sich unter dieser totalistischen Regel mit der Codenummer 52 fast immer ein zusammenhängender Bereich schwarzer Zellen, der sich an seinen Rändern ständig verändert. In vielen Fällen wird die schwarze Zellmasse so stark von dem (weißen) Rest des Felds „angeknabbert", daß außer einigen kleinen stationären Mustern nichts auf dem Feld übrigbleibt. In diesem Sinne gehört diese Automatenregel in die Klasse 2, mit allerdings sehr langen Übergangszeiten bis zu einem Endzustand.

Das Verhalten der zweidimensionalen Automaten wird wesentlich beherrscht von der Klasse 3. Offensichtlich sind die chaotischen Erscheinungsformen dieser Klasse in höherdimensionalen Räumen so stark, daß sie alle anderen möglichen Phänomene (wie etwa auch die der Klasse 4) völlig überdecken.

Wir könnten hier eine weitere Fülle von Beispielen zeigen, die die grundsätzlichen Charakterisierungen der vier Klassen auch in einem zweidimensionalen Zellgitter bestätigen. Auch in bezug auf den Einfluß einer leicht veränderten Information im Anfangszustand des Gitters unterscheidet sich das Verhalten von Automaten in zwei Dimensionen nicht von dem in einer Dimension, was die Berechnungen der entsprechenden Differenzmuster ans Licht bringen.

Zweidimensionale Zellräume werfen aber auch einige neue Aspekte auf, die in der eindimensionalen Welt nicht zu beobachten sind. Ein Beispiel dafür sind die charakteristischen Ränder von Mustern, die im räumlichen Gitter heranwachsen können. Bild 4.13 zeigt einige solcher unermüdlich wachsenden Muster, deren Wachstum allerhöchstens von der Begrenzung des Spielfelds selbst gestoppt werden kann. Alle Muster starten von einer einzigen schwarzen Zelle in der Mitte des Spielfelds. Die Muster der in den Bildern a und b gezeigten Entwicklungen

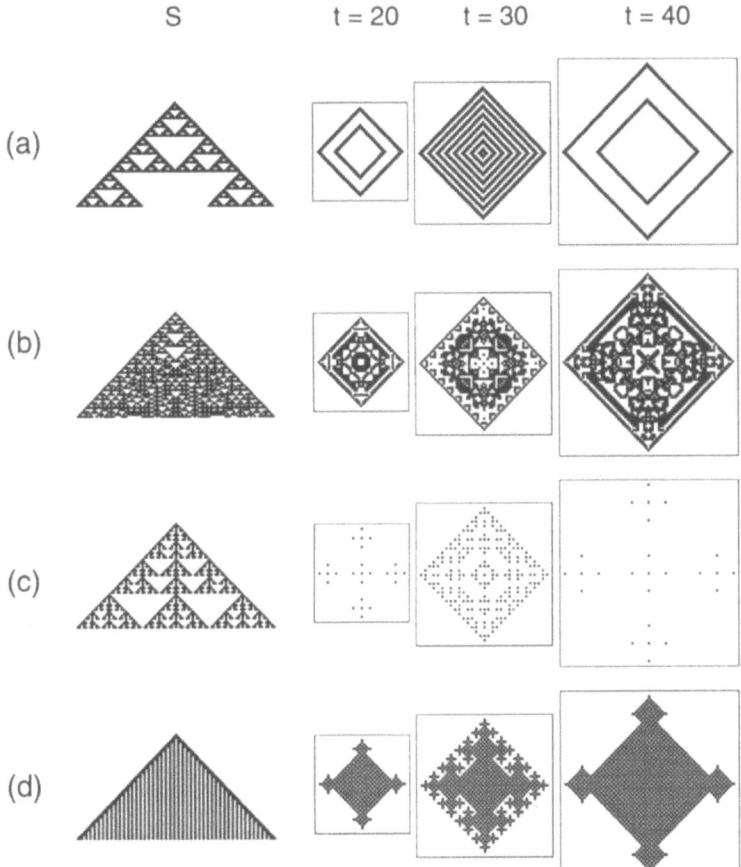

Bild 4.13: Aus einer einzelnen schwarzen Zelle können auf einem zweidimensionalen Gitter Muster mit ganz individuellen Rändern entstehen. Alle hier gezeigten Beispiele basieren auf der von-Neumann-Nachbarschaft und verschiedenen außentotalistischen Regeln (a: Code 510, b: Code 374, c: Code 614, d: Code 174). Neben dem eindimensionalen Schnitt durch die Gittermitte (S) sind typische Zustände zu verschiedenen Zeitpunkten gezeigt.

haben einen einfach geformten Rand ohne jegliche Besonderheit. Zu jedem Zeitschritt läßt sich das Muster durch ein auf die Spitze gestelltes Quadrat vollständig umrahmen. Im Inneren des Quadrates unterscheiden sich die Muster allerdings deutlich voneinander. In den Bildern c und d offenbart die Begrenzung des Musters eine sehr viel eigentümlichere Gestalt. Die Ränder wirken durchbrochen, teilweise verästelt, und zeigen zum Teil eine fraktale Struktur. Diese Muster wachsen, indem sie jeweils Seitenäste entlang der Hauptrichtungen des Gitters aufbauen. Jeder dieser Äste verzweigt sich im weiteren Verlauf wieder in genau der gleichen Weise. In dem in Bild d gezeigten fraktalen Randmuster baut sich diese Verästelung solange auf, bis alle 2^j Zeitschritte ein ganz regulärer Rand einer quadratischen Raute entsteht. Ein fraktal verästeltes Muster ist immer nur zwischen den Zeitschritten der Form 2^j zu sehen.

Die Gestalt des Randes der heranwachsenden Muster ist für viele Fragen weit mehr als nur ein hübsches Beiwerk der übrigen Strukturbildungen. Zur Beschreibung vieler natürlicher Prozesse – wie etwa dem Wachstum von Kristallen – sind solche Wachstumsmuster der entscheidende Schlüssel zu einer erfolgreichen Modellierung.

4.4 Am Rande des Chaos

Die Komplexität, der Wolfram & Co auf ihrer Reise durch die diskrete Welt der Zellularautomaten begegnet sind, kennen wir zum großen Teil auch aus kontinuierlichen Modellen, die veränderliche Prozesse in Raum und Zeit beschreiben – den „dynamischen Systemen", die klassischerweise durch Differentialgleichungen beschrieben werden und die unzählige physikalische Prozesse abstrakt formalisieren. Ihre Lösungen laufen typischerweise nach einer bestimmten Zeit in einen sogenannten Attraktor ein. Dieser Attraktor beschreibt gewissermaßen den qualitativen Endzustand des Systems, so wie die vier Klassen Wolframs den finalen Zustand der zellulären Automaten charakterisieren.

Grob gesprochen kann sich ein kontinuierliches dynamisches System zu einem von drei verschiedenen Attraktortypen hin entwickeln: einem Gleichgewichtspunkt, in dem das gesamte System für alle Zeiten an einem Zustand verharrt; einem periodischen Grenzzyklus, den es immer wieder in gleicher Abfolge durchläuft; oder es entwickelt ein chaotisches Verhalten, in dem es, wie in Kapitel 1 bereits erwähnt, einen seltsamen Attraktor erreicht.

Diesen drei verschiedenen kontinuierlichen Attraktoren stehen in Wolframs Klasseneinteilung der zellulären Automaten direkt diskrete Entsprechungen gegenüber: Die Klasse 1 beschreibt den homogenen Gleichgewichtszustand, die Klasse 2 eine periodische Bahn, und in der Klasse 3 finden wir das passende Gegenstück zu den chaotischen Attraktoren. Nur die Klasse 4 steht einsam und allein auf weiter Flur. Zu ihr finden wir nichts Vergleichbares in der Welt der kontinuierlichen Systeme – zumindest nicht auf den ersten Blick. Auf den zweiten Blick aber entdecken wir in dieser Klasse das Tor zu der Welt, die wir bereits im ersten Kapitel dieses Buches in das Zentrum des Interesses an der Erforschung der Komplexität gerückt haben: Es ist die Welt am „Rande des Chaos", wie sie auch oft genannt wird, eine Welt, die ständig in dem schwierigen Balanceakt zwischen Ordnung und Chaos lebt und in der „Komplexität" zum alles beherrschenden Gesetz wird. In dieser Welt ist – wie wir in Kapitel 1 beschrieben haben – das zerbrechliche Gleichgewicht zwischen völliger Ordnung und Unordnung die entscheidende Triebkraft zur ständigen lebendigen Veränderung bestehender Strukturen und der Erschaffung von Neuem.

Christopher Langton – damals noch Assistent an der Universität von Michigan und heute einer der bekannten Komplexitätsforscher des Santa Fe Instituts, dem El Dorado der neu aufblühenden Komplexitätswissenschaft – war einer der ersten, der diese Analogie der Klasse-4-Automaten auf den Punkt gebracht hat. Langton war besessen von der Idee, die Evolution zu verstehen und zu erklären. Aber ihm ging es nicht nur um das, was die Biologie seit Darwin unter Evolution versteht. Nein, er wollte alles verstehen, die Evolution der Arten, aber auch die von Ideen, Gaubenssätzen, Information – die Evolution der Kultur. Seinem eigenen und ganz persönlichen Forschungsprogramm gab er einen großen Namen, der schnell zu einem einschlägigen und heiß diskutierten Begriff wurde: Langton wollte „künstliches Leben" erschaffen. In Analogie zur „künstlichen Intelligenz" wollte er im Computer ein Modell der Evolution bauen und damit experimentieren.

Die Reaktionen auf sein ehrgeiziges Programm waren gespalten. Sie reichten von glühender Begeisterung bis hin zu mitleidigen Blicken, die man hoffnungslosen Spinnern hinterherwirft. Doch Langton blieb hartnäckig. Vor allem, nachdem er einen Faden gefunden hatte, von dem aus sich seine Ideen vielleicht aufrollen ließen. Bei dem Versuch, Bücher und Literatur zu seiner Frage zu finden, stieß er auf die Theorie zellulärer Automaten. Vor allem John von Neumanns Bemühungen um selbstreproduzierende Maschinen fesselten ihn. In den zellulären Automaten erahnte Langton die für ihn richtige Sprache, um künstliches Leben zu erschaffen. Darum faszinierte ihn die Arbeit Wolframs so sehr, der versuchte, das ganze Universum dieser zellulären Modelle zu kartographieren. Etwas aber vermißte Langton in der so eleganten Typisierung Wolframs der zellulären Automaten durch nur vier verschiedene Klassen: Wo steckt das Prinzip, das dafür sorgt, welche Regel eines Automaten in welche Klasse einmündet?

In den meisten nichtlinearen Systemen, die man aus der kontinuierlichen Welt kennt, gibt es einen bestimmten Parameter, der den Übergang von Ordnung zu Chaos regelt. Ein kleiner Wert dieses Parameters zieht in den meisten Systemen ein geordnetes, stabiles Verhalten nach sich, so wie es die Automaten in den Klassen 1 und 2 zeigen. In dem beliebten Beispiel des tropfenden Wasserhahnes ist dies etwa die Geschwindigkeit des Wasserflusses. Bei einem langsamen Wasserfluß sind die einzelnen Wassertropfen noch schön geordnet. Dreht man aber den Wasserhahn allmählich weiter auf, wird die Abfolge der Tropfen immer schneller und unregelmäßiger, mal sind die Tropfen ganz klein, mal wieder größer, bis irgendwann überhaupt keine Ordnung mehr erkennbar ist. Das System wird chaotisch, so wie wir es auch von den Automaten der Klasse 3 kennen.

Was aber ist dieser Parameter in der Welt der zellulären Automaten, gibt es ihn dort überhaupt? Langton wollte es wissen und machte sich auf die Suche. Er probierte alles mögliche aus und fand dann schließlich eine denkbar einfache Lösung. Sein magischer Parameter, den er ganz profan mit dem griechischen Buchstaben λ kennzeichnete, beschreibt einfach die Wahrscheinlichkeit, mit der eine Zelle in der nächsten Generation „lebt" (in einem binären Automaten also den Wert 1 hat). Eine Regel mit $\lambda = 0$ tötet beispielsweise jede Entwicklung sofort ab. Ein solcher Automat ist ein typischer Vertreter der Klasse 1. Beim größtmöglichen Wert von $\lambda = 0{,}5$ (für größere Werte vertauschen sich nur die Rollen von „tot" und „lebendig") ist das Leben in der Zellenwelt kräftig am Pulsieren, es zeigt sich das typische Verhalten der Klasse-3-Automaten. Doch was geschieht zwischen diesen Extremen? Langton schrieb ein Programm, mit dem sein Computer zu jedem beliebigen Wert von λ passende Regeln erzeugte. Jetzt konnte er also ganz allmählich die Einstellung von λ verändern. Bei Werten nahe 0 passierte nicht viel, wie es auch zu erwarten war. Das Leben in der Welt der Zellen starb im Nu aus. Bei etwas höheren Werten aber fand er die typischen stationären und periodischen Muster der Klasse 2, die auf dem Feld der Zellen ewig überlebten. Je höher der Wert stieg, desto länger brauchten die periodischen Muster, um zur Ruhe zu kommen. Bei einem magischen Wert von λ (um den Wert 0,3 herum) öffnete sich plötzlich die Tür zu dem Versteck der Klasse-4-Automaten. Hinter diesen Werten von λ verbargen sich die überraschend komplexen Spielregeln dieser Klasse. Der so harmlos aussehende Parameter bringt eine ganz ungeahnte Ordnung in die Klasseneinteilung Wolframs. Und er bringt auch – wie man es aus kontinuierlichen Systemen kennt – eine Trennung von Ordnung und Chaos in verschiedene Bereiche mit einen deutlichen Übergang zwischen ihnen. Doch in der diskreten Welt der Automaten ist dieser Bereich am Rande des Chaos so überaus sichtbar bevölkert und präsentiert sich durch ein ganz eigenes Verhalten, das der Klasse 4.

In kontinuierlichen Systemen ist dieser Randbereich viel schwerer auszumachen und zu kennzeichnen. Aber für eine erfolgreiche Strukturbildung und für eine ständig dynamische Veränderung der bestehenden Strukturen ist er von zentraler Bedeutung. Jenseits dieses Randes ist das Chaos zu groß, hier herrscht die totale Anarchie und zerstört jeden notwendigen Aufbau einer Ordnung. Auf der anderen Seite lähmt die vollständige Ordnung jeden noch so kleinen Ansatz einer Veränderung, hier wird die Welt zu einer statischen und leblosen Bühne, auf der nichts Neues entstehen kann. Wirkliches Leben aber ist dynamisch, einer ständigen Veränderung unterworfen. Strukturen – Lebewesen,

Organismen, gesellschaftliche Gruppen – passen sich immer wieder neuen Bedingungen an. Schaffen sie es nicht, so sterben sie aus, wie die Dinosaurier oder die Planwirtschaft der ehemaligen Sowjetunion. Nur in dem Randbereich zwischen den Extremen von totalem Chaos und totaler Ordnung ist ein komplexes System flexibel genug zum Überleben.

4.5 Das Ende der Suche?

Stephen Wolfram und seine Mitstreiter hatten sich zu einer großen Suche aufgemacht, zur Suche nach der Komplexität in der scheinbar so einfachen Welt der zellulären Automaten. Gefunden haben sie auf ihrem Weg nicht nur eine faszinierende Mustervielfalt, die in ihrer Entwicklung in den meisten Fällen nicht genau vorhersagbar ist. Sie sind bei ihrer Suche auch in ein Herzstück der Komplexität selbst vorgedrungen, da sie nicht nur das Chaos, sondern auch seinen Rand entdeckt und erkundet haben.

Doch was ist mit Wolframs ursprünglicher Frage, das Wesen der Komplexität selbst zu erklären? Helfen ihm seine Erkenntnisse über das – zugegebenermaßen komplexe – Verhalten der Automaten hier auch nur einen Schritt weiter? Was haben wir davon, mit den Automaten in den Randbereich zwischen Chaos und Ordnung vorstoßen zu können, wenn wir keine Parallele zwischen diesen abstrakten Modellen und unserer wirklichen Welt sehen?

Läßt man die ganze Mustervielfalt der zellulären Automaten über einen Computerbildschirm rauschen, so bleibt man immer wieder verblüfft an einzelnen Strukturen und Bildern hängen, die eine frappierende Ähnlichkeit mit natürlichen Mustern und Gebilden haben: mit den Zeichnungen von Tierfellen, Muschelschalen oder Schneckenhäusern, mit den Strömungsmustern in fließendem Wasser, mit den regelmäßigen Formen von Kristallen und vielem anderen. Bild 4.14 zeigt hierfür nur ein Beispiel, nämlich das einer Muschelschale, die in verblüffender Weise übereinstimmt mit den eigentümlichen Mustern, die wir in der Klasse 3 der eindimensionalen Automaten gesehen haben. Ist dies reiner Zufall oder steckt hier mehr dahinter?

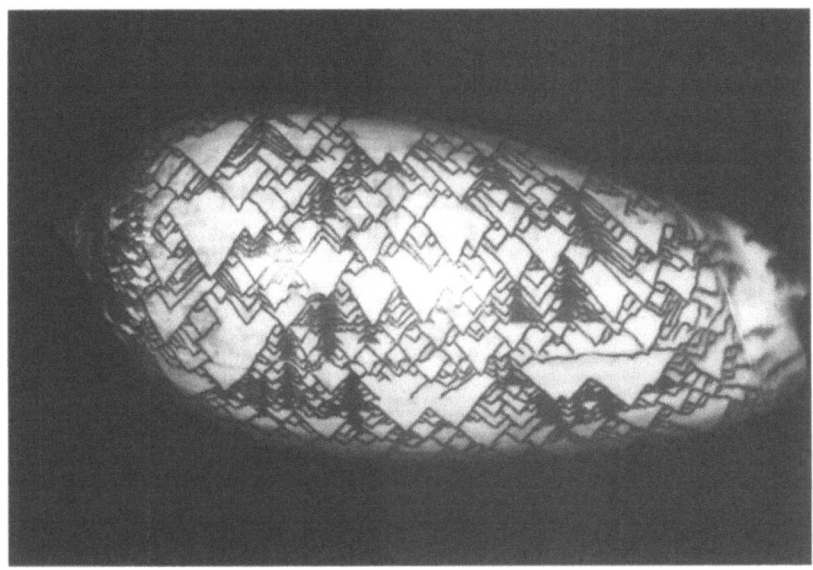

Bild 4.14: Die Zeichnungen tropischer Muschelschalen (hier der Muschel *Olivia porphyria*) erinnern an die typischen Muster der Klasse-3-Automaten (Bild 4.4).

Für Wolfram ist die Antwort auf diese Frage klar – eine solche Übereinstimmung kann kein einfacher Zufall sein. Für viele, die die Diskussionen und Bemühungen Wolframs um die zellulären Automaten mit kritischem Interesse verfolgt haben, ist aber bereits diese Frage selbst völlig falsch gestellt. Was, so entgegnen sie den überzeugten Anhängern der Automaten, haben wir davon, ein bestimmtes komplexes Muster mit einem einfachen zellulären Spiel nachzubilden? Lernen wir dabei irgend etwas über dieses Muster, was wir nicht schon vorher wußten? Nehmen wir als Beispiel die faszinierende Ähnlichkeit zwischen der Muschelschale aus dem Bild 4.14 und dem eindimensionalen Automaten mit beispielsweise der Codenummer 12 (Bild 4.4). Was haben diese speziellen Regeln mit der Pigmentierung einer Muschelschale zu tun? Wo ist die Verwandtschaft zwischen dem biologischen Gesetz – nach dem diese Pigmentierung vonstatten gehen könnte – und der willkürlich gewählten Spielregel eines einfachen Automaten? Solange ein Automat nicht die Regeln und Entwicklungsgesetze, die wir aus der Natur kennen und ableiten können, direkt widerspiegelt – entgegnen die Kritiker –, solange ist jedes noch so schöne Muster und jede noch so große Ähnlichkeit zu natürlichen Strukturen wertlos.

Anhänger und Kritiker der zellulären Automaten sind immer wieder an diesen und ähnlichen Streitfragen geendet. Dabei waren die unterschiedlichen Standpunkte so gegensätzlich, daß es scheinbar keine Möglichkeit gab, die verhärteten Fronten aufzuweichen. Für die eine Seite waren die Regeln der meisten zellulären Modelle dermaßen unrealistisch vereinfacht, daß sie überhaupt nicht den Anspruch erheben konnten, natürliche Systeme zu beschreiben. Die andere Seite dagegen verwies mit unermüdlicher Penetranz immer wieder auf die von den Automaten produzierten Muster und ihre Ähnlichkeit zu wirklichen Strukturen.

Einen neuen Aufschwung sollten die zellulären Automaten erst erfahren, als sich ihnen immer mehr Forscher von einer anderen Seite annäherten. Statt dem Prinzip „so komplexe Muster wie möglich" nachzueifern, folgten sie dem Motto „so realistische Regeln wie möglich". Nicht zuletzt Stephen Wolfram selbst gehörte zu denjenigen, die erkannten, daß die zellulären Automaten ihren Wert daran beweisen mußten, wie gut sie wirklich als Instrumente einer mathematischen Modellbildung in den unterschiedlichsten Disziplinen dienen konnten. Aus den Bemühungen, diesen Beweis anzutreten, entsprangen gegen Ende der achtziger und in den neunziger Jahren zahlreiche Anwendungsbeispiele zellulärer Automaten, die aus konkreten Vorbildern der Natur abgeleitet waren. Diese neue Seite in der Geschichte zellulärer Automaten wollen wir in dem folgenden zweiten Teil des Buches aufschlagen und anhand unterschiedlichster Beispiele genauer verfolgen.

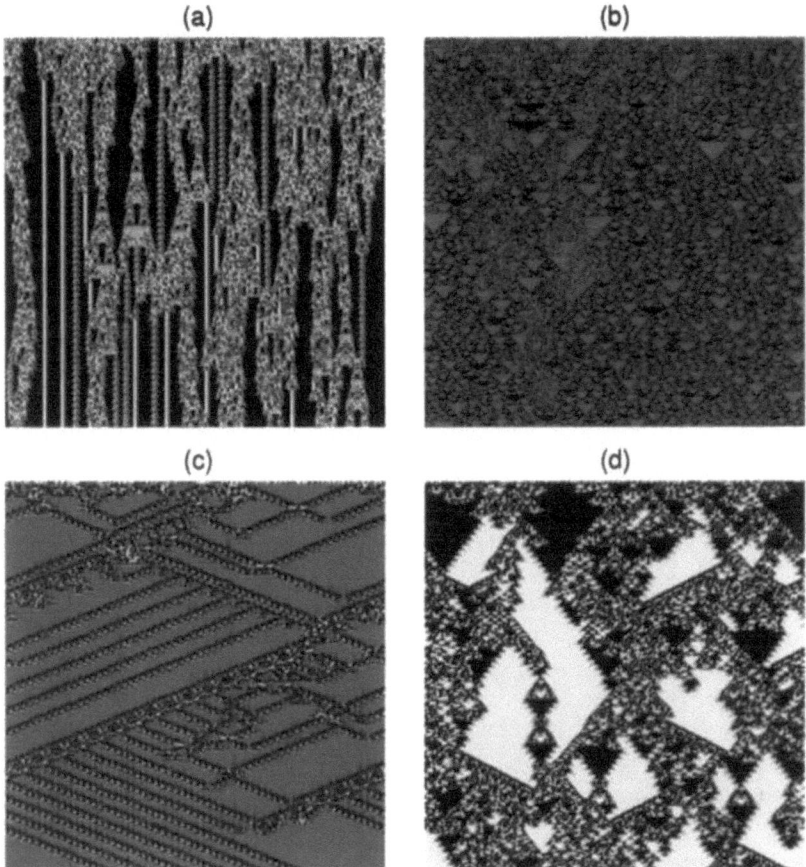

Tafel 1 – Eindimensionale totalistische Automaten (siehe Kapitel 4). Filigrane periodische Muster, wandernde gleiterähnliche Strukturen oder chaotisch wirkende Zustandsbilder sind typische Erscheinungen in den Raum-Zeit-Diagrammen eindimensionaler Zellularautomaten. Die in c gezeigte Regel ist ein Beispiel für einen Automaten, der voller Gleiter und Gleiterkanonen steckt und damit ein Kandidat für eine universelle Turingmaschine in einer Dimension ist. Die kollidierenden Gleiterströme können neue Strukturen erzeugen (etwa eine Gleiterkanone), sich gegenseitig auslöschen oder sich störungsfrei durchdringen.
Regeln hier: a) $k = 5$, $r = 1$, code = 5024550; b) $k = 4$, $r = 3$, code = 442664040; c) $k = 5$, $r = 3$, code = 10050590, d) $k = 5$, $r = 2$, code = 5628760.

 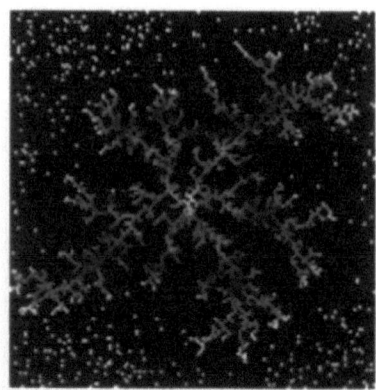

Tafel 2 – Wachstum in zellulären Automaten. Links wachsen mit einer LIFE-ähnlichen Regel (einmal geborene Zellen sterben nie wieder) aus einem Kern heraus schneeflockenähnliche Muster heran. Im rechten Bild wird das „dendritische Wachstum" durch eine zufällige Diffusionsregel (Kapitel 5) kontrolliert: Diffundierende Zellen binden sich an die anfangs nur aus einer Zelle bestehende Struktur, sobald sie in deren Nachbarschaft gelangen. Zur Veranschaulichung des Wachstumprozesses sind in beiden Mustern die Zellen der wachsenden Struktur entsprechend des Zeitpunkts ihrer Bindung unterschiedlich angefärbt.

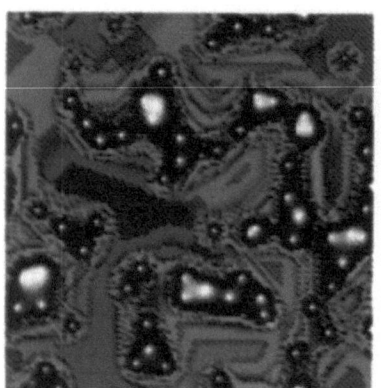 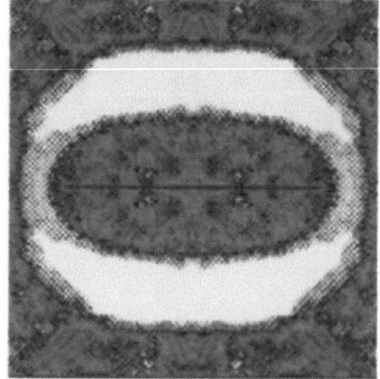

Tafel 3 – Blasen und Teppiche mit der „*rug*"-Regel. In der *rug*-Regel sind N (links 256, rechts 32) Farben in einem Farbkreis zyklisch angeordnet. Eine Zelle verändert ihre Farbe, indem sie den mittleren Farbwert aller Zellen in ihrer Nachbarschaft um 1 erhöht. Das Ergebnis ist eine Art nichtlinearer, digitaler Wärmegleichung, aus der komplexe, diffundierende Muster entspringen. Die linke Entwicklung startete von einem zufälligen Anfangszustand aus, im rechten Bild wurde ein Teil der mittleren Zellreihe und des Randes auf den Wert 1 gesetzt.

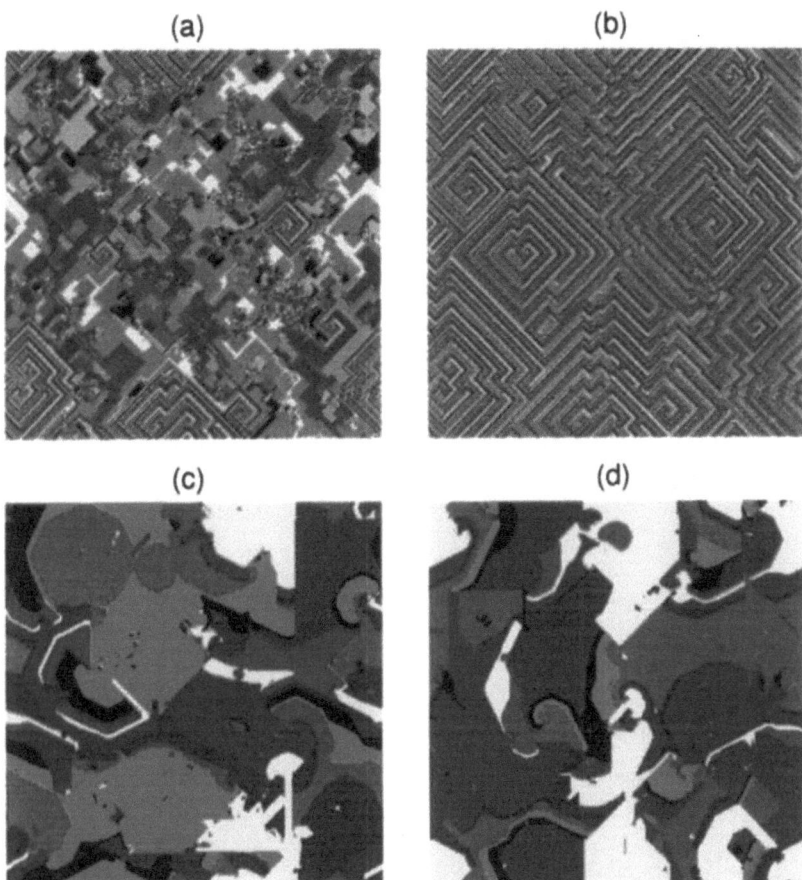

Tafel 4 – Spiralen und Turbulenzen in einem zyklischen Automaten. David Griffeath hat sich diesen zyklischen Automaten ausgedacht, in dem aus zufälligen Anfangszuständen stabile, verwinkelte Spiralstrukturen entstehen (a und b). Die Automatenregel spiegelt eine Art „Nahrungskette" wider: Sind genügend viele Zellen mit dem Zustand k vorhanden, vertilgen sie ihre Nachbarzellen mit dem Zustand $k-1$ und verwandeln sie in einen Zustand der eigenen „Farbe" k. Aus dem zufälligen Durcheinander entstehen einzelne „Tropfen" kompakter Farbbereiche (a). Aus lokalen „Fehlstellen" – Griffeath nennt diese in Anlehnung an einen aus dem Kristallwachstum bekannten Begriff „Defekte" – beginnen sich dann Spiralen zu entwickeln (b). Sind die Parameter so gewählt, daß die Spiralen keine Überlebenschance haben, bilden sich „turbulente" Strukturen heraus, die einer ständigen Dynamik unterworfen sind (c und d).

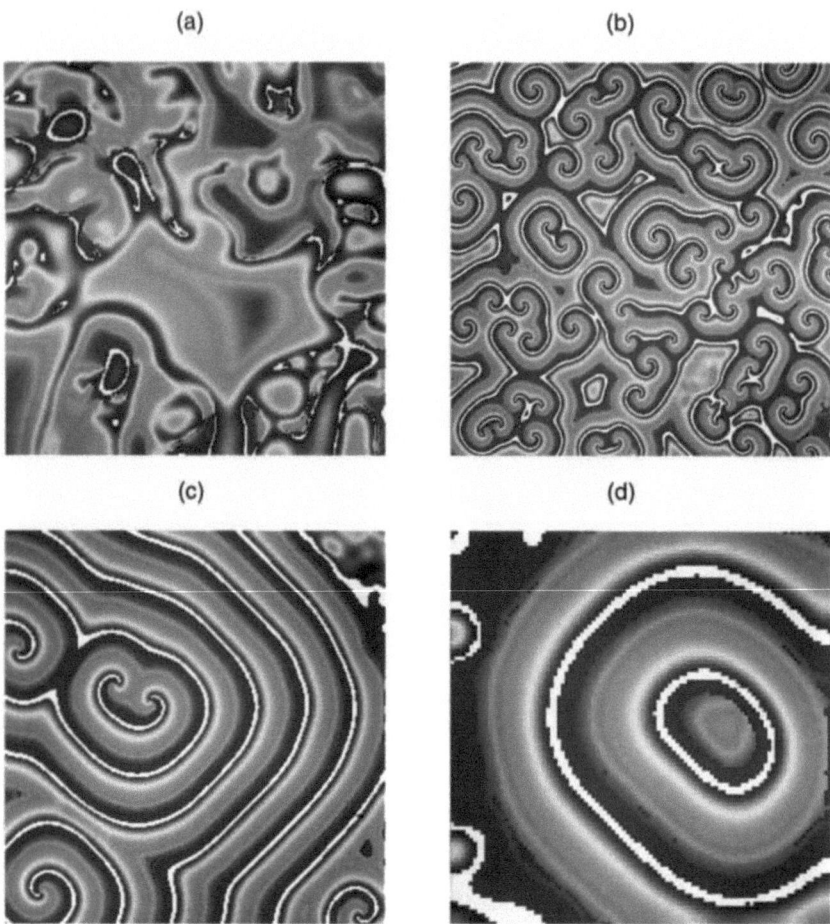

Tafel 5 – Die Misch-Masch-Maschine (siehe Kapitel 6). Aus einem völlig ungeordneten Durcheinander zu Beginn der zeitlichen Entwicklung entstehen in der Misch-Masch-Maschine typische räumliche Muster. Neben den für viele biologische und chemische Musterbildungen bedeutsamen Kreis- und Spiralwellen (b - d) sind in gewissen Parameterbereichen auch ungeordnete Wellenstrukturen (a) zu beobachten.

Tafel 6 – Der zelluläre Hyperzyklus (siehe Kapitel 8). In dem von Martin Boerlijst und Pauline Hogeweg entwickelten zellulären Modell des Hyperzyklus ordnen sich die chemischen Moleküle aus einer zufälligen „Ursuppe" (a) zu stabilen Spiralstrukturen (b), die miteinander im Kampf ums Überleben stehen.

Je nachdem wie stark die räumliche Diffusion der Moleküle zwischen den Zeitschritten des Automaten wirkt, bilden sich Spiralen unterschiedlicher Größenordnung heraus: Bild c zeigt die Entwicklung des Automaten ohne jegliche Diffusion, in b wurde dagegen die zelluläre Diffusionsregel von Toffoli und Margolus (Kapitel 5) zweimal, in d sogar zwanzigmal zwischen zwei Zeitschritten angewandt.

Tafel 7 – Das Kooperationsspiel (siehe Kapitel 11). Das zelluläre Kooperationsspiel von Robert May und Martin Novak erweist sich als ein wahrer Mustermacher: Hier versucht ein unkooperativer „Spieler" in eine Welt voller kooperativer Zellen einzudringen. Wenn sich, wie in diesem Experiment, die Unkooperation genügend auszahlt, kann sie sich in der zellulären Welt verbreiten und dabei fraktale Muster hinterlassen.

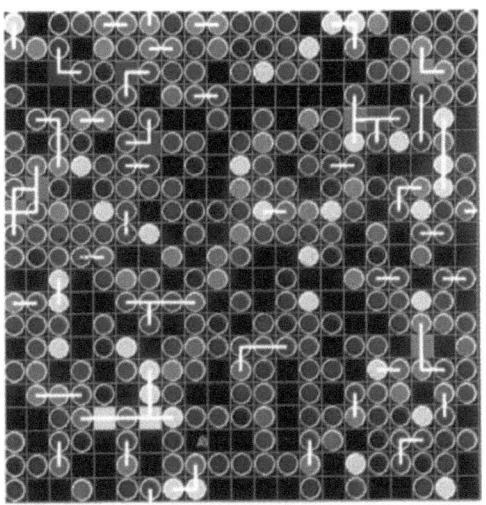
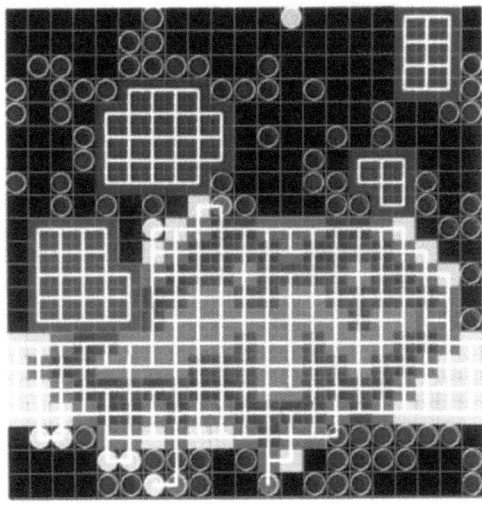

Tafel 8 – Das Solidaritätsspiel (siehe Kapitel 11). In dem von Rainer Hegselmann geschaffenen Solidaritätsspiel übernehmen die Zellen die Rolle von Wesen, die in unterschiedlichem Maße hilfsbedürftig werden und auf die Solidarität ihrer Nachbarn angewiesen sind. Unterschiedliche Farben kennzeichnen die verschiedenen „Risikoklassen". Aus einer ungeordneten „Ursuppe" der Individuen (oben) kristallisieren sich im Laufe der Zeit Solidarnetzwerke heraus (gekennzeichnet durch die weißen Linien).

Tafel 9 – Dreidimensionale Erregungswellen in einem zellulären Automaten (Kapitel 12). Basierend auf dem von Weimar, Tyson und Watson entwickelten Nachfolgemodell des GST-Automaten haben Chris Henze und John Tyson dreidimensionale Scroll-Wellen in erregbaren Medien simuliert. Die dreidimensionalen Wellen können komplizierte topologische Formen ausbilden. In der hier gezeigten Simulation entwickelt sich aus einem ursprünglich geraden, aber verdrehten *filament* ein helixförmiges. Dargestellt ist die Fläche derjenigen Zellen, die gerade vom nicht-erregten in den erregten Zustand wechseln. Zur Veranschaulichung der Ausbreitungsrichtung wurde die führende Wellenfront violett, ihr nachfolgender Teil grün angefärbt.

Streifzüge durch zelluläre Welten

Wohin führt die Reise?

Bis in die Mitte der achtziger Jahre hinein erschienen die zellulären Automaten vielen Forschern in erster Linie als eine Spielwiese, auf der sich einige junge, computerbegeisterte Nachwuchswissenschaftler nach Herzenslust austobten. „Seriöse Wissenschaft", so dachten viele, war mit ihnen nicht zu machen. Doch dieses Bild hat sich bis heute stark gewandelt. Die zellulären Automaten sind ihren Kinderschuhen entwachsen und zu respektablen Instrumenten der Modellbildung aufgestiegen.

Wie rapide das Interesse der Wissenschaftler an den zellulären Modellen in den letzten zehn Jahren gewachsen ist, dokumentiert das rasche Anwachsen der Zahl der wissenschaftlichen Veröffentlichungen zu diesem Thema. Das folgende Diagramm stellt die Anzahl der Publikationen dar, die sich bei einer oberflächlichen Suche zu dem Stichwort „zelluläre Automaten" in der über 5 000 Zeitschriften aus allen möglichen naturwissenschaftlichen Disziplinen umfassenden Datenbank SCISEARCH zwischen 1975 und 1994 finden lassen:

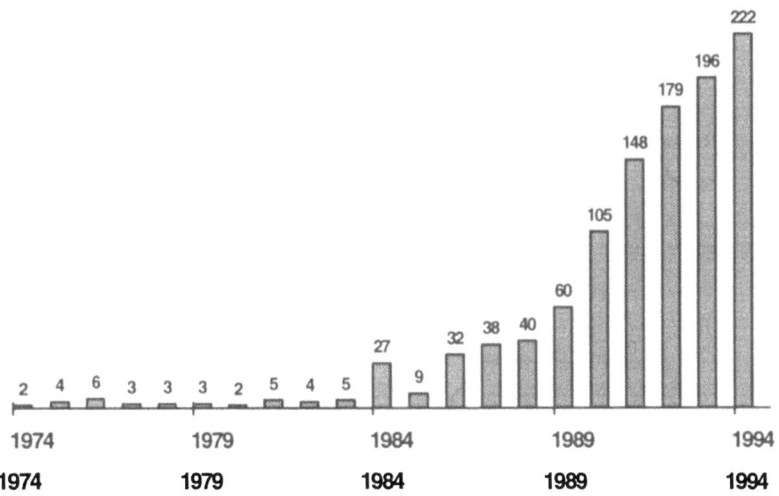

Die breite Aufmerksamkeit, die diesen Modellen immer mehr entgegenschlug, wäre kaum möglich gewesen ohne die Pionierarbeiten von John von Neumann, John Horton Conway und Stephen Wolfram. Vor allem Wolframs Arbeiten in der Mitte der achtziger Jahre stellten einen Zündfunken für das Interesse an den Automaten dar.

Conway hatte lange experimentiert, um mit der richtigen Dynamik von Nullen und Einsen einen so mächtigen Strukturreichtum zu bekommen, der für ihn das „Spiel des Lebens" widerspiegelte. Wolfram beschränkte sich gar nicht erst auf eine herausragende Regel, sondern begab sich auf eine systematische Suche aller kombinatorischen Möglichkeiten und dem Grad der in ihnen verborgenen Komplexität. Beiden aber war gemeinsam, daß ihre Regeln letztlich reine Phantasieprodukte waren und nicht der Versuch, ein konkretes Vorbild aus der Natur mit den Bausteinen der zellulären Automaten in eine abstrakte Sprache zu übersetzen. Erst als immer mehr Wissenschaftler damit begannen, den Werkzeugkasten, den diese Modelle bereitstellen, für unterschiedlichste Modellierungen natürlicher Systeme erfolgreich zu nutzen, wurde aus dem aufkeimenden Interesse an den Automaten eine blühende Landschaft unterschiedlichster Anwendungsbeispiele. Plötzlich erwiesen sich diese vermeintlichen „Computerspiele" als aussagekräftige Modelle, mit denen man zu neuen Erkenntnissen über Musterbildungen und Selbstorganisation gelangen konnte. Vor allem aus der Physik tauchten immer mehr Hinweise auf, daß sich komplizierte Phänomene mit einer überraschenden Genauigkeit durch derart einfache Konstrukte beschreiben lassen.

Es ist kein Wunder, daß die Aufmerksamkeit gegenüber den zellulären Automaten erst in den achtziger Jahren so rapide gewachsen ist. Die Computer rückten zu dieser Zeit immer mehr in den wissenschaftlichen Arbeitsalltag ein. In den Universitäten und Forschungslabors wurden sie allmählich so selbstverständlich wie Bleistift und Papier. Die Theoretiker bekamen mit ihnen ein mächtiges Hilfsmittel in die Hand, das es ihnen erlaubte, ihre Modelle nicht nur abstrakt zu analysieren, sondern sie tatsächlich zu berechnen. Kaum ein anderer Ansatz ist aber derart maßgeschneidert für die Architektur moderner Digitalrechner wie der der zellulären Automaten. Der diskrete Charakter all ihrer Bausteine läßt sich ohne die geringsten Rundungsfehler in die

Speicherinhalte der Computer übertragen – ein Vorteil, den die klassischen Modellierungsinstrumente der kontinuierlichen Systeme, wie die Differentialgleichungen, vermissen lassen.

Wir wollen Ihnen in den folgenden Kapiteln einige Beispiele zur Modellierung natürlicher Systeme durch zelluläre Automaten vorführen. Zu den erfolgreichsten Kandidaten solcher Modelle gehören sicherlich die zahlreichen Beispiele aus der Physik, der ersten Station auf unserer Reise durch die zellulären Welten. Die Physiker entdeckten, daß die vollkommen diskreten Wechselspiele einer Unmenge lokal zusammenhängender Zellen ein ideales Szenario zur Beschreibung der mikroskopischen Welt der Atome und Moleküle darstellt. In ihnen bot sich ein neuer und vielversprechender Weg, unseren Naturgesetzen auf die Spur zu kommen, der sich bis heute zu einem etablierten Instrument der theoretischen Physik entwickelt hat. Kapitel 5 wird Ihnen die Grundideen dieser physikalischen Anwendungen vorstellen.

Auch in der Chemie faßten in den achtziger Jahren die zellulären Automaten immer mehr Fuß. Das klassische Paradigma der Chemiker, nach dem eine chemische Reaktion von der räumlichen Verteilung der Atome und Moleküle unberührt bleibt, begann zunehmend zu wackeln. Anstelle der klassischen kinetischen Differentialgleichungen waren neue Methoden gefragt, die möglichen Musterbildungsprozesse in chemischen Reaktionen aufzudecken. Die zellulären Automaten boten sich auch hier als ein einfacher Zugang zur Modellierung solcher Phänomene an, wie Kapitel 6 an einem konkreten Beispiel vorführt.

Den Schwerpunkt der folgenden Kapitel stellen Beispiele zellulärer Automaten dar, die sich mit der belebten Seite unserer Natur beschäftigen. Zu ihnen zählen die sehr populär gewordenen Bemühungen, „künstliches Leben" im Computer zu erschaffen, die Kapitel 7 vorstellt und die unmittelbar anschließen an die Geburtsstunde der zellulären Automaten, nämlich an die Arbeiten John von Neumanns. Zahlreiche biologisch motivierte Automaten übersetzen biochemische und -physikalische Prozesse des Lebens in ein abstraktes Regelwerk. Beispiele dafür geben wir in den Kapiteln 8 und 9 im Zusammenhang mit Fragen der präbiotischen Evolution und biologischer Musterbildungen. Daneben gibt es auch viele ernsthafte Versuche, die Interaktion komplexer Lebewesen in der Sprache zellulärer Automaten abstrakt zu diskutieren. Sie reichen von der Modellierung der Ökologie biologischer Populationen von Tieren und Pflanzen (Kapitel 10) bis hin zu sozialwissenschaftlichen Anwendungen, die die sozialen Interaktionen von uns Menschen in einen modellhaften Rahmen stellen (Kapitel 11).

Die letzte Etappe unserer Reise durch die zellulären Welten wird uns zu einer eher grundsätzlichen Frage zurückführen, nämlich wie weit die Möglichkeiten der zellulären Automaten als erfolgreiche Instrumente einer Theoriebildung tatsächlich reichen. Immer wieder wird ihnen gegenüber die Kritik geäußert, daß sie die Wirklichkeit nur auf einer phänomenologischen Ebene beschreiben, ohne einem exakten quantitativen Vergleich zwischen den Simulationen und der Realität standhalten zu können. Wie wir in Kapitel 12 an einem konkreten Beispiel sehen werden, ist diese Hürde für die einfachen zellulären Konstrukte kein unüberwindliches Hindernis. Durch eine detailgetreue Übersetzung des jeweiligen natürlichen Systems in die Bausteine eines Automaten kann dieser die Wirklichkeit nicht nur in qualitativer, sondern auch in quantitativer Hinsicht beschreiben.

Kapitel 5
Die Kräfte der Welt – der Entwurf einer digitalen Physik

5.1 Vom Mikrokosmos zum Makrokosmos

Kaum eine andere Wissenschaft war in den letzten Jahrhunderten so erfolgreich wie die Physik, ihre Grundlagen und Gesetze auf eine solide mathematische Basis zu stellen. In den Newtonschen Gesetzen der Mechanik bis hin zu den modernen Erkenntnissen der Einsteinschen Relativitätstheorie und der Quantenmechanik offenbart sich uns ein Wissen um unsere Welt, das erst die Voraussetzung eines jeden technischen Fortschritts schafft.

Ein grundlegendes Element unseres physikalischen Weltbildes ist der Gedanke, daß alle Materie aus kleinsten Teilen, wie den Atomen und Molekülen, zusammengesetzt ist und ihre mikroskopischen Wechselwirkungen letztlich die Grundlage aller makroskopischen Phänomene darstellt. Schon Demokrit hatte vor über 2 000 Jahren die Idee des Atoms postuliert, doch es hat die Physiker bis in unser Jahrhundert hinein beschäftigt, dieses molekulare Weltbild mit ihren Beobachtungen und Experimenten in Einklang zu bringen.

Einen augenscheinlichen Hinweis auf den molekularen Charakter der Materie entdeckte Anfang des vorigen Jahrhunderts der Botaniker Robert Brown. Er bemerkte, daß Blütenpollen in ruhendem Wasser wild durcheinander wimmeln. Brown vermutete hinter dieser Bewegung zunächst eine rein biologische Triebkraft und erkannte erst durch etliche raffinierte Experimente, daß diesem Phänomen offensichtlich ein physikalisches Prinzip zugrunde liegt, dessen endgültige Aufklärung erst in unserem Jahrhundert erfolgen sollte. (Eine der vier „revolutionären" Arbeiten von Albert Einstein, die er 1905 veröffentlichte, befaßte sich noch mit dieser „Brownschen Bewegung".) Sichtbar ist bei dieser scheinbar so zufälligen Bewegung – die wir genauso bei Rauch- oder Staubpartikeln in der Luft verfolgen können – nur ein Teil der ganzen Szenerie. Tatsächlich bewegen sich auch die unsichtbaren Wassermoleküle aufgrund ihrer thermischen Energie und stoßen ständig mit den sichtbaren Teilchen zusammen. Ist die Masse dieser Teilchen klein genug, wie bei den Blütenpollen, so genügt die mit dem Stoß verbundene Impulsübertragung, um eine sichtbare Bewegung von ihnen wahrzunehmen. Was wie ein großer Zufallseffekt wirkt, ist also nichts anderes als ein wohldefiniertes Wechselspiel zweier Stoßpartner, von denen man aber nur einen sehen kann.

Die Physiker des 19. Jahrhunderts waren davon überzeugt, daß die mikroskopischen Wechselwirkungen der Atome und Moleküle den gleichen Gesetzen folgen, wie sie die Newtonsche Mechanik für die Bewegungen von Körpern formuliert. Etliche Beobachtungen, die vor allem elektromagnetische Wechselwirkungen betrafen, erwiesen sich jedoch immer wieder als unvereinbar mit diesem „Paradigma". Mit der Entwicklung der Quantentheorie, deren Grundlagen um 1900 von Max Planck gelegt wurden, tauchte ein neues Paradigma in der Physik auf, das die klassischen Gesetze der Newtonschen Mechanik ergänzte. Bedeutsam ist die Quantentheorie jedoch nur in der „Welt des Kleinsten", wo sie die Wirkungen bestimmter Kräfte innerhalb der Atome beschreibt. Sie zeigte damit (genauso wie die später folgende Entwicklung der Relativitätstheorie) die Grenzen der Newtonschen Mechanik auf. Kennt man aber die Grenzen eines Modells, gewinnt man gleichzeitig Sicherheit darüber, in welchen Bereichen es eine angemessene Beschreibung der physikalischen Welt darstellt. Viele Phänomene, etwa im Zusammenhang der Thermodynamik, der Reaktionskinetik oder der Strömung von Flüssigkeiten und Gasen, lassen sich nämlich im Rahmen eines molekularen Modells verstehen, das auf den Prinzipien der Newtonschen Mechanik basiert.

Für unseren Alltag ist ein solches Modell jedoch nur von theoretischem Wert. Der Flugzeugbauer will wissen, welche Luftströmungen die Stabilität seines Flugzeuges bestimmen und wie sich Änderungen seiner Form auf diese Strömungsmuster auswirken. Dazu interessiert ihn nicht die Bewegung der einzelnen Teilchen auf der molekularen Ebene. Tatsächlich gibt es auch keine Chance, unsere Welt durch das mikroskopische Geschehen ihrer kleinsten Teilchen abzubilden. Die Zahl der Atome und Moleküle eines realistischen Systems ist viel zu groß, um sie in ihrer Gesamtheit zu berücksichtigen. Ein Kubikmeter eines beliebigen Gases enthält etwa 10^{25} Moleküle – kein Computer wäre auch nur annähernd in der Lage, eine solche Zahl von Variablen abzuspeichern, geschweige mit ihnen zu rechnen.

Wie aber kommt man dann zu exakten Aussagen über makroskopische Größen? Der übliche Weg in der Physik ist es, sich von mikroskopischen Modellen her dem makroskopischen Grenzfall anzunähern und darüber eine Beschreibung des Systems auf der uns sichtbaren Ebene zu erreichen. Hier betreten wir das Terrain der statistischen Mechanik, die genau solche Zusammenhänge in den formalen Apparat einer mathematischen Theorie verpackt. Der Griff zur Statistik erlaubt es, von den einzelnen Teilchen und ihren Bewegungsgesetzen abzusehen und das Verhalten des Gesamtsystems über bestimmte gemittelte Größen wie der Temperatur, dem Druck oder der Energie zu beschreiben. Die statistische Mechanik liefert dem Physiker ein elegantes Werkzeug, um den Bogen von der mikroskopischen Welt zu ihrer makroskopischen Beschreibung zu schlagen.

In den achtziger Jahren verbreitete sich die Kunde über die komplexen Möglichkeiten der zellulären Automaten auch immer mehr unter den Physikern. Hier hatte nicht zuletzt Stephen Wolfram einen entscheidenden Einfluß, der ja selbst Physiker war und seine Kollegen immer wieder von der Mächtigkeit dieser Instrumente zu überzeugen versuchte. Auch die am M.I.T. ansässige Gruppe von Physikern um Edward Fredkin, Tommaso Toffoli und Norman Margolus (um nur einige zu nennen) hatten schon seit Jahren viel dazu beigetragen, Vorurteile über die vollkommen diskreten Computermodelle zu beseitigen. Stimuliert von den Vorarbeiten dieser Kollegen begannen einige Physiker immer intensiver darüber nachzudenken, ob die zellulären Konstrukte nicht auch die geeigneten Kandidaten für mikroskopische Modelle der Welt sein könnten.

Aufbauend auf – in der statistischen Mechanik bereits diskutierten – Gittermodellen entwickelte sich eine neue Klasse mikroskopischer Modelle, in denen nicht nur die Positionen der Teilchen auf ein diskretes Gitter eingeschränkt wird, sondern auch alle übrigen Zustandsgrößen sowie die Übergänge zwischen ihnen durch diskrete Einheiten ausgedrückt werden. Wir wollen in diesem Kapitel zwei dieser zellulären Modelle vorstellen: die sogenannten Gittergas-Automaten, die die Bewegungen und Wechselwirkungen einer großen Menge einzelner Teilchen eines idealisierten Gases beschreiben, sowie das zelluläre „Ising-Modell", mit dem sich allgemeine Phänomene eines physikalischen Phasenübergangs untersuchen lassen.

5.2 Zelluläre Gittergase

Zelluläre Gittergase formalisieren ein Gas als eine idealisierte Menge einzelner Teilchen, die auf den Punkten eines einfachen, regulären Gitters leben. Sämtliche Variablen wie die Größe, Geschwindigkeit, Masse und Positionen der einzelnen Teilchen werden durch diskrete Zustandsvariablen ausgedrückt. In einem Modell, das ein „ideales Gas" beschreibt[*], können sich alle Teilchen mit gleicher Energie in eine der Richtungen der Gitterachsen bewegen und dabei in elastischen Stößen (die die Energie der Teilchen unverändert läßt) mit anderen kollidieren.

Die Gesetze, nach denen sich die Partikel eines solchen idealen Gases bewegen, sind die der klassischen Mechanik. Eines ihrer wesentlichen Prinzipien ist das der Reversibilität, das heißt der Umkehrbarkeit physikalischer Prozesse in der Zeit. Reversibilität ist ein grundlegendes Charakteristikum der mikroskopischen Welt und garantiert die in der Physik so wichtigen Prinzipien der Erhaltung bestimmter Größen, wie etwa der Energie und des Impulses. Während die zellulären Automaten zahlreiche Eigenschaften physikalischer Systeme sofort reproduzieren – wie etwa die nur *lokal* geltenden und für alle Teilchen *gleichen* Wechselwirkungen – wird die Eigenschaft der reversiblen Interaktion nicht automatisch mitgeliefert; sie muß explizit in die jeweilige Entwicklungsregel eingebaut werden.

---

[*] Physiker bezeichnen ein Gas, das genau dem physikalischen Gasgesetz folgt, als *ideales Gas*.

Reversibilität: die Umkehrung der Zeit

Jede Automatenregel ist so definiert, daß sie aus dem momentanen Zustand einer Zelle und ihrer Nachbarn ihren zukünftigen Zustand berechnet. In einem reversiblen Automaten läßt sich die Zeitrichtung beliebig umdrehen: Aus dem „Ist-Zustand" einer Konfiguration können wir nicht nur seine Zukunft, sondern auch seine Vergangenheit ablesen. Zu jeder reversiblen Regel kennen wir also eine zweite Spielregel (ihre Umkehrung), die es uns erlaubt, von einem beliebigen Zustand aus „zurückzurechnen".

Die Umkehrbarkeit seiner zeitlichen Dynamik ist für einen Automaten alles andere als selbstverständlich. Um sie zu erfüllen, muß jede Konfiguration eines Automaten einen eindeutigen Vorgänger besitzen. Schon anhand dieses Kriteriums kann man beispielsweise sofort entscheiden, daß die LIFE-Regel in der Zeit nicht umkehrbar ist: Wir haben zahlreiche Beispiele kennengelernt, in denen ein Muster in LIFE, wie etwa der Block, zwei oder noch mehr Vorgänger besitzt. Für andere Automaten ist es meistens schwierig zu erkennen, ob diese umkehrbar sind oder nicht. Um konkrete Beispiele reversibler Automaten kennenzulernen und zu untersuchen, hilft ein raffiniertes Verfahren zur Konstruktion reversibler Regeln, das Edward Fredkin erfunden hat. Der Kasten 5A stellt dieses vor.

Gerade die Irreversibilität von LIFE und der anderen bisher beschriebenen Automaten ist ein Garant für die interessanten Musterbildungen dieser Modelle. Denn unter einer reversiblen Entwicklungsregel geht in dem System keinerlei Information verloren, und es kommt auch keine neue hinzu. Ein zufälliger, ungeordneter Anfangszustand wird für alle Zeiten in seiner Unordnung verharren. So wie ein abgeschlossenes thermodynamisches System immer zu einem Gleichgewichtszustand maximaler Entropie, und damit zu einer maximalen Unordnung, tendiert, gibt es in einem reversiblen Modell keinen Raum für spontane Selbstorganisation.

Reversible Automaten erscheinen auf den ersten Blick also als ausgesprochen uninteressant und nicht konkurrenzfähig mit ihren irreversiblen Gegenspielern, die wie LIFE sogar zu einem universellen Rechner werden. Doch dieser Eindruck täuscht, selbst reversible Automaten

**Kasten 5A
Die Konstruktion reversibler Automaten**

Fredkins Verfahren zur Konstruktion reversibler Automatenregeln beruht auf einer einfachen Idee: Stellen wir uns vor, wir stoßen eine Kugel auf einem Tisch an und verfolgen ihren Weg. Nun machen wir zu einem bestimmten Moment ein Foto von dem Tisch mit der Kugel. Wenn wir mit diesem Schnappschuß zu einem Physiker gehen und ihn bitten, uns den Weg der Kugel genau aufzuzeigen, wird er nur mit den Achseln zucken. Das Foto vermittelt ausschließlich den Ort der Kugel zu einem Zeitpunkt, ihre Geschwindigkeit und Richtung ist ihm nicht zu entnehmen. Auch wenn die mechanischen Bewegungsgesetze der Kugel vollständig reversibel sind, reicht die Information des Fotos nicht aus, um den Weg der Kugel zurück (und auch in die Zukunft hinein) zu verfolgen. Gäben wir dem Physiker aber ein zweites Foto in die Hand, das genau eine Sekunde später aufgenommen worden wäre, hätte er keine Schwierigkeiten mehr, die gesamte Reise der Kugel zu berechnen. Aus zwei Momentaufnahmen lassen sich alle notwendigen Informationen ableiten.

Genau diese Idee hat Fredkin auf die Definition einer reversiblen Automatenregel übertragen, indem er fordert, daß der Zustand einer Zelle nicht nur von der Nachbarschaftskonfiguration im vorherigen Zeitpunkt, sondern auch von ihrem Wert zum davorliegenden Zeitpunkt abhängen soll.

Gewöhnlicherweise beschreiben wir die Zustandsentwicklung eines Automaten durch eine mathematische Abbildung f:

$$z(t+1) = f(z(t), N_z(t)),$$

wobei $z(t)$ den Zustand der Zelle z zum Zeitpunkt t bezeichnet und $N_z(t)$ die Zustände ihrer Nachbarn. Durch einen einfachen Trick läßt sich eine solche Automatenregel in eine umkehrbare Regel verwandeln, zum Beispiel durch die folgende Definition:

$$z(t+1) = f(z(t), N_z(t)) - z(t-1).$$

(Um zu verhindern, daß man durch diese Subtraktion die erlaubte Zustandsmenge des Automaten – etwa alle Zahlen zwischen 0 und n-1 – verläßt, kann man diese Differenz modulo n berechnen.)

Will man unter einer solchen Entwicklungsregel die Richtung der Zeit umdrehen, muß man wiederum nur zwei aufeinanderfolgende Zustände zum Zeitpunkt t und $t+1$ kennen und kann daraus sofort den davorliegenden Zustand zum Zeitpunkt t-1 berechnen, denn

$$z(t-1) = f(z(t), N_z(t)) - z(t+1).$$

Diese sogenannten Regeln „zweiter Ordnung" garantieren das Aufspüren reversibler Entwicklungsregeln. Da die Abbildung f beliebig gewählt werden kann, hat dieses Verfahren den Vorteil, gleich eine ganze Palette umkehrbarer Automaten zu präsentieren. Aus einer komplexen Regel wie LIFE, die ständig Informationen auf dem Zellgitter zerstört (etwa durch Fresser) und anderswo neue schafft (wie durch die Gleiterkanonen), wird durch simple Subtraktion ein vollständig verlustfreier „Informationsaustausch" möglich.

können zu einem so mächtigen Instrument wie dem einer universellen Turingmaschine werden. Ein konkretes Beispiel dafür ist der sogenannte „Billardkugel-Automat", den Margolus auf der Grundlage eines kontinuierlichen Vorbildes von Fredkin geschaffen hat. Fredkin hatte gezeigt, daß sich allein über die mechanische Kollision von „Billardkugeln" in einer zweidimensionalen Gitterwelt eine universelle Turingmaschine konstruieren läßt. Jeder mögliche Rechenprozeß kann damit auf die mechanistischen, reversiblen Grundlagen der Physik gestellt werden – und dies, wie Margolus zeigte, sogar innerhalb des völlig diskreten Regelwerks eines zellulären Automaten. Für Fredkin war dies eines der wichtigen Indizien, um in den zellulären Automaten die Grundlage für eine „digitale Mechanik" zu wittern – dem Konzept einer ganzheitlichen Physik, in der das gesamte Universum auf digitalen, mechanischen Regeln eines gigantischen Zellularautomaten basiert. Wer mehr über dieses Billardkugel-Modell erfahren möchte, findet seine Beschreibung im Kasten 5C am Ende dieses Kapitels, in dem wir diesen reversiblen „Computer" etwas genauer vorstellen.

Durch Partitionierung zur Bewegung

Um ein zelluläres Gittergas zu konstruieren, das die mikroskopischen Bewegungsgesetze der Moleküle beschreibt, stehen wir neben der Berücksichtigung der Reversibilität noch einem weiteren Problem gegenüber: Wie lassen sich in einem zellulären Automaten die Bewegungen von Teilchen durch einfache Entwicklungsregeln ausdrücken? Wenn wir ein Teilchen mit dem Zustand 1 und einen leeren Gitterplatz mit dem Zustand 0 identifizieren, haben wir sofort eine intuitive Vorstellung davon, wie wir etwa die Bewegung eines Teilchens entlang der Gitterdiagonalen beschreiben können: Wir schieben den Zustand 1 einer Zelle im nächsten Zeitschritt einfach in den nächsten diagonal versetzten Gitterplatz. Bleiben wir jedoch dem bisherigen Prinzip treu, das da lautet „Ändere die Kernzelle einer Nachbarschaft aufgrund der momentanen Zustandskonfiguration", wird die Beschreibung von Bewegungen zu einer unhandlichen Angelegenheit. Wie geben wir beispielsweise einem Teilchen verschiedene Bewegungsrichtungen vor – müssen wir dazu für jede Richtung einen unterschiedlichen Zustandswert einführen? Selbst ein einfaches Gasmodell, in dem Teilchen sich in vier Richtungen bewegen und miteinander kollidieren können, wird auf diese Weise schnell zu einem komplizierten Automaten mit mindestens fünf Zuständen und einer 13köpfigen Nachbarschaft.

Als Margolus sich an die Konstruktion des Billardkugel-Automaten machte, hatte er eine bessere Idee, um die reversiblen Bewegungsgesetze in die Welt der Zellen zu übertragen. Er teilte das Gitter in kleine 2×2-Blöcke ein und verschob diese Partitionierung in jedem

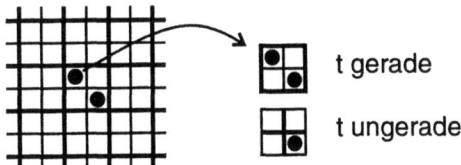

Bild 5.1:
Die 2 × 2-Blöcke der Margolus-Nachbarschaft verschieben sich in zwei aufeinanderfolgenden Zeitschritten.

Zeitschritt um einen Gitterplatz. Bild 5.1 stellt diese sogenannte Margolus-Nachbarschaft vor: Zu jedem geraden Zeitschritt sind für die Entwicklung einer Zelle nur die Nachbarn innerhalb des mit einer dicken Linie umrahmten Blocks maßgeblich. In jedem ungeraden Zeitschritt sind es die Zellen, die in dem dünn umrahmten Block liegen. Während ein gewöhnlicher Automat in Etappen von jeweils einem Zeitschritt in seiner Entwicklung voranschreitet, basiert die Dynamik in einem derart partitionierten Automaten gewissermaßen auf einem Zyklus von zwei Zeitschritten.

Ein 2 × 2-Block ist tatsächlich der kleinste Ausschnitt eines Gitters, der die Bewegung eines Teilchens eindeutig nachvollziehen läßt. Gehen wir als Beispiel von einer Bewegung entlang der Diagonalen aus, so findet sich ein Teilchen, das in der linken oberen Ecke eines solchen Blocks sitzt, im nächsten Moment in der rechten unteren Ecke wieder, also:

Lassen wir nun den „Nachbarschaftsblock" mit dem Teilchen mitwandern, so daß es vor dem nächsten Zeitschritt wieder in der linken oberen Ecke plaziert ist, reist es aufgrund dieser Blockregel Schritt für Schritt entlang der Gitterdiagonalen. Den Block mitwandern zu lassen, heißt aber nichts anderes, als die Blockpartitionierung des Gitters in jedem Zeitschritt um eine Diagonalzelle zu verschieben, wie es in Bild 5.1 bereits dargestellt ist.

Die Möglichkeit verschiedener Bewegungsrichtungen bekommen wir durch eine solche Blockregel automatisch mitgeliefert, ohne jede einzelne Richtung durch einen separaten Zustand zu kennzeichnen. Jeder der vier Plätze des 2 × 2-Blocks zeichnet genau eine der vier möglichen

Bewegungsrichtungen aus: Ein Teilchen, das etwa in der rechten unteren Ecke lebt, wird (bei einer angenommenen Diagonalbewegung) in die linke obere Ecke wandern. Hinter der oben beschriebenen Bewegungsregel längs der Diagonalen stehen also noch drei weitere, die alle zueinander symmetrisch sind:

Das HPP-Gas

Mithilfe der Margolus-Nachbarschaft wird die Beschreibung eines zellulären Gittergases zu einer recht einfachen Angelegenheit: Um die Verteilung der Gaspartikel auf dem Gitter zu kennzeichnen, genügen die Zustandswerte 0 (für abwesend) und 1 (für anwesend). Die Bewegung wird durch eine einfache Blockregel beschrieben, in der wir für jede mögliche Konstellation des 2×2-Blocks seinen Nachfolger festlegen. Durch die Entwicklung eines isolierten Teilchens in einem Block werden die möglichen Bewegungen festgelegt, die entweder längs der Gitterachsen oder der Diagonalen verlaufen können. Begegnen sich zwei Teilchen aus entgegengesetzter Richtung, kollidieren sie miteinander und können dadurch ihre Richtung ändern.

Ein einfaches Beispiel einer solchen Kollisionsregel findet sich im „HPP-Gas", benannt nach den Initialen seiner drei „Erfinder" Hardy, de Pazzis und Pomeau. Es kann durch die in Bild 5.2 dargestellte Blockregel beschrieben werden. In dieser Regel wird nur das Schicksal von insgesamt sechs möglichen Teilchenmustern in einem solchen Block angegeben. Jedes hier nicht gezeigte Muster läßt sich durch eine

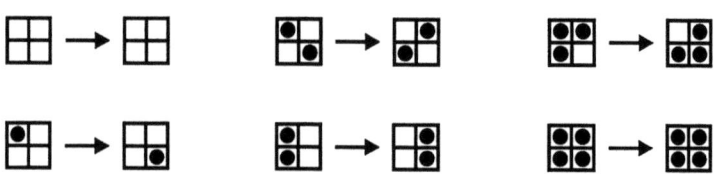

Bild 5.2: Die Blockregel des HPP-Gases.

entsprechende Drehung des Blocks in einen dieser acht Vertreter überführen. Die Annahme einer derartigen Symmetrie hinter den Blockregeln bedeutet nichts anderes, als daß man von gleichen Bewegungsgesetzen für alle Teilchen ausgeht.

Die Bewegungen der Partikel dieses Gittergases laufen entlang der Diagonalen in eine von vier möglichen Richtungen. (Dies legt die 2. Blockregel, in Bild 5.2 links unten, fest.) Jedes Teilchen ist ständig in Bewegung, einen Stillstand gibt es nicht. Begegnen sich zwei Teilchen auf einer Diagonalen (3. Blockregel), so ändern beide ihre Richtung um 90°. Bild 5.3 veranschaulicht noch einmal die aus diesen Regeln resultierende Bewegung der Teilchen.

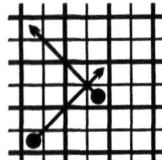 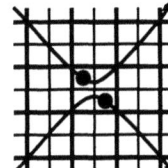

Bild 5.3:
Die Teilchen im HPP-Gas bewegen sich entlang der Gitterdiagonalen.

Die Reversibilität der mikroskopischen Interaktion ist dieser Blockregel unmittelbar anzusehen: Jedem möglichen Anfangsblock (auf der linken Seite eines Pfeils in Bild 5.2) steht genau ein Endblock (auf der rechten Seite) gegenüber und umgekehrt. Durch das simple Umdrehen aller Pfeile im obigen Bild entsteht sofort die entsprechende Blockregel des in der Zeit zurücklaufenden Automaten.

Wir können uns die Teilchen des idealisierten Gases vorstellen als kleine Partikel mit einer festen Masse und Energie. Da alle Teilchen gleich sind und mit gleicher Geschwindigkeit herumwandern, besitzen sie auch alle die gleiche Energie. Energieerhaltung ist in dieser zellulären Welt also äquivalent zur Erhaltung der Anzahl der Teilchen auf dem Gitter. Da aber in keiner Blockregel des HPP-Gases ein Teilchen verlorengeht oder ein neues hinzukommt, sind diese Regeln – wie auch der physikalische Prozeß, den sie beschreiben wollen – energieerhaltend.

Gleiches gilt für die Erhaltung einer anderen wichtigen physikalischen Größe, des Impulses: Solange die Teilchen weder ihre Richtung noch ihre Geschwindigkeit verändern, bleibt der Impuls, den man sich hier als eine „gerichtete Geschwindigkeit" vorstellen kann, zwangsläufig gleich. Die einzige Konstellation, in der ein Teilchen seine Richtung ändert, ist im Moment einer Kollision mit einem anderen Teilchen gegeben. Der Gesamtimpuls der beiden kollidierenden Teilchen ist gerade 0, da beide mit gleicher Geschwindigkeit und Masse aus genau entgegengesetzten Richtungen aufeinandertreffen. Durch die Kollisionsregel des HPP-Gases

werden die beiden Teilchen durch ein Paar ersetzt, das nun auf der anderen Gitterdiagonalen in entgegengesetzter Richtung reist, also wieder den Gesamtimpuls 0 hat. Durch keine der in Bild 5.2 gezeigten Blockregeln kann sich also der Gesamtimpuls aller Teilchen auf dem Gitter verändern, und das HPP-Gas ist damit auch impulserhaltend.

Von Strömungsmustern bis zu chemischen Reaktionen

Modelle wie das HPP-Gas beschreiben die mechanische Bewegung und Kollision gleichartiger physikalischer Teilchen. Damit sind sie ideal dazu geeignet, das Strömungsverhalten von Flüssigkeiten und Gasen zu simulieren, die sich nur aus einem Strom gleicher Moleküle zusammensetzen.

Ein typisches makroskopisches Phänomen, das man in solchen Flüssigkeiten beobachten kann, ist die Ausbreitung einer „Schallwelle", also einer Welle, die sich von einem dichteren Zentrum des Mediums durch seine zunehmende Kompression gleichzeitig in alle Richtungen ausbreitet. Beobachten können wir eine solche Welle beispielsweise dann, wenn wir einen Eimer Wasser plötzlich in die Mitte eines Sees entleeren. Bild 5.4 zeigt die Simulation dieses Experiments mit dem zellulären HPP-Gas: In einem im Gitter gleichmäßig verteilten Gas ersetzen wir einen kleinen Teil durch eine kompakte, quadratische Wol-

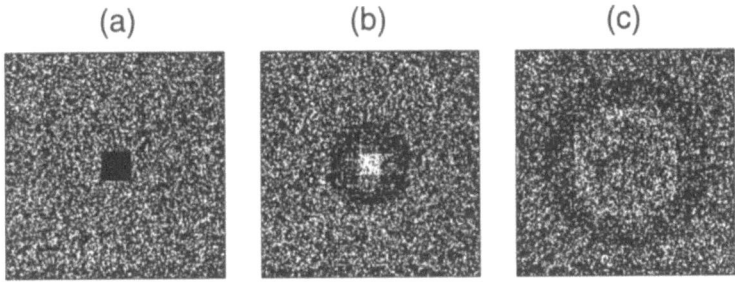

Bild 5.4: Die Ausbreitung einer Schallwelle im simulierten HPP-Gas

ke von Teilchen (Bild 5.4a). Die Wolke beginnt sofort, sich auszudehnen und drückt dabei das umgebende Gas zusammen. Der Impuls dieser Expansion ist sogar so groß, daß in einem Moment alle Teilchen aus dem Zentrum der ursprünglichen Störung völlig verdrängt sind (Bild b). Der so komprimierte Ring dehnt sich nun sowohl nach innen als auch nach außen aus und bewirkt auf diese Weise in seinem Zentrum eine erneute Drucksteigerung (Bild c).

Das Verhalten des zellulären Gittergases gleicht der physikalischen Wirklichkeit, obwohl die auf der mikroskopischen Skala definierten Bewegungsregeln dies nicht unbedingt erwarten lassen. Die mikroskopischen Interaktionen auf dem zweidimensionalen Gitter sind beispielsweise stark richtungsabhängig, da es überhaupt nur vier mögliche Bewegungsrichtungen der Teilchen gibt. Diese Anisotropie, wie die Physiker diese Richtungsabhängigkeit nennen, zeigt sich aber nicht auf der makroskopischen Ebene. Hier wirkt die erzeugte Schallwelle wie eine runde Kreiswelle, also wie eine völlig isotrope Bewegung ohne die Bevorzugung bestimmter Gitterrichtungen. Auch die makroskopische Geschwindigkeit der Welle zeigt ein ganz anderes Verhalten als die der einzelnen Partikel auf der mikroskopischen Skala. Man kann nachrechnen, daß sich die Schallwelle deutlich langsamer bewegt als die Teilchen selbst. Ihre Geschwindigkeit ist unabhängig von ihrer Richtung, ihrer Wellenlänge und sogar von der Dichte des Gittergases. Auf der makroskopischen Ebene erzeugt also das kollektive Miteinander der unzähligen Partikel Phänomene, die keine Entsprechung auf der mikroskopischen Ebene finden. Wieder einmal finden wir ein Beispiel für die uns schon so bekannte Binsenweisheit „Das Ganze ist mehr als die Summe seiner Teile".

Schallwellen sind nur ein winziger Aspekt in der reichen Phänomenologie von Flüssigkeiten. Viel interessanter und auch für viele Anwendungen wichtiger ist den Physikern die Untersuchung solcher Situationen, in denen unterschiedliche Teile der Flüssigkeit sich mit verschiedenen Geschwindigkeiten zueinander oder auch um ein festes Hindernis herum bewegen und dabei die vielfältigsten Strudel, Wirbel und Wellen erzeugen. Schon an dem kleinsten Bachlauf können wir solche Strömungsmuster in unzähligen Variationen beobachten. Der Autor Theodor Schwenk hat dem Artenreichtum und der Bedeutung dieser Muster ein ganzes Buch gewidmet mit dem Titel „Das sensible Chaos". Aus diesem Werk stammt auch das von ihm fotografierte Strömungsmuster in Bild 5.5.

Selbst unter vielen vereinfachenden Annahmen kann die Phänomenologie einer Flüssigkeit überaus vielfältig sein. Ihr Verhalten wird durch eine klassische mathematische Gleichung gut beschrieben, näm-

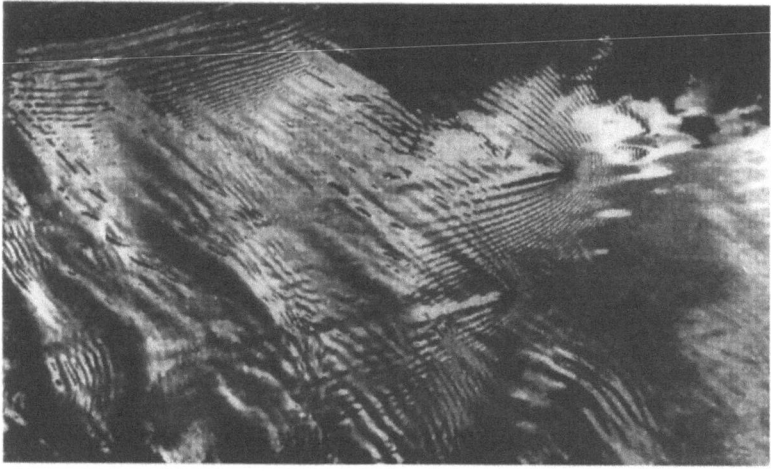

Bild 5.5: In einem fließenden Bach kräuselt sich das Wasser an kleinen Hindernissen zu feinsten Kapillarwellen.

lich durch die sogenannte Navier-Stokes-Gleichung. Dies ist eine nichtlineare partielle Differentialgleichung für die Orts- und Zeitabhängigkeit der lokalen Geschwindigkeit des Flusses von bestimmten Parametern wie etwa seiner Viskosität, die man sich als eine „innere Reibung" der Flüssigkeit vorstellen kann. Außer für wenige Spezialfälle kann man diese komplizierte mathematische Gleichung nur durch numerische Approximationen lösen. Ein großer Teil der heute eingesetzten Computerzeit in wissenschaftlichen Labors und Instituten geht auf das Konto der numerischen Berechnung dieser hydrodynamischen Probleme.

Viele Physiker überraschte es, daß selbst so einfache Gittergasautomaten wie das HPP-Gas den makroskopischen Ergebnissen einer Navier-Stokes-Gleichung sehr nahe kamen. Die Übereinstimmung des diskreten Automaten mit den Ergebnissen der kontinuierlichen Differentialgleichung ließ jedoch bei den Physikern noch einige wichtige Wünsche offen: Einzelne Größen zeigten unter dem einfachen Gittermodell ein deutlich anisotropes Verhalten und spiegelten damit auf der makroskopischen Ebene die mikroskopische Anisotropie des Gitters wider. Doch schon eine leichte Variation der Regeln des HPP-Gases half, dieses Problem zu lösen. Statt die Partikel auf einem rechtwinkligen Gitter kollidieren zu lassen, erlaubten die Physiker Frisch, Hasslacher und Pomeau ihnen die Bewegung in die sechs möglichen Richtungen eines hexagonalen Gitters. Mit ansonsten gleichen Bewegungsregeln erschufen sie auf diese Weise das sogenannte FHP-Gas, von dem gezeigt werden konnte, daß es tatsächlich eine numerische Lösung der Navier-Stokes-Gleichung darstellt.

Da das FHP-Gas die physikalischen Details der Strömungsdynamik wiedergibt, bietet es sich auch als ein praktisches Instrument zur Simulation konkreter Probleme an. Bild 5.6 zeigt als ein Beispiel Modellrechnungen mit dem FHP-Gas zu den Luftströmungen, die um einen LKW fließen. Mit solchen Simulationen lassen sich verschiedene Bedingungen (hier am Beispiel der Situation eines LKWs mit Fronthaube) im Computer erproben und in ihren Auswirkungen auf das Strömungsverhalten untersuchen. Die Simulation realistischer Strömungsprobleme erfordert selbst mit den zellulären Gittergasautomaten eine große Menge an Computerpower. Doch aufgrund ihrer einfachen Struktur ermöglichen sie solche Simulationen noch dort, wo kontinuierliche Modelle

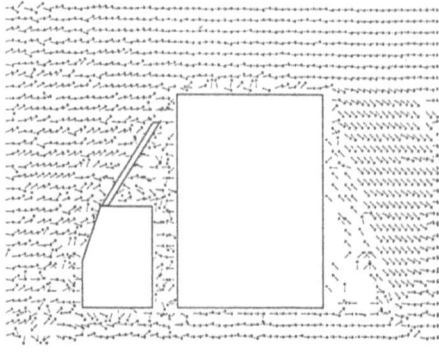

Bild 5.6:
Ein zelluläres Gittergas simuliert die Strömung um einen LKW mit einer Fronthaube.

der molekularen Dynamik selbst angesichts leistungsstarker Rechner kapitulieren müssen.

Es ist nicht überraschend, daß die zellulären Gittergase in dem Bereich der Hydrodynamik ihre häufigsten Anwendungen finden. Die Strömung von Flüssigkeiten und Gasen kann durch ein sehr idealisiertes Modell – in dem völlig identische Teilchen sich in nur wenige Richtungen bewegen und in elastischen Stößen aufeinanderprallen – genügend angenähert werden, um zu relevanten Aussagen zu kommen. Andere Phänomene, denen ein ähnliches mikroskopisches Verhalten zugrunde liegt, lassen sich nicht auf eine solch einfache Beschreibung reduzieren und erfordern wesentlich kompliziertere Modelle. Dies gilt etwa für alle chemischen Reaktionen. Hier können sich die Moleküle eines Gases oder einer Flüssigkeit nicht nur bewegen und zusammenstoßen, sondern sie reagieren auch noch miteinander und verändern dadurch ihre Eigenschaften. Wollte man eine chemische Reaktion durch ein genaues mikroskopisches Modell annähern, wäre dies von einer ungeheuren Komplexität: Jede Partikelart müßte mitsamt ihren Unterschieden in Größe, Masse und Geschwindigkeit der Moleküle ebenso berücksichtigt werden wie die Effekte der chemischen Reaktion. Um auf makroskopische Phänomene – wie etwa der Entstehung räumlich sichtbarer Muster und Wellen in chemischen Systemen – schließen zu können, wäre die dafür notwendige Zahl der Teilchen viel zu groß, um sie tatsächlich berechnen zu können.

Dennoch ist das Prinzip eines mikroskopischen Modells wie der Gittergase auch in solchen Zusammenhängen sinnvoll und erwünscht, da man in vielen Systemen die Frage beantworten möchte, ob und wie mikroskopische Fluktuationen makroskopische Phänomene beeinflussen. Mehrere Forschergruppen beschäftigen sich daher seit einigen Jahren mit der Entwicklung und Untersuchung sogenannter „reaktiver Gittergase". Diese Modelle versuchen, einen Kompromiß zwischen der vollkommen molekularen Beschreibung mit Hilfe der Newtonschen Bewegungsgesetze und der makroskopischen Komplexität dieser Systeme zu finden. Sie folgen dem Ansatz, die Zahl der beteiligten Substanzen an einer Reaktion auf die kleinstmögliche Zahl der wichtigen Stoffe zu beschränken und alle übrigen Reaktanden durch eine Art „Phantomsubstanz", die nur einen indirekten Einfluß auf das Reaktionsgeschehen ausübt, auszudrücken.

Das Konzept einer solchen Phantomsubstanz ist vergleichbar mit der zu Beginn dieses Kapitels beschriebenen Situation der Brownschen Bewegung: Auch hier gibt es sichtbare Partikel, die sich unter dem nicht-sichtbaren Einfluß anderer Teilchen verändern. Um die unzähligen Kollisionen der sichtbaren Teilchen mit den unsichtbaren abstrakt zu beschreiben, bleibt nur der Griff zur Statistik übrig. Will man beispielsweise den in chemischen Reaktionen bedeutsamen Transportprozeß der Diffusion beschreiben, läßt sich die makroskopische Bewegung der diffundierenden Moleküle durch zufällig gewählte Richtungswechsel physikalisch korrekt wiedergegeben. (Im Kasten 5B wird eine einfache Diffusionsregel für zelluläre Automaten vorgestellt.) Die Einbeziehung solcher Zufallselemente ist nicht nur die Basis der reaktiven Gittergase, sondern auch anderer Zellularmodelle, in denen die Zellen diffundierende Substanzen symbolisieren.

In ihrer gesamten Spannbreite möglicher Anwendungen stellen die zellulären Gittergase ein vielseitiges Werkzeug der theoretischen Physik bereit: Ihre Einsatzfelder liegen überall dort, wo die mikroskopische Bewegung kleiner Partikel ein entscheidendes Moment im dynamischen Verhalten eines Systems ist. Durch die Einbeziehung statistischer Komponenten in ihr Regelwerk sind sie längst nicht nur auf die Beschreibung idealisierter Gase einer einzigen Partikelart beschränkt, sondern können sogar komplexe chemische Reaktionswege abbilden.

Als mikroskopisches Modell erlauben sie in all diesen Fällen Rückschlüsse darauf, welchen Einfluß mikroskopische Fluktuationen auf das makroskopische Verhalten eines Systems haben. Ihr besonderer Vorteil liegt in der großen numerischen Effizienz. Klassische Rechnungen zur molekularen Dynamik haben immer mit der Schwierigkeit zu kämpfen, bei interessanten Problemen hinsichtlich der Zahl der Partikel, die eine solche Rechnung berücksichtigen kann, sehr eingeschränkt zu sein. Die zellulären Automatenmodelle übertrumpfen sie in diesem Punkt beträchtlich. Heute sind die zellulären Gittergase ein fest etabliertes Instrument in der theoretischen Physik, und ihre Aussagekraft wird von kaum jemandem ernsthaft in Zweifel gezogen.

Kasten 5B
Eine zelluläre Diffusionsregel

Eine einfache Formalisierung einer zellulären Diffusionsregel haben Toffoli und Margolus vorgeschlagen. Basis dieser Regel ist, wie auch im HPP-Gas, die Partitionierung des Gitters in 2×2-Blöcke, deren Anordnung in jedem Zeitschritt um einen Gitterplatz versetzt wird. Die Zellen werden innerhalb eines Blocks bewegt, indem der Inhalt des gesamten Blocks entweder um 90° im Uhrzeigersinn oder gegen den Uhrzeigersinn gedreht wird. Über die jeweilige Richtung entscheidet allein der Zufall. Mit gleicher Wahrscheinlichkeit würfelt er für jeden Block in jedem Zeitschritt eine der beiden Richtungen aus. Das folgende Bild verdeutlicht an einem Beispiel von einem Block mit ein und zwei Teilchen die möglichen Entscheidungen:

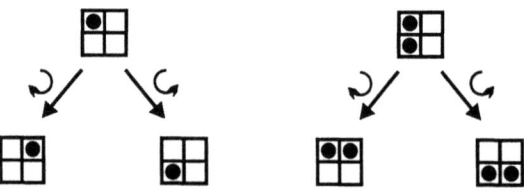

Läßt man mit dieser Regel ein Teilchen eines Gittergases im Computer „diffundieren", so verhält es sich so, wie wir es in der physikalischen Welt erwarten würden: Sein zurückgelegter Pfad auf dem Gitter wirkt völlig zufällig, wie Bild 5.7a dokumentiert. Hier haben wir nur ein einziges Teilchen in seiner Bewegung verfolgt und in den insgesamt 100 Zeitschritten der Entwicklung jeden Gitterpunkt angefärbt, den es auf seiner Zufallsreise mindestens einmal durchkreuzt. Simulieren wir die Diffusion einer dichten Wolke von Partikeln im Zentrum des Gitters, verteilt sich diese allmählich immer weiter nach außen bis sich schließlich eine Gleichverteilung der Teilchenkonzentration im gesamten Gitter eingestellt hat (Bild 5.7b).

 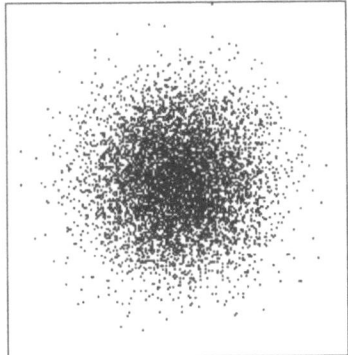

Bild 5.7: Die Diffusionsregel schickt ein Teilchen im zellulären Automaten auf eine zufällige Wanderschaft (a). Eine Teilchenwolke breitet sich durch die „zelluläre Diffusion" gleichmäßig aus (b).

5.3 Ising-Modelle: Von Unordnung zu Ordnung

Ein idealisiertes Gas ist der Prototyp eines Systems von Teilchen ohne Wechselwirkungen: Seine Partikel bewegen sich auf festgelegten Bahnen und ändern allein durch elastische Stöße ihre Richtung. Dies gilt längst nicht für alle physikalischen Systeme. Vielfach sind die Eigenschaften der Materie durch ein konkurrierendes Wechselspiel von Anziehungs- und Abstoßungskräften geprägt. Während die anziehenden Kräfte versuchen, eine lokale Ordnung aufrecht zu halten, versuchen die abstoßenden Kräfte, diese zu zerstören. Bewegen sich diese Kräfte in der Nähe eines kritischen Gleichgewichtes, sind plötzliche Übergänge zwischen unterschiedlichen Zuständen des Systems möglich. Aus den zunächst nur lokal wirkenden Interaktionen der Partikel entstehen dann spontan Korrelationen zwischen räumlich weit entfernten Bereichen.

Die eindrücklichste Manifestation solcher „weitreichenden Korrelationen" sind die in vielen Systemen beobachteten Phasenübergänge. Mit diesem Begriff bezeichnen Physiker allgemein einen Übergang von einem ungeordneten in den geordneten Zustand, den wir in den unterschiedlichsten Zusammenhängen finden: Wenn wir Wasser bis in die Nähe seines Gefrierpunkts abkühlen, ordnen sich die zufällig herumwandernden Moleküle des flüssigen Zustands zu einem geordneten Eiskristall. Ein anderes Beispiel ist das Phänomen der Supraleitung, bei der gewisse Metalle unterhalb sehr niedriger Temperaturen ihren elektrischen Widerstand völlig verlieren und zu einem verlustfreien Stromleiter werden. Auch der Verlust der magnetischen Eigenschaften eines Eisenmagneten bei einer Erhöhung der Temperatur ist nicht anderes als ein solcher Phasenübergang zwischen einem geordneten und einem ungeordneten Zustand.

Tatsächlich lassen sich solche Übergänge zwischen Ordnung und Unordnung in einem physikalischen System am Beispiel der Magnetisierung modellhaft untersuchen. Ein in der statistischen Mechanik bekanntes Konzept zu ihrer Beschreibung ist das sogenannte Ising-Modell. Es wurde von E. Ising erstmals 1925 im Rahmen seiner Doktorarbeit diskutiert.

Ising stellte sich vor, daß ein Magnet aus vielen kleinen Elementarmagneten – die Physiker nennen diese „Spins" – zusammengesetzt ist. Diese Spins können nur in eine von zwei möglichen Richtungen zeigen, entweder nach oben oder unten. Im wissenschaftlichen Jargon wird dies kurz und bündig unterschieden als „Spin up" oder „Spin down". Diese beiden Elemente sind die Komponenten des Ising-Modells.

Für ein abstraktes Modell können wir die Spins in einem Gitter anordnen. Im Gegensatz zu den zuvor diskutierten Gittergasen bleibt die Position der Spins für alle Zeiten fest. Das einzige, was sich ändern kann, ist ihre Orientierung, welche sich einfach durch entsprechende Pfeile kennzeichnen läßt (↑ für „Spin up" und ↓ für „Spin down"). Für ein eindimensionales Gitter könnte eine mögliche Konfiguration also so aussehen:

Zwischen den einzelnen Spins wirken Kräfte, die versuchen, alle Spins parallel zueinander auszurichten, so daß alle in die gleiche Richtung zeigen.* Umgekehrt wirkt dieser Kraft aber die Wärmebewegung entgegen, die in jedem thermodynamischen System versucht, die lokale Ordnung zu zerstören und (dem zweiten Hauptsatz der Thermodynamik folgend) die Entropie des Systems zu erhöhen. Oberhalb einer bestimmten Temperatur – der sogenannten Curietemperatur – bleibt die Wärmebewegung Sieger dieses konkurrierenden Wettbewerbs. Die Spins zeigen wahllos nach oben oder unten und können auch noch ständig in ihrer Position umklappen. Kühlt man den Magneten aber bis unter seine Curietemperatur ab, übernehmen die anziehenden Kräfte die Führung und richten die Spins parallel aus. Nur in dieser Situation zeigt der Magnet seine magnetischen Eigenschaften.

Man kann sich diese Kräfte durch ein einfaches Bild veranschaulichen: Stellen wir uns die Spins durch kleine Federn miteinander verbunden vor, die gerade dann völlig entspannt sind, wenn beide Spins

---

* Auch die andere Situation ist denkbar: Es kann für ein bestimmtes System energetisch günstiger sein, seine Spins „anti-parallel" auszurichten. Die Physiker unterscheiden hier zwischen „ferromagnetischen" (parallele Ausrichtung) und „antiferromagnetischen" Eigenschaften (entgegengesetzte Ausrichtung).

parallel ausgerichtet sind und ansonsten unter Spannung stehen. In jeder gespannten Feder wird Energie gespeichert. Wollten wir also in der Konfiguration der fünf folgenden Spins

$$a\ b\ c\ d\ e$$
$$...\uparrow\downarrow\uparrow\downarrow\downarrow...$$

Spin c umdrehen, so würde das Gesamtsystem zwei Energieeinheiten freigeben, wohingegen ein Richtungswechsel von Spin d die Gesamtenergie des Systems unberührt ließe.

Im Ising-Modell ist die Interaktionsenergie des Gesamtsystems folgendermaßen definiert:

$$-J \cdot \sum_{i,j} s_i s_j \,,$$

wobei $s_i = +1$, wenn der Spin i nach oben zeigt und im anderen Fall $s_i = -1$. J ist die sogenannte Kopplungskonstante. Hat sie einen positiven Wert, ist es für das betrachtete System energetisch am günstigsten, alle Spins parallel auszurichten. Sind alle Spins gleich ausgerichtet, so hat die Interaktionsenergie ihren kleinsten Wert.

Betrachtet man ein solches Ising-System als ein völlig isoliertes System, das keinen Austausch mit seiner Umgebung hat, so gilt auch hier, wie überall in der Physik, das Prinzip der Energieerhaltung. Zwar versucht jeder einzelne Spin, die Spannungsenergie zu seinem Nachbarn abzubauen und sich mit ihm parallel auszurichten, doch kann er einen solchen Richtungswechsel nur vollziehen, wenn die Gesamtenergie des Systems dadurch nicht verändert wird. In einem eindimensionalen Gitter bedeutet dies, daß wir nur einen Spin umdrehen dürfen, der rechts und links verschieden ausgerichtete Nachbarn besitzt. In einem zweidimensionalen Gitter müssen unter den vier direkten Nachbarn eines

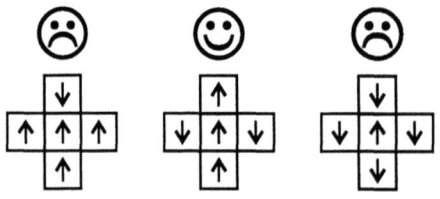

Bild 5.8:
Nur die in der Mitte gezeigte Spinkonfiguration erlaubt in einem isolierten Ising-System eine Drehung des mittleren Spins.

Spins genau zwei in die eine und zwei in die andere Richtung zeigen, um den Spin selbst drehen zu dürfen. Bild 5.8 zeigt Beispiele lokaler Konfigurationen, in denen eine Spindrehung im Zentrum erlaubt, beziehungsweise verboten ist.

Wollen wir also versuchen, die ständige Veränderung der Richtung einer großen Zahl von Spins in einem Gitter zu simulieren, müssen wir sehr genau darauf achten, welche Spins wir zum gleichen Zeitpunkt umdrehen dürfen, ohne das Gesetz der Energieerhaltung zu verletzen. In der folgenden Konfiguration von vier Spins

$$\begin{matrix} a & b & c & d \\ ...\uparrow & \downarrow & \downarrow & \uparrow ... \end{matrix}$$

dürfen wir beispielsweise Spin b und Spin c nicht gleichzeitig umdrehen, obwohl wir jeden für sich genommen drehen können, ohne die Gesamtenergie zu verändern. Würden wir in jedem Zeitschritt jeweils nur einen Spin umdrehen, wäre es kein Problem, das Prinzip der Energieerhaltung zu befolgen. Doch dies wäre eine ausgesprochen langwierige Prozedur, um die mögliche Dynamik eines Spinsystems zu erkunden. Es geht auch anders, da man nur dafür sorgen muß, daß man nicht zwei *benachbarte* Spins gleichzeitig umdreht. Auf einem eindimensionalen Gitter kann man daher ohne Gefahr – unter Berücksichtigung der Energieerhaltung – jeden zweiten Spin simultan verändern. Ganz analog funktioniert dies auf einem zweidimensionalen Gitter, da man dieses wie ein Schachbrett in zwei Teilgitter aufteilen kann:

Zu dem einen Teil – wir nennen ihn im folgenden den „geraden Teil" – gehören alle schwarzen Gitterplätze, zu dem anderen – dem „ungeraden Teil" – alle weißen. In jedem Zeitpunkt kann man nun simultan alle Zellen des einen Teilgitters verändern, da man nur die Spinkonfigurationen zwischen verschiedenfarbigen Gitterplätzen für die Erhaltung der Gesamtenergie berücksichtigen muß.

Da die Energie des Ising-Systems nur von der Zahl der *Paarungen* benachbarter Spins mit unterschiedlicher Ausrichtung abhängt, können Spinkonfigurationen trotz gleicher Energie unterschiedlich viele auf- und abwärts zeigende Spins besitzen. Bild 5.9 zeigt zur Illustration dafür ein Beispiel. Gerade das Verhältnis der entgegengesetzt ausgerichteten Spins spielt aber für die magnetischen Eigenschaften des Systems eine Schlüsselrolle: Ist die eine Spinrichtung zahlenmäßig überlegen, so zeigt das Gesamtsystem ein magnetisches Verhalten. Gibt es genauso viele aufwärts wie abwärts gerichtete Spins, ist die Magnetisierung des Ising-Systems 0. Genauer läßt sich die Magnetisierung, die durch den griechischen Buchstaben μ symbolisiert wird, beschreiben durch

$$\mu = u - (1 - u),$$

wobei u den Anteil der aufwärts zeigenden Spins und $(1-u)$ entsprechend den der anders orientierten Spins im Gesamtsystem angibt.

Selbst in einem völlig abgeschlossenen System, in dem sich die Gesamtenergie nicht ändert, kann die Magnetisierung aufgrund der ständigen Richtungswechsel der Spins ein dynamisches Verhalten zeigen. Wie dieses aussieht und ob es die typischen Phasenübergänge zwischen geordneten (magnetischen) und ungeordneten Zuständen widerspiegelt, können Simulationen des Ising-Modells – zum Beispiel durch einen zellulären Automaten – zeigen.

Spins	Energie	Verhältnis up:down	Magnetisierung
↑↓↓↑	2	2:2	$\mu = 0$
↑↓↑↑	2	3:1	$\mu = ½$

Bild 5.9: Spinzustände gleicher Energie können eine unterschiedliche Anzahl auf- und abwärts zeigender Spins besitzen.

Das zelluläre Ising-Modell

Das Ising-Modell läßt sich ohne große Anstrengungen in einen zellulären Automaten übersetzen: Die Zellen eines Gitters können zwei verschiedene Zustände annehmen, etwa 0 für „Spin down" und 1 für „Spin up". Benachbart sind nur die direkt aneinandergrenzenden Zellen. In einem zweidimensionalen Gitter entspricht dies gerade der von-Neumann-Nachbarschaft. Eine Zelle eines solchen Gitters verändert ihren Zustand nur dann, wenn sie genau zwei Nachbarn besitzt, die den Zustand 1 haben, da nur diese Regel die Energieerhaltung garantiert. Dabei dürfen in jedem geraden Zeitschritt nur die Zellen des geraden Teilgitters und in jedem ungeraden Zeitschritt die des ungeraden Teilgitters aktualisiert werden. Unter diesen Regeln wird also in jedem Moment jeder Spin, der auf dem betrachteten Teilgitter überhaupt gedreht werden kann, auch tatsächlich gedreht.

Durch die Beschreibung des Ising-Modells als zellulärer Automat läßt sich seine Dynamik in Computerexperimenten leicht nachvollziehen. Wir wollen uns an dieser Stelle nur auf das Phänomen des Phasenübergangs zwischen geordneten und ungeordneten Zuständen bei der kritischen Curietemperatur konzentrieren. Bild 5.10 zeigt Ergebnisse eines solchen Experiments zu verschiedenen „Temperaturen":[*]

Bei allen Temperaturen bildet sich aus einem ungeordneten Anfangszustand nach einer gewissen Zeit auf dem Zellgitter ein Zustand heraus, dessen Magnetisierung in der weiteren Entwicklung konstant bleibt, auch wenn die einzelnen Spins ihre Ausrichtung noch ständig verändern. In Bild a ist ein typischer Gleichgewichtszustand zu sehen, wie ihn das System oberhalb der kritischen Temperatur immer wieder anstrebt: Egal mit welchem anfänglichen Verhältnis von Einsen die Simulation startet, strebt das System oberhalb der kritischen Temperatur immer zu einem Zustand, in dem annähernd gleichviele Nullen und

---

[*] Da Temperatur und Energie im physikalischen Sinn äquivalente Größen sind, läßt sich die „Temperatur" des zellulären Ising-Modells durch seine Energie beschreiben, also durch die Zahl der Zellpaare mit unterschiedlichen Zustandswerten. Über diesen Weg kann man die Temperatur eines Anfangszustands kontrollieren.

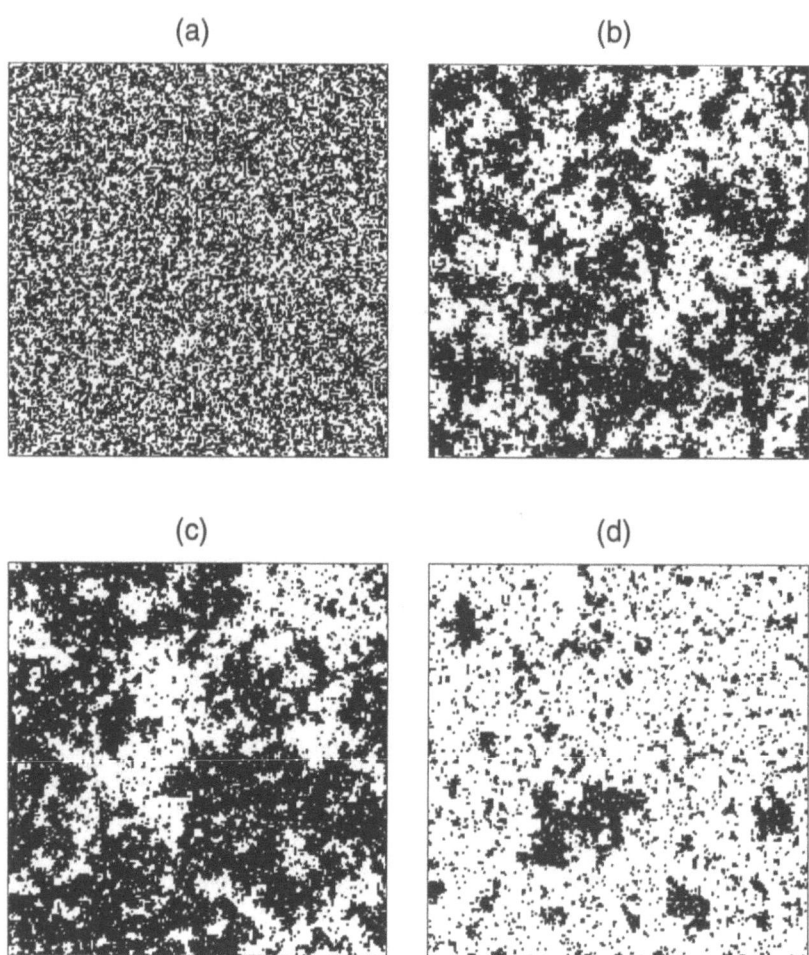

Bild 5.10: Typische Spinkonfigurationen des Ising-Modells bei unterschiedlichen „Energien" : Der anfängliche Anteil der Einsen auf dem Gitter ist in a) 0,7, b) 0,4, c) 0,3 und d) 0,2. Während in Bild a und b die Magnetisierung des Gesamtsystems 0 beträgt, ist sie in den Bildern c und d ungleich 0.

Einsen (auf- und abwärts gerichtete Spins) auf dem Gitter ohne eine erkennbare Ordnung verteilt sind. Erreicht das System seine kritische Temperatur, die in unseren Experimenten einem anfänglichen Anteil der Einsen im Gesamtgitter von etwa $^1/_3$ entspricht, ändert sich sein Verhalten: Die Bereiche der auf- und abwärts zeigenden Spins ordnen sich immer mehr zu sichtbaren Strukturen (Bild 5.10b-c). Das System kann nun Gleichgewichtszustände ausbilden, in denen die Verhältnisse der verschiedenen Spinrichtungen nicht länger ausgeglichen sind. Die Magnetisierung zeigt also plötzlich von Null verschiedene Werte. Bild 5.11 dokumentiert diesen plötzlichen Phasenübergang anhand der aus Simulationen errechneten Magnetisierung. Sinkt die Energie weit unter den kritischen Umschlagspunkt ab, erscheint das Verhalten noch viel deutlicher. Statt nur einen möglichen Gleichgewichtszustand anzustreben, kann sich das System gewissermaßen zwischen zwei solchen Gleichgewichten entscheiden. Während das eine Gleichgewicht die Magnetisierung $+\mu$ besitzt, weist das andere gerade die Magnetisierung $-\mu$ auf. Im ersten Fall dominieren die aufwärts gerichteten Spins, im anderen Fall ist es genau umgekehrt. Je größer man das zugrundeliegende Gitter wählt, desto präziser kann man die kritische Temperatur eingrenzen und einen immer schärferen Übergangspunkt erkennen.

Wir haben das zelluläre Ising-Modell hier nur unter speziellen Voraussetzungen betrachtet, nämlich als ein vollständig abgeschlossenes

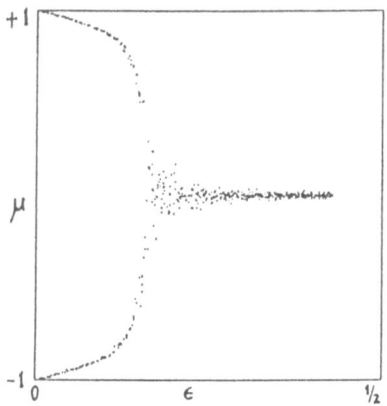

Bild 5.11:
Von Charles Bennett berechnete Daten zum Ising-Modell zeigen den Verlauf der Magnetisierung in Abhängigkeit von der Energie des Systems.

System, das bei jeder möglichen Spinbewegung dem Prinzip der Energieerhaltung folgen muß. Selbst unter derartigen Einschränkungen der lokalen Dynamik zeigen sich, wie die Simulationen vorführen, bereits die typischen mit einem Phasenumschlag verbundenen Phänomene. Ähnliche Computerexperimente lassen sich genauso unter anderen Bedingungen anstellen, etwa in denen man dem System Möglichkeiten zur Speicherung von Energie erlaubt oder einen gewissen Energieaustausch mit der Umgebung – in einem sogenannten Wärmebad – zuläßt. Durch den einfachen Ansatz eines zellulären Automaten kann man solche verschiedene Szenarien schnell durchspielen. Genau wie die zellulären Gittergase bietet sich der Ising-Automat damit als ein leicht zugänglicher Kandidat an, um sich grundlegenden physikalischen Fragestellungen durch eigene Computerexperimente anzunähern.

Wir haben Ihnen in diesem Kapitel einen kleinen Ausschnitt der großen Palette physikalisch motivierter Zellularautomaten präsentiert. Unsere Auswahl war dabei von dem Gedanken geleitet, uns auf einige wenige Phänomene zu beschränken, die den meisten physikalischen Naturprozessen zugrunde liegen: der freien Bewegung von Teilchen in einem Gas oder einer Flüssigkeit und den kollektiven Erscheinungen, die sich in den Phasenumschlägen zwischen Unordnung und Ordnung offenbaren. In all diesen Beispielen stellten sich die einfachen und vollkommen diskreten Automaten als ein nützliches und erfolgreiches Instrument heraus, um mit ihnen die Geschehnisse der mikroskopischen Welt zu beschreiben und aus ihnen auf makroskopische Erscheinungen zu schließen. Wir könnten noch eine Fülle anderer Experimente mit diesen und verwandten Modellen anschließen, um den Wert zellulärer Automaten in der physikalischen Modellbildung unter Beweis zu stellen. Wer sich besonders für diese Seite der Anwendungen der Automatenmodelle interessiert, sei auf das Buch von Toffoli und Margolus (s. Literaturhinweise) verwiesen. Sie stellen dort nicht nur ihre speziell für die Simulation zellulärer Automaten entworfene Hardware-Plattform CAM (Cellular Automata Machines) vor, sondern wenden diese auch auf viele Beispiele an, die schwerpunktmäßig aus dem physikalischen Bereich stammen.

Kasten 5C
Das Billardkugel-Modell: ein reversibler Computer

Die Komponenten eines gewöhnlichen Computers, wie beispielsweise das logische UND-Gatter, sind alles andere als reversibel: Aus der Information $A \wedge B = 0$ können wir nicht erkennen, ob A, B oder vielleicht beide Variablen zuvor den Wert 0 hatten. Die Computer auf unseren Schreibtischen sind ständig damit beschäftigt, neue Informationen zu erschaffen und alte, überflüssige zu zerstören. Die daraus resultierende überschüssige Energie führen sie in Form von Wärme ab; zusätzliche Energie beschaffen sie sich aus der Stromversorgung über die Steckdose oder den Akku. Läßt sich ein solcher Rechenprozeß aber auch auf die mechanistischen Grundlagen der mikroskopischen Welt – also auf reversible Schritte – zurückführen? Diese Frage beantwortete Fredkin durch ein einfaches Billardkugel-Modell mit einem eindeutigen Ja!

In diesem Modell bewegen sich gleichartige Billardkugeln mit konstanter Geschwindigkeit über ein zweidimensionales Gitter entlang der Gitterdiagonalen (Bild 5.12). Jede Kugel kann sich in eine der vier möglichen Richtungen bewegen. Diese behält sie solange bei, bis sie mit einer anderen Kugel oder einem fest installierten „Spiegel" kollidiert. Alle Kollisionen sind elastische Stöße, durch die die Kugeln senkrecht voneinander abprallen.

Die Kugeln sind die Informationsträger des Billardkugel-Computers. Ein Bit ist hier genau dann 1, wenn zu einem bestimmten Ort und Zeitpunkt eine Kugel vorhanden ist. Die Drähte, entlang denen die Informationsübertragung fließt, sind die Pfade der Kugeln im Gitter, die über die fest installierten Spiegel beliebig um die Ecke gelenkt werden können.

Die möglichen Kollisionen der Billardkugeln können zum Aufbau logischer Gatter benutzt werden. Nach einer einfachen Kollision zweier Kugeln, wie sie Bild 5.13 zeigt, können sich diese auf vier möglichen Pfaden weiterbewegen: Auf den beiden

Jede Kugel hat vier mögliche Richtungen:	Zwei Kugeln prallen senkrecht voneinander ab:
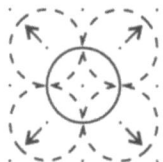	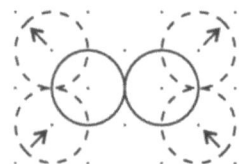
Kollision mit einem Spiegel:	Die Wege zweier Kugeln kreuzen sich:
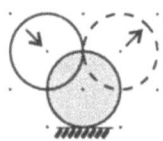	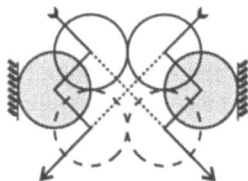

Bild 5.12: Mögliche Bewegungen der Kugeln im Billardkugel-Modell

äußeren Pfaden laufen genau dann Kugeln entlang, wenn in den Inputströmen A und B gleichzeitig ein Bit gesetzt, also ein Ball anwesend war – sie liefern das Ergebnis der logischen Verknüpfung $A \wedge B$. Auf den anderen beiden Pfaden kommt genau dann eine Kugel an, wenn nur eines der beiden Bits im Inputstrom gesetzt war, sie liefern also die logische Verknüpfung $A \wedge \neg B$, beziehungsweise $\neg A \wedge B$. Setzt man einen der beiden Inputströme auf die konstante Bitfolge (1 1 1 ...), so liefert ihre Kollision damit nicht nur das UND-Gatter, sondern auch die Verneinung eines Stroms. Ganz analog, wie wir es beim Aufbau des LIFE-Computers beschrieben haben, läßt sich dieses logische Gatter mit zusätzlichen Verneinungen der richtigen Ströme zu dem dritten, noch fehlenden ODER-Gatter erweitern. Auch alle anderen Elemente, die für einen funktionierenden Computer noch

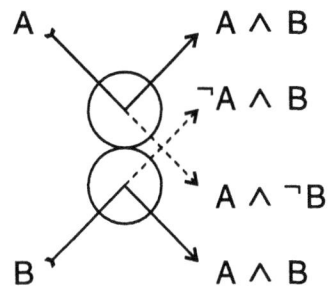

Bild 5.13:
Aus den Kollisionen zweier Kugeln entstehen logische Verknüpfungen

notwendig sind, können durch Kollisionen der Kugeln mit richtig positionierten Spiegeln aufgebaut werden. Bild 5.12 zeigt als Beispiel, wie sich zwei Signale kreuzen können, ohne sich dabei zu stören.

Fredkins Billardkugel-Computer ist ein kontinuierliches Modell, auch wenn es in einer diskreten Gitterwelt lebt: Die Positionen und Geschwindigkeiten der Kugeln und auch die Zeit sind reelle Variablen. Doch die rollenden Kugeln lassen sich mit einigen Tricks in ein vollkommen diskretes Modell eines zellulären Automaten übertragen, wie es Margolus vorgeführt hat. Er hat dazu, wie zuvor im Text beschrieben, das Zellgitter in kleine 2×2-Blöcke partitioniert. In jeder einzelnen Zelle kann ein Teilchen leben und sich mit konstanter Geschwindigkeit entlang der Diagonalen von einer Zelle zur nächsten bewegen. Die folgende Blockregel faßt die mögliche Entwicklung zusammen:

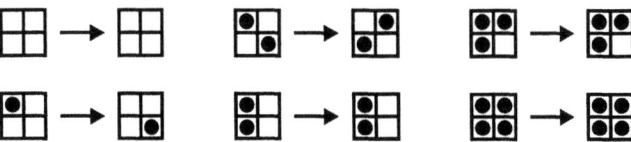

Um die gleiche Phänomenologie wie im Fredkinschen Modell widerzuspiegeln, genügt es nicht, eine Billardkugel mit einem Teilchen in einer Zelle des Automaten zu identifizieren. Die Kugeln und Spiegel müssen aus mehreren Teilchen zusammengesetzt werden: Eine Billardkugel besteht aus zwei solchen Teilchen, die in einem festen Abstand zueinander positioniert sind. Die Spiegel werden aus zwei kompakt besetzten 2 × 2-Blöcken aufgebaut (Bild 5.14).

Läßt man die so geschaffenen „zellulären Billardkugeln" miteinander kollidieren, kann man das gleiche Verhalten erzeugen wie in Fredkins Kugelmodell. Allerdings funktioniert der zelluläre Ableger nicht ganz so gradlinig wie sein kontinuierlicher Vorgänger. In jeder Kollision gibt es eine leichte Verzögerung der Signalübertragung, wie Bild 5.14 für die Kollision einer Kugel mit einem festen Spiegel dokumentiert. Während des dritten und vierten Zeitschritts des hier gezeigten Ausschnitts „verformt" sich die zelluläre Kugel gewissermaßen, bis sie im übernächsten Zeittakt in ihrer ursprünglichen Gestalt in ihre neue Richtung wandert. Da man diese Verzögerung aber genau kennt, muß man sie bei der Signalübertragung und vor allem bei der Synchronisation der Signale nur entsprechend berücksichtigen, um die gleichen Schaltkreise wie im kontinuierlichen Billardkugel-Computer zu realisieren.

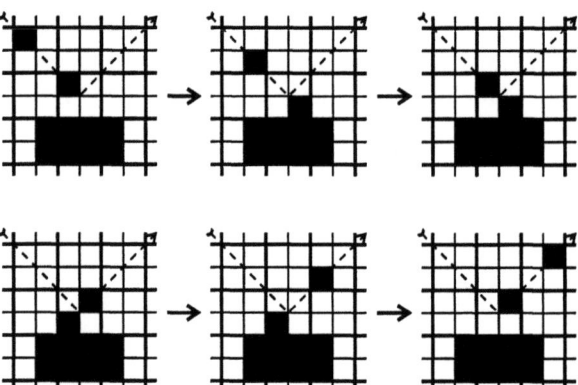

Bild 5.14: Die Kollision einer „Billardkugel" mit einem fest installierten „Spiegel" im zellulären Billardkugel-Automaten

Kapitel 6
Chemische Wellen – Die Misch-Masch-Maschine

Chemie ist die Wissenschaft, die sich mit den Eigenschaften der Grundstoffe der Materie und ihrer Verbindungen befaßt. Streng genommen ist sie damit eigentlich nur ein Teilgebiet der Physik. Doch wir haben uns seit Jahrhunderten daran gewöhnt, sie als eine eigenständige Disziplin zu begreifen, auch wenn die Grenzen zwischen diesen beiden klassischen Naturwissenschaften häufig verwischt sind. Alle Vorgänge, die ein Chemiker untersucht, werden von physikalischen Grundgesetzen bestimmt. Das mächtige Theoriegebäude der Physiker, das von der Thermodynamik bis hin zur Quantenmechanik reicht, steckt also auch in der Chemie den Rahmen der wissenschaftlichen Erkenntnis ab.

Lassen wir die vergangenen Jahrhunderte naturwissenschaftlichen Forschens vor unserem geistigen Auge vorüberziehen, so fällt schnell auf, daß sich das Theoriegebäude der Naturwissenschaften im Laufe der Zeit dramatisch verändert hat. Nicht nur, daß es durch immer mehr Wissen und Entdeckungen ständig ausgebaut wurde. Es gab auch immer wieder historische Abschnitte, in denen dieses Gebäude in seinen Grundfesten erschüttert, in Teilen sogar niedergerissen und neu aufgebaut wurde. Die Ablösung des heliozentrischen Weltbilds, in dem die Erde der Mittelpunkt der Welt war, durch unser heutiges kopernikanisches Weltbild ist dafür nur ein Beispiel.

Der Physiker und Wissenschaftstheoretiker Thomas Kuhn bezeichnete Anfang der sechziger Jahre in seinem viel beachteten Buch „Die Struktur wissenschaftlicher Revolutionen" einen solchen Wandel in der herrschenden wissenschaftlichen Lehrmeinung als „Paradigmawechsel". Nach Kuhns Auffassung folgen im Grunde alle Wissenschaftler einer Zeit einer jeweils vorherrschenden und von allen akzeptierten Theorie – eben dem gerade dominierenden Paradigma. Beobachtungen, Experimente oder auch theoretische Überlegungen, die nicht in die Schublade dieses Paradigmas hineinpassen, werden – so Kuhn – oft überhaupt nicht gesehen. Das Mißtrauen in ein Paradigma wächst meistens nur sehr langsam. Erst wenn bereits eine neue Theorie am Horizont erscheint, erkennen die Wissenschaftler die ganze Bedeutung der Probleme und Widersprüche mit der alten Theorie, die sie bis dahin oftmals nicht wahrnehmen wollten.

6.1 Eine „unpassende" Beobachtung: Oszillationen einer chemischen Reaktion

Die Beobachtung räumlicher und zeitlicher Musterbildungen in chemischen Reaktionen ist ein eindrucksvolles Beispiel in diesem Zusammenhang. Noch bis in die sechziger Jahre unseres Jahrhunderts hinein hielten es Physiker und Chemiker schlichtweg für unmöglich, daß ein chemisches System etwas anderes als einen unveränderlichen Gleichgewichtszustand erreicht. Das Streben der Natur hin zu einem stabilen Gleichgewicht ist gerade die Triebkraft jeder chemischen Reaktion.

Der zweite Hauptsatz der Thermodynamik, nach dem ein System immer seinen Zustand maximaler Entropie (und damit einer maximalen Unordnung) anstrebt, dominierte die naturwissenschaftliche Weltanschauung dieser Zeit. Heute sind wir schlauer als damals und wissen, daß es neben der Gleichgewichts-Thermodynamik noch einen anderen bedeutsamen Bereich gibt, in dem sich nach immer noch gültigen physikalischen Gesetzen komplexe Strukturbildungen ereignen können. Der Physiker Ilya Prigogine, der 1977 für seine Arbeiten den Nobelpreis für Physik erhielt, hat wesentlich dazu beigetragen, ein neues Paradigma neben der klassischen Thermodynamik zu etablieren. Er zeigte unter anderem auf, daß sich in Systemen, die offen für einen Energie- und Stoffaustausch mit ihrer Umgebung sind (sogenannte „dissipative Systeme"), ganz neue Strukturen fern vom thermodynamischen Gleichgewicht entwickeln können. Erst mit dieser Nichtgleichgewichts-Thermodynamik sind nun auch in physikalischen Systemen, also in der unbelebten Materie, komplexe Prozesse der Selbstorganisation erklärbar, die bis dato nur in das Reich des Lebendigen gehörten.

Bis zu diesem „Paradigmawechsel" in den Naturwissenschaften wurden entsprechende Beobachtungen solcher Phänomene als vermeintliche Meßfehler oder vielleicht auch als überschäumende Phantasie einzelner Forscher abgetan. Diese – für den überzeugten Forscher sicher schmerzhafte Erfahrung – machte in den fünfziger Jahren auch ein russischer Wissenschaftler, Boris Pavlovich Belousov.

Belousov arbeitete als Biochemiker an der Moskauer Universität. Er war fasziniert von der Arbeit von Hans Adolf Krebs über den sogenannten „Krebs-Zyklus", für den dieser 1953 den Nobelpreis für Medizin erhielt. Krebs fand heraus, wie organische Kohlenstoffketten letztlich zu Kohlendioxid und Wasser verbrannt werden und dabei die für alles Leben notwendige Energie liefern. Belousov wollte ein anorganisches Ebenbild dieses Reaktionskreises nachbauen. Statt wie Krebs Zitronensäure mit katalytischen Enzymen zu oxidieren, versuchte er es mit Metallionen und anorganischem Bromat.

Zu seiner großen Überraschung verhielt sich seine chemische Lösung ganz anders, als er es erwartet hatte: Während einer Minute präsentierte sie sich in einem gelben Farbton, hervorgerufen durch die oxidierten Metallionen. Aber in der nächsten Minute verblaßte das Gelb; offensichtlich oxidierten die Metallionen nun ihrerseits die Zitronensäure. Der Farbwechsel wiederholte sich mit der Präzision eines Uhrwerks vor seinen Augen. Belousov war völlig verblüfft und gleichzeitig wie elektrisiert. In seinen Händen hielt er eine periodische chemische Reaktion – etwas noch nie Dagewesenes. Allerdings auch etwas, was nach dem herrschenden physikalischen Weltbild dieser Zeit nicht da sein durfte: Chemische Reaktionen konnten nicht oszillieren, sie mußten immer ein Gleichgewicht erreichen – Punkt und Ende der Diskussion. Als Belousov 1951 versuchte, seine Ergebnisse in einer russischen Fachzeitschrift zu veröffentlichen, waren Strukturen fernab von jedem Gleichgewicht noch visionäre Zukunftsmusik. Die Gutachter, die über die Veröffentlichung entscheiden sollten, zeigten ihm schlichtweg die kalte Schulter, getreu dem Motto, daß nicht sein kann, was nicht sein darf. Sie erklärten, wie Arthur Winfree in seinem Buch „When

Time Breaks Down" beschreibt, Belousovs Ergebnisse eiskalt als Schwindel oder das Resultat seiner eigenen Dummheit.

Belousov muß ein ausgesprochen großes Selbstbewußtsein gehabt haben oder einfach einen eisernen Dickkopf. Statt frustriert seine Arbeit in den Papierkorb zu werfen, blieb er für weitere sechs Jahre am Ball und erforschte immer mehr Details seiner überraschenden Entdeckung. 1957 startete er einen zweiten Versuch, seine Resultate bekannt zu machen – mit einem genauso vernichtenden Ergebnis. Die „angeblich entdeckte Entdeckung" (so zitiert Winfree in seinem Buch aus einem der Gutachten) stand immer noch gegen jede bekannte Theorie der Zeit.

Die erneute Ablehnung traf den inzwischen über sechzigjährigen Pionier der chemischen Oszillationen tief. Für ihn war das Kapitel periodischer Reaktionen erledigt. Außer einer kurzen Andeutung in einer Kurzfassung eines Tagungsbeitrags zu einem ganz anderen Thema findet sich kein einziger veröffentlichter Hinweis von Belousov auf dieses Phänomen.

Dennoch geisterte das Rezept der mysteriösen Reaktion unter den russischen Wissenschaftlern herum. Neugier, aber auch gleichzeitige Skepsis waren seine stetigen Begleiter. Arthur Winfree, heute einer der Experten im Bereich ihrer Musterbildungen, gibt selbst zu, noch 1968, als er das erste Mal von diesem Rezept hörte, von ähnlich gemischten Gefühlen beherrscht gewesen zu sein. Die Neugier erwies sich jedoch bei ihm als die stärkere Kraft. Er versuchte in seinem eigenen Labor Belousovs Rezept umzusetzen und beobachtete mit seinen Meßinstrumenten die in Bild 6.1 gezeigten Oszillationen. Richtig Bewegung in die Sache kam jedoch schon sehr viel früher. 1961 setzte S.E. Schnoll seinen Doktoranden A. Zhabotinsky auf die Spur dieses Rätsels an. Wie nicht anders zu erwarten war – zumindest aus unserer „allwissenden" Perspektive des Zurückblickenden – konnte Zhabotinsky die Ergebnisse seines Vordenkers nur bestätigen. Zwar veränderte er noch das ein oder andere experimentelle Detail, aber heraus kam immer das, was schon Belousov gefunden hatte: chemische Oszillationen.

Anscheinend war nun die Welt reif für eine neue Erkenntnis. Jetzt fanden die seltsamen Beobachtungen nicht nur Gehör, sondern lösten für die nächsten Jahrzehnte einen wahren Sturm des Interesses aus. Auch wenn dies für Belousov eine Genugtuung gewesen sein mag,

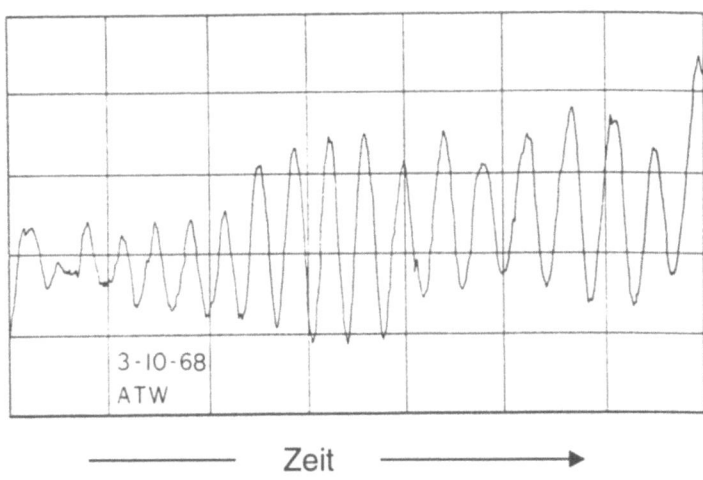

Bild 6.1: Die optische Dichte des ultravioletten Lichts, das Arthur Winfree durch eine 1 cm dicke Schicht einer Belousov-Zhabotinsky-Reagenz schickte, offenbarte ihm deren typische Oszillationen.

konnte sie dennoch nicht die Verbitterung über die so ignoranten Kollegen seiner Zeit überdecken. Noch weniger nützte es ihm sicherlich, daß ihm 1980, zehn Jahre nach seinem Tod, posthum der Lenin-Preis verliehen wurde. Heute ist die nach ihren beiden Pionieren benannte Belousov-Zhabotinsky-Reaktion (abgekürzt BZ-Reaktion) das Paradebeispiel chemischer Musterbildungen

Der Variantenreichtum der BZ-Reaktion offenbarte sich in den folgenden Jahren mehr und mehr. 1969 berichtete der Physiker Heinrich Busse zum ersten Mal von sich ausbreitenden Wellen in diesem chemischen System. Mit einer etwas veränderten Mixtur läßt sich die spontan oszillierende Reaktion in ein sogenanntes „erregbares Medium" verwandeln. Ein solches Medium zeichnet sich dadurch aus, daß es alleingelassen in einem monotonen Gleichgewicht verharrt, durch gewisse Anregungen aber zu einem wahren Mustermacher wird. Hält man etwa einen heißen Draht in eine erregbare Lösung der BZ-Reaktion, breiten sich deutlich sichtbar blaue Erregungswellen kreisförmig von dem Punkt der Störung über das (ansonsten rote) Medium aus. Solche wan-

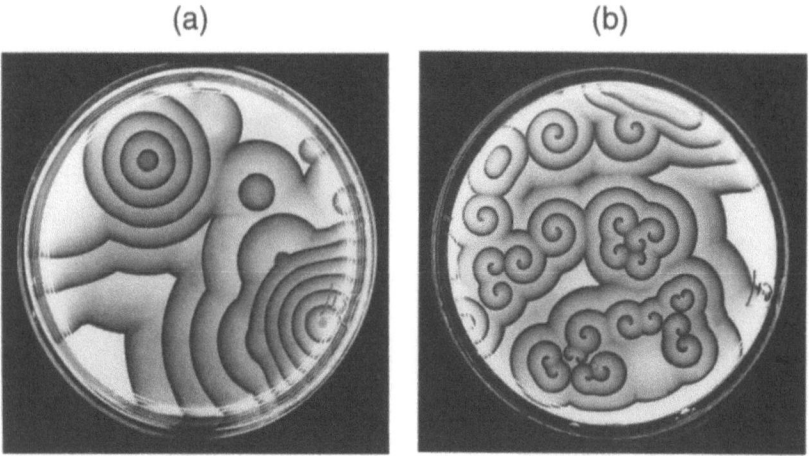

Bild 6.2: Kreis- (a) und Spiralwellen (b) in der Belousov-Zhabotinsky-Reaktion

dernden Kreiswellen, wie sie Bild 6.2a zeigt, sind nur eine Erscheinung der ganzen Musterpracht dieser Medien. Stört man diese geordneten Kreise – etwa indem man mit einer kleinen Pipette Luft in die Glasschale mit der Reaktionslösung bläst – oder stoßen sie auf irgendwelche Verschmutzungen in der Lösung, reißt ihre Wellenfront auf, und ein Paar wunderbar geordneter, stabiler Spiralen zeichnet sich im Nu vor dem Auge des Beobachters ab (Bild 6.2b).*

Nicht zuletzt diese unerwarteten ästhetischen Muster ließen die BZ-Reaktion bis heute zu einem berühmten „Klassiker" in den Naturwissenschaften aufsteigen. Diese chemische Reaktion ist für die Musterbildungen in den – für viele Fragestellungen wichtigen – erregbaren Medien zu einem eigenen Paradigma geworden, an dem Theorien und

---

* Eine Anekdote am Rande wollen wir Ihnen hier nicht vorenthalten: In ihrem Buch „Das Drei-Pfund-Universum" berichten Judith Hooper und Dick Teresi von einem Experiment, in dem man die Erregungswellen der BZ-Reaktion den übersinnlichen Kräften eines menschlichen „Mediums", einer Geistheilerin, ausgesetzt hat. Und siehe da, das erregbare Medium erwies sich auch solchen Anregungen gegenüber als anfällig. Beflügelt von den mentalen Strömen der Geistheilerin legten die chemischen Wellen gleich gehörig an Tempo zu und zogen doppelt so schnell durch die Lösung wie gewöhnlich.

Hypothesen erprobt und immer wieder neue Experimente durchgeführt werden. Wir werden den Wellen der erregbaren Medien in Kapitel 12 noch einmal unsere Aufmerksamkeit zuwenden, da sie auch als ein Exempel dafür stehen, wie weit man wichtige Details natürlicher Systeme mit zellulären Automaten realistisch beschreiben kann.

6.2 Oszillationen im „Kat"?

Den experimentellen Beobachtungen chemischer Oszillationen von Belousov und Zhabotinsky folgten in den darauffolgenden Jahren zahlreiche andere Beispiele chemischer Systeme, die ein ähnliches Verhalten zeigten. Doch nun trafen diese anfangs so seltsam anmutenden Beobachtungen auf ein immer solideres Theoriegerüst, das sie überzeugend im Einklang mit den grundlegenden Naturgesetzen erklärte. Wir erwähnten in diesem Zusammenhang bereits die Nichtgleichgewichts-Thermodynamik von Prigogine, aber auch Hermann Hakens Konzept der „Synergetik" – der Lehre vom Zusammenwirken – stellt einen wichtigen Baustein dieses (neuen) Theoriegebäudes dar.

Systeme, die offen für einen Energieaustausch mit ihrer Umwelt sind, indem sie etwa mit einem ständig nachströmenden Reaktionsgas versorgt werden, können sich weit entfernt vom thermodynamischen Gleichgewicht befinden. In diesen Bereichen ist es aber möglich, daß die Reaktion nach nichtlinearen Gesetzen abläuft und als Folge davon instabiles und oszillatorisches Verhalten auftreten kann.

Gerade in technischen Anwendungen, in denen etwa in chemischen Reaktoren große Mengen an Stoffen umgesetzt werden sollen, kann man leicht in solche – hier unerwünschten – Probleme drohender Instabilitäten geraten. Ein für die praktische Nutzung wichtiges Beispiel stellt die heterogene Katalyse dar, in der Flüssigkeiten oder Gase mit Hilfe von Metallen in andere Produkte verwandelt werden. Den uns vertrautesten Einsatzort findet ein solcher chemischer Prozeß als Basis einer umweltfreundlichen Abgastechnologie in heutigen Kraftfahrzeugen: Neben Stickoxiden und Kohlenwasserstoffen ist das giftige Kohlenmonoxid (CO) einer der wesentlichen Schadstoffe in den Abgasen der Benzinmotoren. Die Abgaskatalysatoren können diesen Schadstoff zusammen mit Sauerstoff (O_2) aus der Luft zu dem (immerhin) harmloseren Kohlendioxid (CO_2) verbrennen. Eine Schlüsselrolle für diese Reaktion ist der richtige katalytische Träger, ohne den die Reaktion von CO und O_2 zu CO_2 gar nicht vonstatten gehen kann. Edelmetalle wie etwa Platin oder Palladium sind die geeigneten Katalysatoren für diese Reaktion. Sie werden in feinster Verteilung auf einem keramischen Träger aufgebracht und bringen so die katalytische Verbrennung in Schwung.

Eine Reaktion, die eine solch breite technologische Anwendung erlebt, muß gut und sicher erforscht sein. Man will genau die Bedingungen kennen, unter denen man etwa in einen instabilen Bereich der Reaktion gelangt. Ein plötzliches „Zünden" der viel Wärme liefernden CO_2-Produktion könnte zu hohen Überhitzungen und damit auch zu einer Schädigung des Katalysators führen. Als sich die Chemiker in den siebziger und achtziger Jahren aufmachten, mögliche Oszillationen in der katalytischen Verbrennung von Kohlenmonoxid aufzuspüren, wurden sie schnell fündig. Eine dieser Serien von Experimenten wollen wir uns an dieser Stelle etwas genauer anschauen. Sie wurden Anfang der achtziger Jahre an der Bremer Universität in der Arbeitsgruppe um Nils Jaeger und Peter Plath durchgeführt. In der dortigen Versuchsanordnung übernahmen winzige Palladium-Kristallite die wichtige Rolle des Katalysators – jedes von ihnen war nur etwa 10 Nanometer groß, das sind 0,000 001 mm.

Als Träger für diese Minipartikel dienten Zeolithe. Zeolithe sind kristallisierte Mineralien, die in der Natur vorkommen, die aber auch synthetisch hergestellt werden können. Sie sind hochgradig porös und von einer Vielzahl winziger Kanäle durchzogen. In diesen Kanälen können sie beispielsweise Wasser speichern, was dazu führt, daß diese kleinen Gesteinsbrocken regelrecht anfangen zu kochen und Blasen zu werfen, wenn man sie erhitzt. Aufgrund der erstaunlichen Beobachtung von herumblubbernden Mineralien hat ihnen Ende des 18. Jahrhunderts der schwedische Mineraloge Baron Axel Cronstedt den Namen Zeolithe gegeben, hergeleitet aus den griechischen Wörtern *zeo* (kochen) und *lithos* (Stein). Zeolithe haben eine Fülle wunderbarer chemischer Eigenschaften, auf die sich ganze Technologien stützen – von der Benzinproduktion bis hin zur Herstellung von Wasserenthärtern. Als Träger katalytischen Materials sind sie wegen ihrer porösen Form so gut geeignet. In ihren Kanälen lassen sich die winzigen Palladium-Kristallite hervorragend unterbringen und zu einem hochreaktiven Katalysator zusammenbauen.

Läßt man nun in einem Reaktor ein Gemisch aus Kohlenmonoxid und Luft an diesem Katalysator vorbeiströmen, reagiert unter den richtigen Versuchsbedingungen CO mit dem Sauerstoff aus der Luft zu CO_2. Am Ausgang des Reaktors kann man die Menge des produzierten CO_2 messen und so das Experiment genau verfolgen. Bild 6.3 zeigt Beispiele typischer Meßkurven. Zahlreiche andere Forscher hatten in ähnlichen Experimenten vergleichbare Schwingungen beobachtet.

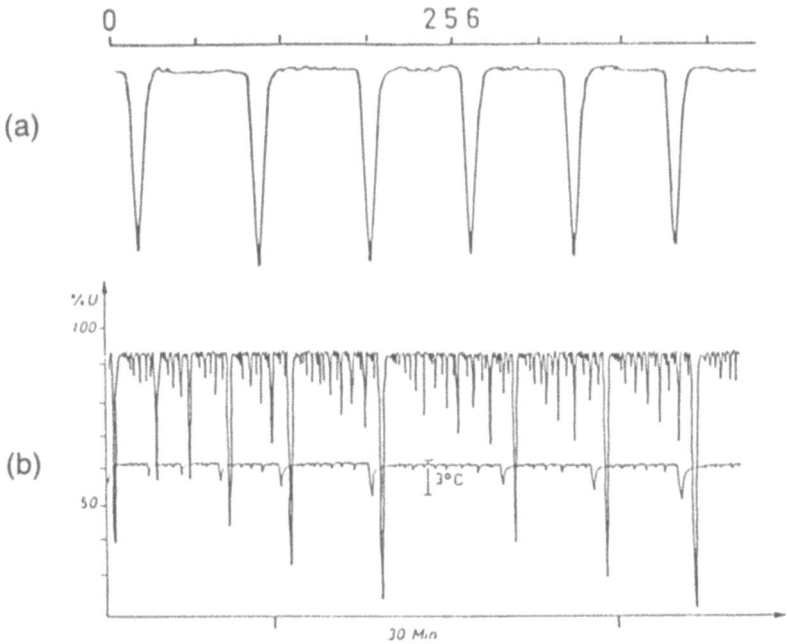

Bild 6.3: Typische Umsatzschwingungen der katalysierten Oxidation von Kohlenmonoxid. Je nach experimentellen Bedingungen können diese sehr regelmäßig (a) oder von komplexer, „selbstähnlicher" Struktur sein (b). (Die in a gezeigte Messung erstreckt sich über einen Zeitraum von ca. 500 Sekunden, die Messung b über etwa eine Stunde.)

Für das regelmäßige Auf und Ab der CO_2-Produktion, wie es Bild 6.3a zeigt, fanden sich schnell zahlreiche Vorschläge eines möglichen Reaktionsmechanismus, der die Oszillationen befriedigend erklärte. Auch wenn sich die Details der angenommenen Mechanismen von einer Forschergruppe zur nächsten unterschieden, waren sie im Grunde doch recht ähnlich. Man nahm an, daß die Reaktion durch zwei unterschiedliche „Phasen" bestimmt war. Diese Phasen unterscheiden sich dadurch, daß eine der Substanzen (dies waren für die einen die CO-Moleküle, für die anderen der Sauerstoff) mal in übermäßig hoher und mal in nur durchschnittlicher Anzahl an dem Metall des Katalysators gebunden ist. In seinem „Normalzustand" steigert die zunehmende Zahl der gebundenen Moleküle die Aktivität des Katalysators um so mehr. Doch ab einem gewissen Schwellwert ist der Katalysator mit dieser Substanz übersättigt und hat plötzlich ganz andere Reaktionseigenschaften: Er kann nun nicht mehr die Verbrennung des Kohlenmonoxids katalysieren und fällt schlagartig für die Reaktion aus. Während also in seiner aktiven Phase die CO_2-Produktion „auf vollen Touren" arbeitet, fällt sie in der inaktiven Phase schlagartig auf ein Minimum zurück. Die Übersättigung des Katalysators wird aber durch die ständig ablaufenden chemischen Prozesse in Windeseile abgebaut. Beide Phasen wechseln sich also zyklisch im Reaktionsverlauf miteinander ab. Die beobachteten Oszillationen in der Meßkurve sind die logische Konsequenz dieses postulierten Verhaltens.

Mit der Idee eines Phasenumschlags von einer aktiven zu einer katalytisch inaktiven Phase ließen sich die regelmäßigen Oszillationen des Bildes 6.3a zwischen einer maximalen und einer minimalen CO_2-Produktion schlüssig erklären. Doch die in Bild b gezeigten eigentümlichen Oszillationsmuster immer länger werdender Peaks gaben den Wissenschaftlern einige Rätsel auf. Um die Geschichte noch rätselhafter zu machen, versteckten sich zwischen den „großen", allmählichen wachsenden Peaks noch eine Reihe kleinerer, die das gleiche eigentümliche Wachstumsverhalten zeigen – ein Ozillationsmuster mit Selbstähnlichkeit!

Die Bremer Forschergruppe griff sich genau dieses Oszillationsmuster heraus und versuchte, seinen Mechanismen auf die Spur zu kommen. Im Gegensatz zu den meisten ihrer Kollegen erschien ihnen diese seltsame Phänomenologie als ein verborgener Hinweis darauf, daß hinter allen beobachteten Schwingungen vielleicht noch etwas ganz anderes steckt. Da ein einfacher Phasenumschlag zwischen aktiver und inaktiver Phase diese bizarren Strukturen nicht allein erklären konnte, gab es für die Bremer Chemiker nur eine vernünftige Lösung des Rätsels: Der Katalysator verhält sich nicht wie eine homogene Einheit, die zu irgendeinem Moment entweder aktiv oder inaktiv ist. Jeder einzelne Kristallit kann im Grunde unabhängig von allen anderen Partikelchen diesen Reaktionszyklus durchlaufen. Da er aber zwangsläufig durch den Austausch von Wärme oder die Diffusion chemischer Reaktanden kein völlig isoliertes Dasein führt, könnten die seltsamen Verbrennungsmuster das Ergebnis eines bestimmten räumlichen Strukturbildungsprozesses auf dem Katalysator sein. Ein in die inaktive Phase umschlagender Bereich zöge seine Nachbarkristallite ebenfalls mit in den Strudel der Inaktivität. Immer mehr und größer werdende Bereiche fielen nacheinander für die Reaktion aus und würden so ihre typischen Spuren in der Meßkurve hinterlassen.

Die Hypothese der Chemiker hatte, angewandt auf die CO-Oxidation, nur einen gewaltigen Nachteil: Es war sehr schwierig, den Katalysator während der Reaktion zu beobachten, um räumliche Muster auf seiner Oberfläche nachweisen zu können. Für die Forscher war – anders als in der BZ-Reaktion – der chemische Reaktor eine „black box", die sich der direkten Beobachtung entzog. Kollegen aus den USA war es allerdings kurz zuvor gelungen, während einer anderen heterogen katalysierten Reaktion den Katalysator tatsächlich in seiner Aktion sichtbar zu machen. Bild 6.4 zeigt Infrarotbilder, in denen die Wärmestrahlung des Katalysators (in diesem Fall einer dünnen Platinfolie) während typischer Oszillationen aufgezeichnet ist. Auf der Katalysatoroberfläche bildeten sich in diesen Experimenten deutlich räumliche Bereiche verschiedener Temperaturen aus. Da die katalytische Aktivität eng mit der Produktion von Wärme verbunden ist, bedeutete dies nichts anderes, als daß in jedem Moment einige Bereiche auf dem Katalysator aktiver waren als andere. Diese experimentellen Beobachtungen stellten den allerersten handfesten Hinweis dafür dar, daß den zeitlichen Strukturbildungen solcher Reaktionen tatsächlich räumliche Musterbildungen zugrunde liegen können.

Die Bremer Chemiker suchten nach einem anderen, weniger aufwendigen Weg, um ihre Hypothese der räumlichen Strukturbildungen während der oszillierenden CO-Oxidation zu belegen. Als Alternative zu einem Experiment bot sich die Übersetzung in ein mathematisches Modell und seine anschließende Simulation an. Der Versuch einer solchen Modellierung wurde zu einem Thema unserer Doktorarbeiten und gemeinsam mit unserem Doktorvater Andreas Dress von der Universität Bielefeld machten wir uns ans Werk. Das Ergebnis dieser Arbeit war ein überraschend „musterreicher" zellulärer Automat, die „Misch-Masch-Maschine", die ihren Namen vor allem der Erfahrung zu verdanken hat, daß sie selbst aus dem größten Misch-Masch noch geordnete Muster erschaffen kann.

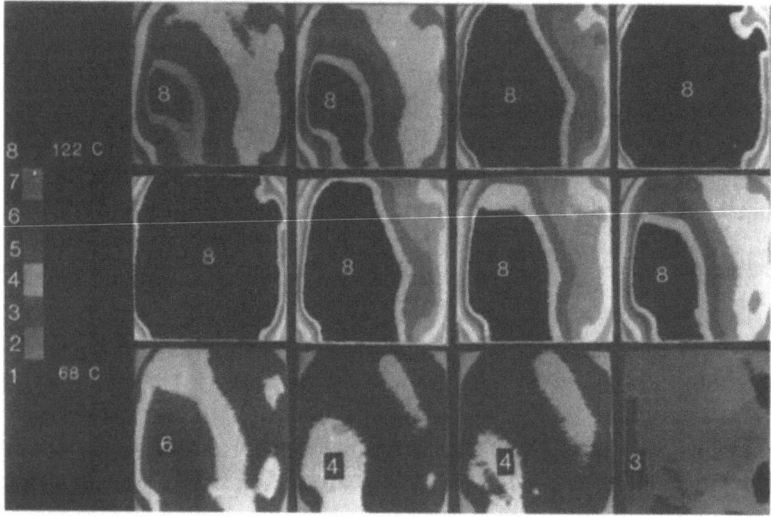

Bild 6.4: Infrarotaufnahmen der Wärmeabstrahlung eines Edelmetallkatalysators weisen räumliche Strukturbildungen während einer katalytischen Reaktion nach.

6.3 Die Misch-Masch-Maschine

Die Aufgabe, die uns die Chemiker stellten, war klar umrissen. Es galt, ein mathematisches Modell zu bauen, mit dem wir die Wechselwirkung einer großen Zahl unabhängiger Reaktionszentren simulieren konnten. Wir mußten also sowohl die Regeln für das Verhalten jedes dieser Zentren als auch die möglichen Wechselwirkungen aus der Chemie in eine abstrakte Regel übersetzen. Von Beginn an war klar, daß wir nur dann eine Chance haben, die Dynamik einer großen Zahl von interagierenden Teilsystemen zu simulieren, wenn wir die Entwicklungsgesetze aller Komponenten so einfach wie nur eben möglich beschreiben (ohne dabei die Chemie zu vergewaltigen). Diese Situation schien wie geschaffen für einen zellulären Automaten. Sie waren die einzigen uns bekannten Modelle, in denen die einzelnen Teilsysteme auf einfachste Beziehungen reduziert sind und die Interaktion dieser vielen Komponenten im Vordergrund steht. Von Anfang an dachten wir daher bei der Entwicklung eines adäquaten Modells für die Verbrennung von CO in den Kategorien von Zellen, Nachbarschaften und diskreten Zuständen.

Am naheliegendsten erschien es, jede Zelle des Automaten mit einem Palladium-Kristalliten gleichzusetzen. Um dann allerdings ein Abbild der wirklichen Situation zu geben, müßten wir riesige Zellräume berechnen, da jede Katalysatorschüttung aus unzähligen solcher Kristallite besteht. Wir interpretierten statt dessen eine einzelne Zelle als eine größere Menge von Kristalliten, die so nahe beieinander liegen – etwa innerhalb eines der vielen tausend Zeolithe –, daß sie sich wie eine Einheit verhalten. In völliger (und bewußter) Idealisierung der tatsächlichen Katalysatorschüttung ordneten wir die Zellen auf einem zweidimensionalen rechteckigen Gitter an. In den späteren Computerexperimenten haben wir Gittergrößen von bis zu 500×500 Zellen berechnet, also die Wechselwirkung von mehreren hunderttausend individuellen Reaktionszentren simuliert. Als Nachbarschaft auf diesem Gitter wählten wir für unsere Simulationen die Moore-Nachbarschaft mit verschiedenen Radien (vgl. Bild 2.2).

Die Entwicklungsregel einer einzelnen Zelle muß die wesentlichen Mechanismen des postulierten Reaktionsgeschehens an den tatsächlichen Kristalliten widerspiegeln. Eine zentrale Rolle in den chemischen Ideen über das Geschehen am Katalysator spielt der plötzliche Phasenumschlag zwischen einer aktiven und einer inaktiven Phase. Uns drängte sich das Bild auf, diesen Umschlag zwischen den verschiedenen Phasen als einen zunehmenden Infektionsprozeß zu betrachten, der unweigerlich zum Ausbruch der Krankheit – der inaktiven Phase – führen muß. Zwischen der gesunden (aktiven) und kranken (inaktiven) Phase sollte es einen allmählichen Übergang geben, da sich die Anzahl der übermäßig gebundenen Moleküle erst langsam aufbaut. Auf dieser Grundlage stellten wir uns das Geschehen an den einzelnen katalytischen Zentren folgendermaßen vor (vgl. auch Bild 6.5):

Eine gesunde Zelle kann infiziert werden, wenn die Anzahl der infizierten oder der kranken Nachbarn einen Schwellwert überschreitet. Chemisch gesehen steckt hinter einer solchen Regel die Idee, daß aktivere (infizierte) Kristallite, die auf dem Weg zur inaktiven Phase sind, heißer sind und diese Wärme an ihre Nachbarn abgeben. Begünstigt durch die zusätzliche Wärme kann der (noch gesunde) Kristallit den Umsatz aller Stoffe erhöhen und sich damit ebenfalls auf den Weg zur inaktiven Phase begeben (infiziert werden). Erreichen die Kristallite den Phasenumschlag (werden krank), geben sie ihren Nachbarn ebenfalls einen entscheidenden Schwung nach vorn: Die plötzlich inaktiv gewor-

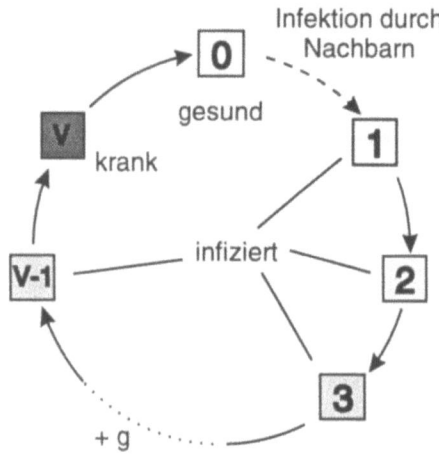

Bild 6.5:
Der Infektionszyklus in der Misch-Masch-Maschine

denen Zentren können das ihnen zur Verfügung stehende CO nicht mehr verbrauchen. Die überschüssige Menge an Verbrennungsmaterial verteilt sich durch die Diffusion in die Umgebung und begünstigt die dort liegenden Reaktionszentren, ebenfalls zunehmend mehr Moleküle zu binden und sich so der inaktiven Phase zu nähern. Sowohl infizierte als auch kranke Zellen können also gesunde Zellen anstecken.

Ist eine Zelle einmal infiziert, schreitet sie unaufhaltsam auf den kranken Zustand zu, in jedem Zeitschritt wächst ihr Infektionsgrad um einen konstanten Betrag (die Infektionsgeschwindigkeit) an. Gleichzeitig werden infizierte Zellen versuchen, ihren eigenen Infektionsgrad (durch eine lokale Mittelwertbildung) dem ihrer Nachbarn anzupassen, genauso wie die auf dem Weg zur inaktiven Phase weiter fortgeschrittenen Kristallite ihre größere Wärme auf benachbarte Bereiche verteilen und so ihre Temperatur und Aktivität einander anpassen.

Ist die Krankheit einmal ausgebrochen, hat eine Zelle also den größtmöglichen Infektionsgrad überschritten, so wird sie, wie von Zauberhand geleitet, von einem auf den nächsten Zeitschritt völlig gesund. Was als der Traum eines jeden Grippegeplagten erscheinen mag, spiegelt die Tatsache wider, daß die Wiederherstellung der Aktivität des katalytischen Zentrums durch einen plötzlichen Abbau der übermäßig angehäuften Reaktanden sehr schnell und völlig automatisch abläuft. Die genaue Definition der Regeln findet sich im Kasten 6A.

Kasten 6A
Die Misch-Masch-Maschine

Zellraum: zweidimensionales, rechteckiges $n \times m$-Gitter.

Nachbarschaft: Moore-Nachbarschaft mit erweitertem Radius r.

Randbedingungen: beliebig.

Zustandsmenge: $\{0,1,2,...,V\}$.

Der Zustand 0 beschreibt eine gesunde Zelle, V eine kranke. Alle übrigen Werte kennzeichnen die infizierten Zustände.

Zustandsentwicklung: $z_{ij}(t+1) = F(z_{ij}(t), N_{ij}(t))$,

wobei die Funktion F für die verschiedenen Zustände von $z_{ij}(t)$ unterschiedlich definiert ist:

Eine *gesunde* Zelle kann durch kranke oder infizierte Nachbarn infiziert werden. Sei K_{ij} (I_{ij}) die Anzahl der kranken (infizierten) Nachbarn der Zelle (i,j). Ist diese Zahl größer als ein Schwellwert k_1 (k_2), so wird die Zelle infiziert, also:

$$z_{ij}(t+1) = \left[\frac{K_{ij}(t)}{k_1}\right] + \left[\frac{I_{ij}(t)}{k_2}\right], \text{ wenn } z_{ij}(t) = 0.$$

Die eckige Klammer kennzeichnet die sogenannte Gaußklammer, die aus einem Bruch stets eine ganze Zahl macht, in dem sie alle Stellen nach dem Komma abschneidet. Als Beispiel gilt $[5/3] = 1$.

Eine *infizierte* Zelle paßt sich im Grad ihrer Infektion durch eine lokale Mittelwertbildung ihren infizierten Nachbarn an und schreitet außerdem in jedem Zeitschritt um einen konstanten Betrag g ($g > 0$) voran:

$$z_{ij}(t+1) = \left[(\sum_{\substack{(k,l) \in N_{ij} \\ 0 < z_{kl}(t) < V}} z_{kl}(t)) / I_{ij}(t)\right] + g, \text{ wenn } 0 < z_{ij}(t) < V.$$

Ist $z_{ij}(t+1) > V$, wird der neue Zustandswert der Zelle (i,j) automatisch auf V gesetzt.

Eine *kranke* Zelle wird sofort im nächsten Zeitschritt wieder gesund:

$$z_{ij}(t+1) = 0, \text{ wenn } z_{ij}(t) = V.$$

In den hier gezeigten Simulationen wurden folgende Parameter gewählt: $r = 3$, $V = 100$, $k_1 = 2$, $k_2 = 3$ und g wurde zwischen den Werten von 1 bis 20 variiert.

6.4 Simulierte Chemie

Die Bewährungsprobe für die Misch-Masch-Maschine begann in dem Moment, in dem wir ihre Regeln in ein Computerprogramm übersetzten, sie mit einem Satz konkreter Werte für ihre Parameter ausstatteten und sie nun zeigen mußte, ob sie tatsächlich das Verhalten der CO-Oxidation simulieren konnte. Ausgangspunkt all unserer Simulationen war eine völlig ungeordnete Verteilung von gesunden, unterschiedlich stark infizierten und kranken Zellen auf dem Gitter. Schon nach kurzer Zeit kristallisierte sich aus dieser Unordnung ein geordnetes Verhalten heraus – ein beliebiges Misch-Masch verwandelte dieser zelluläre Automat also in ordentliche Strukturen. Diese zeigten sich auch in typischen zeitlichen Schwingungen, die Bild 6.6 vorführt. Dargestellt ist hier der Anteil der infizierten Zellen auf dem Gitter, der ein Maß für die Reaktivität des Gesamtsystems ist. Diese Ausgabekurven zeigen eine angesichts der einfachen Regeln des Modells überraschende Ähnlichkeit zu den vergleichbaren Umsatzkurven des Experiments. Wie in den chemischen Messungen produziert die Misch-Masch-Maschine – abhängig von der Einstellung der Parameter – unterschiedliche Schwingungstypen. Darunter sind die sehr regelmäßigen Oszillationen genauso vertreten wie das typische Muster der langsam anwachsenden Peaks (Bild b).

Doch die zeitlichen Oszillationsmuster interessierten uns und die Chemiker nur am Rande. Wir wollten vor allem wissen, welche räumliche Muster auf dem Gitter der Zellen diesen verschiedenen Schwingungen zugrunde lagen. Bild 6.7 (und Farbtafel 5) zeigt typische Vertreter der immer wiederkehrenden drei Grundmuster, die sich abhängig von der Geschwindigkeit, mit der eine Zelle ihre Infektionszeit durchläuft, ausbilden: Für mittlere Werte der Infektionsgeschwindigkeit drängt die Misch-Masch-Maschine die Zellen in den geordneten Ablauf kreisförmiger Wellen, die sich von einem oder mehreren Infektionsherden ringförmig über das Gitter ausbreiten. Schreitet die Infektion schneller voran, verwandeln sich die Kreiswellen in deutliche Spiralen. Nur für sehr kleine Werte der Infektionsgeschwindigkeit lassen sich keine derart geordneten Strukturen erkennen. Auch hier laufen zwar überall Wellen

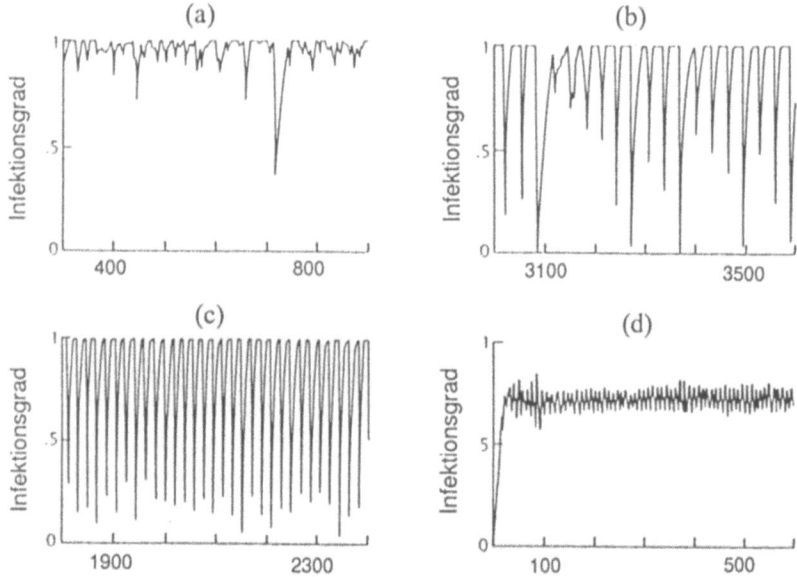

Bild 6.6: Verfolgt man in den Simulationen der Misch-Masch-Maschine den Bedeckungsgrads des Feldes mit infizierten Zellen, zeigen sich nur vier charakteristische Oszillationsmuster.

durch den Zellraum, doch sie bleiben schon nach kürzester Zeit stehen, kollidieren mit anderen oder schlängeln sich wie Würmer über einen kleinen Bereich des Gitters.

Sowohl die für die CO-Oxidation typischen regelmäßigen Oszillationen (Bild 6.3a) als auch die „selbstähnlichen" Schwingungsmuster (Bild 6.3b) fallen in den Simulationen der Misch-Masch-Maschine stets mit typischen kreisförmigen Wellen zusammen. Genau wie es die Chemiker vermutet hatten, zeigt sich, daß es einen charakteristischen Unterschied in den räumlichen Wellen des einen und des anderen Schwingungstyps gibt. Während in den regelmäßigen Schwingungen die Größe der räumlichen Bereiche gleicher Infektion (gleicher Aktivität) stets konstant bleiben, verändern sie sich bei etwas kleineren Infektionsgeschwindigkeiten: Von einer Oszillation zur nächsten wachsen die Bereiche gleichstarker Infektion immer weiter an, bis schließlich fast

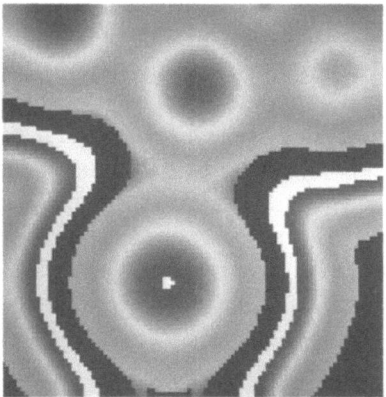
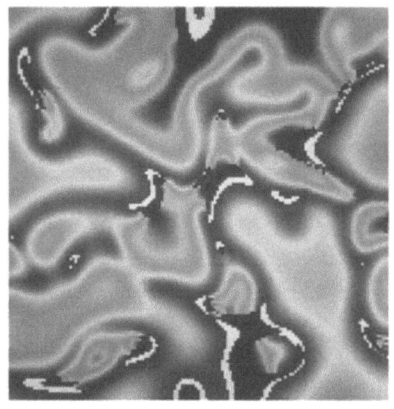

Bild 6.7:
Typische Muster der Misch-Masch-Maschine: Neben Kreis- und Spiralwellen (oben) zeigen sich auch ungeordnete Wellen (links). Jede Zelle ist in diesen Bildern gemäß ihrem Zustandswert gefärbt.

das gesamte Gitter simultan in einem Zeitpunkt von der aktiven in die inaktive Phase gerissen wird. Nach einem solchen synchronen Umschlag fast aller Zellen bleiben aber nur so kleine Infektionsherde auf dem Gitter zurück, daß die nächste Inaktivitätswelle wieder nur in vielen kleinen Schritten über das Gitter wandert. Mit diesen simulierten Strukturbildungen konnten wir das Erklärungsmodell der Chemiker für das Zustandekommen der eigentümlichen Oszillationsmuster mit einem zusätzlichen Argument unterstützen.

Wir hatten von Anfang an gehofft, mit dem zellulären Modell kreisförmige Umschlagswellen simulieren zu können. Die Spiralwellen, die

die Misch-Masch-Maschine in einem gewissen Parameterbereich immer wieder reproduzierte, trafen uns jedoch gänzlich unerwartet. Räumliche Spiralen in einer chemischen Reaktion waren lediglich aus dem Bereich erregbarer Medien bekannt. Tatsächlich wiesen die simulierten Muster der Misch-Masch-Maschine eine frappierende Ähnlichkeit mit den beobachteten Mustern in der BZ-Reaktion auf - eine Ähnlichkeit, die in dieser Form kaum ein anderes theoretisches Modell bis zu diesem Zeitpunkt vorweisen konnte. Als Alexander Dewdney die Bilder der Misch-Masch-Maschine 1988 in seiner Kolumne „Computer Recreations" im *Scientific American* vorstellte, war es daher auch für uns nicht überraschend, daß er weniger die Ähnlichkeit der Simulationen zu der CO-Oxidation als vielmehr zu der schon berühmten Belousov-Zhabotinsky-Reaktion in den Vordergrund stellte.

Einige Jahre später zeigte sich jedoch, daß die Möglichkeit dieser Strukturbildungen auch im Bereich der heterogenen Katalyse nicht nur Spekulation war. Anfang der neunziger Jahre gelang es Berliner Chemikern in der Arbeitsgruppe von Gerhard Ertl am Fritz-Haber-Institut, tatsächlich Kreis- und Spiralwellen während einer CO-Oxidation zu beobachten (Bild 6.8). In den Augen vieler Forscher war dies der noch fehlende Beweis für etwas, das sie – aufgrund zahlreicher Hinweise aus Experimenten und Simulationen – schon lange vermutet hatten.

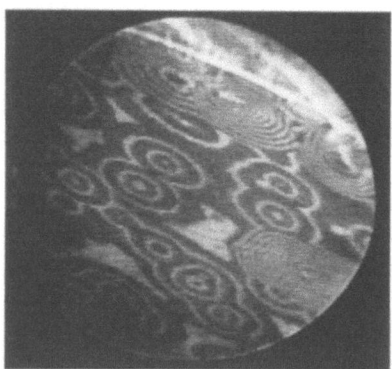 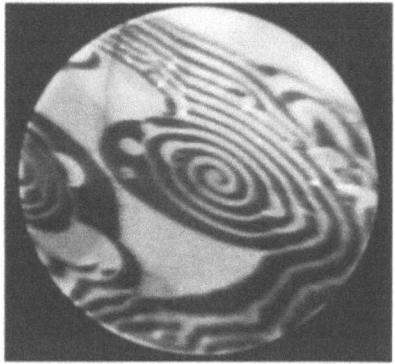

Bild 6.8: Kreis- und Spiralwellen treten auch in der CO-Oxidation auf, wie Berliner Wissenschaftler durch diese Infrarotaufnahmen des Katalysators zeigten.

Kapitel 7
Selbstreproduktion – die Basis allen Lebens

7.1 Die Suche nach künstlichem Leben

Neben der Modellierung von physikalischen und chemischen Systemen gibt es noch eine ganz andere Plattform, auf der sich die zellulären Automaten hervortun. Sie sind beliebte und viel genutzte Modelle, um auch die belebten Seiten unserer Welt im Computer zu simulieren. Gerade in der Beschreibung solcher „lebensnahen" Systeme trumpfen die zellulären Automaten oft auf – zumindest sind ihre Anhänger von ihrer gewaltigen Stärke in diesem Bereich fest überzeugt. Die Komplexität des Lebens, die uns überall umgibt, gilt als Paradebeispiel dafür, daß sich komplizierte globale Strukturen durch einfache Wechselwirkungen kleinerer, simpler Einheiten ergeben: Gene, Zellen, Neuronen sind einige der für uns so lebenswichtigen Betriebselemente, deren genau funktionierende Interaktionen unser Überleben sichern. Je mehr die Wissenschaftler über das Zusammenspiel dieser Elemente aufdecken, desto stärker wird die Überzeugung, daß auch alles Leben von logischen Gesetzmäßigkeiten beherrscht wird, deren Geheimnisse es zu enthüllen gilt.

Die Suche nach der „Logik des Lebens" ist auch Antrieb für viele der Wissenschaftler, die sich in dem noch so jungen Gebiet des „künstlichen Lebens" (KL) hervortun. Ihre Forschungsergebnisse kennen nur ein Erfolgskriterium – etwas Künstliches zu erschaffen, das den tatsächlichen Eigenschaften und Qualitäten des Lebens so nahe wie möglich kommt. Künstliches Leben findet in diesem Sinne ausschließlich im Computer statt. Durch raffinierte Programme gesteuert, entwickeln sich in zahlreichen Simulationsmodellen „lebensähnliche" Strukturen, seien es „virtuelle Ameisen", die über den Computerbildschirm wandern und ihre Spuren hinterlassen, oder „abstrakte Vogelschwärme", die gekonnt Hindernisse umfliegen und immer wieder in eine geordnete Formation zurückfinden. Zelluläre Automaten sind dabei eine der weitverbreitetsten „Sprachen" solcher Simulationen, was nichts anderes heißt, als daß die künstlichen Welten in Form eines zellulären Automaten codiert werden. In den folgenden Kapiteln werden wir noch zahlreiche Beispiele vorstellen, in denen von der Entstehung des Lebens bis hin zu Interaktionen in Tierpopulationen und sozialen Gruppen von Menschen zelluläre Automaten als Abbilder des wirklichen Lebens eingesetzt werden. In diesem Kapitel aber wollen wir den Ursprüngen der KL-Forschung genauer nachgehen.[*] Denn eine ihrer zentralen Fragen ist gleichzeitig eng verknüpft mit der Geburtsstunde zellulärer Automaten. Es ist die Frage, ob künstliches Leben (im Computer) auch zu der alles Leben kennzeichnenden Eigenschaft der Fortpflanzung – oder wie es die Wissenschaftler gerne nennen, der Selbstreproduktion – fähig ist.

7.2 John von Neumann und die Geburtsstunde selbstreproduzierender Automaten

Auch wenn das Forschungsgebiet des künstlichen Lebens erst wenige Jahre alt ist, hat es schon früher Versuche und Gedanken in diese Richtung gegeben. Eine der wichtigsten und schillerndsten Figuren in diesem Zusammenhang war John von Neumann, den wir auch schon als den geistigen Vater der zellulären Automaten vorgestellt haben. Von Neumann war ein wahres Universalgenie. Schon in seiner Kindheit zu Beginn dieses Jahrhunderts als mathematisches Wunderkind in seiner Heimat Budapest bestaunt, durchstürmte er die wissenschaftliche Karriereleiter in Riesenschritten. Bereits mit 30 Jahren wurde er, zusam-

---

[*] Wir können an dieser Stelle nur einen kurzen Abriß über das Forschungsgebiet des künstlichen Lebens geben. Wer mehr darüber erfahren will, sollte unbedingt das spannend geschriebene Buch von Stephen Levy zu diesem Thema lesen (s. Literaturhinweise), das auch uns als eine wichtige Quelle für unseren Ausflug in die KL-Forschung diente.

men mit Albert Einstein, als einer der ersten Professoren an das renommierte „Institute for Advanced Study" in Princeton berufen, an dem Jahrzehnte später Stephen Wolfram seine entscheidenden Forschungen zu den zellulären Automaten durchführen sollte. Von Neumann mischte zu seinen Lebzeiten an allen Fronten der Topforschung mit: Er war dabei, als in Göttingen die Grundlagen der Quantenmechanik ausgearbeitet wurden, zählte zu den Mitbegründern der mathematischen Spieltheorie und gehörte Jahre später in Los Alamos einer Expertenkommission für den Bau der Atombombe an. Entscheidende Beiträge leistete er außerdem zu den Grundlagen unserer modernen Computerarchitekturen.

Die zu seiner Zeit aufkommenden elektronischen Rechner faszinierten ihn – vor allem weil sie seinem großen Lebensprinzip, der Logik, so vollkommen folgten. Von Neumann war felsenfest davon überzeugt, daß alles in unserer Welt auf logischen Prinzipien beruht, insbesondere auch alles Leben. Organismen, vom einfachen Bakterium bis hin zum Menschen, waren für ihn letztlich nichts anderes als Maschinen, die Informationen verarbeiten und nach gewissen logischen Regeln einen Schritt nach dem anderen ausführen. Der Zufall als entscheidender Anstoß wesentlicher Entwicklungsschritte hatte in seinem Weltbild keinen Platz. Dieser Gedanke war an sich nichts Neues. Schon René Descartes behauptete im 17. Jahrhundert, daß Tiere nichts anderes als Maschinen seien und Menschen nur Maschinen, denen Gott eine Seele verliehen hat.

In den letzten Jahren des viel zu kurzen Lebens John von Neumanns – er starb 1957 im Alter von dreiundfünfzig Jahren an Krebs – wurde die Suche nach den logischen Prinzipien des Lebens zu einem beherrschenden Thema seiner wissenschaftlichen Arbeit. Wenn alles Leben logischen Regeln folgt, so von Neumann, muß es möglich sein, künstliche Maschinen zu bauen, die Züge wirklichen Lebens zeigen. Sein Traum war es dabei nicht, einen Apparat zu bauen, der sich augenscheinlich so benahm wie ein lebendes Wesen. Solch ein Exemplar hatte um 1740 der Franzose Jacques de Vaucanson geschaffen. Seine künstliche Ente (Bild 7.1) verblüffte die Welt damit, daß sich das vergoldete Geschöpf in allen Belangen offensichtlich so verhielt wie eine lebende Ente, es konnte schwimmen, fressen, quaken und sogar sein

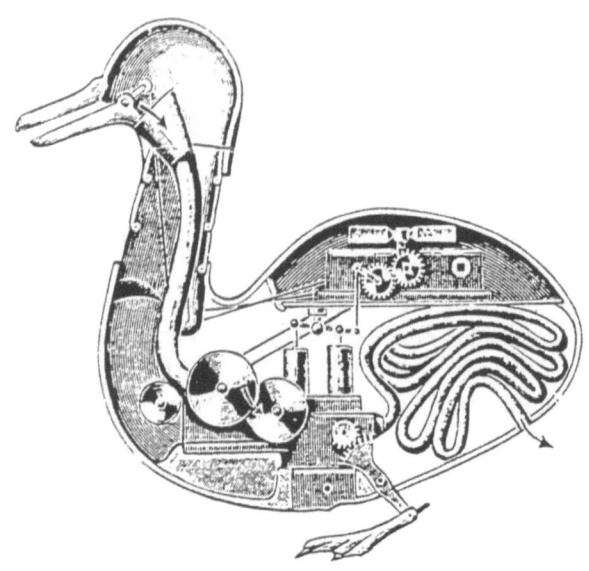

Bild 7.1:
Die von Jacques de Vaucanson um 1740 gebaute künstliche Ente

Futter verdauen. Eines aber konnte die metallene Ente nicht: sich fortpflanzen. Und dies war für John von Neumann das wichtigste Kriterium, das über Leben und Nicht-Leben entscheidet.* Eine überzeugende Ähnlichkeit zwischen künstlichen Maschinen und lebenden Wesen konnte es in seinen Augen nur geben, wenn sich die von Menschenhand geschaffenen Konstrukte selbständig reproduzieren konnten.

Von Neumann redete in seinen Forschungsarbeiten nicht von selbstreproduzierenden Maschinen, sondern nur von *selbstreproduzierenden Automaten*, was zunächst noch nichts mit dem Begriff der zellulären Automaten zu tun hatte – auch wenn es, wie wir gleich sehen werden, enge Verbindungen zwischen dem einen und dem anderen gibt. Von Neumann folgte in seiner Wortwahl lediglich dem klassischen Begriff eines Automaten, wie wir ihn bereits in Kapitel 2 vorgestellt haben, nämlich als Maschine, die nach logischen Gesetzen Informationen ver-

---

*Ein Maultier wäre allerdings mit dieser Definition nicht sehr glücklich, da es sich damit aufgrund seiner mangelnden Fortpflanzungsfähigkeit nicht zu den Lebewesen zählen dürfte.

arbeitet. Ihm schwebten sehr komplexe Automaten vor, ähnlich etwa zu den Strukturen unserer heutigen Computer, die im Grunde auch nichts anderes sind als solche logischen Maschinen.

Das Computerzeitalter steckte zu von Neumanns Lebzeiten noch in seinen tiefsten Anfängen. Doch die Grundzüge der modernen Informationstechnologie wurden genau zu dieser Zeit erarbeitet. Alan Turing hatte bereits sein Konzept der universellen Turingmaschine entwickelt, das auch die Basis eines selbstreproduzierenden Automaten wurde, wie ihn sich John von Neumann vorstellte. Neben computerinternen Elementen zur Speicherung und Verarbeitung der Information sollte diese künstliche Maschine auch noch ganz andere Komponenten enthalten wie beispielsweise eine Art Arm, mit dem die Maschine verschiedene Teile (von ihr selbst oder aus der Umgebung) trennen oder verbinden konnte. In von Neumanns gedanklicher Konstruktion existierte die Maschine in einem eigenen Lebensraum, in dem wie in einem endlosen See all die Elemente willkürlich verteilt waren, aus denen sie selbst zusammengesetzt war – ein unerschöpfliches Vorratslager für neue Nachkommen. Um sich selbst zu reproduzieren, las die Rechnereinheit des Automaten alle Informationen seines Speicherbandes ab, die die exakte Bauanleitung seines zweiten Ichs enthielt, kopierte diese Anweisungen und gab sie an eine nächste Komponente weiter, die dann wie eine kleine Fabrik den neuen Automaten zusammenbaute. Dabei suchte sie sich Stück für Stück der notwendigen Teile aus ihrer Umgebung heraus und „schraubte" sie entsprechend des Bauplans zu einer neuen Maschine zusammen.

Der entscheidende Schritt in der Konstruktion bestand darin, das im Elternautomaten gespeicherte Informationsband zu kopieren und dem Nachkommen einzupflanzen, genau wie Lebewesen ihre genetische Information über die Kopie ihrer DNS weitergeben. Obwohl die Molekularbiologie noch längst nicht die molekularen Grundlagen der Vererbung über DNS-Moleküle aufgedeckt hatte, hatte von Neumann mit seinem Gedankenmodell bereits die entscheidenden Grundlagen des biologischen Reproduktionsprozesses vorweggenommen. Auch deshalb wird seine „Automatenforschung" noch heute von vielen als die Krönung seiner Arbeit angesehen. Der renommierte Physiker Freeman Dyson bestätigt dies in seiner mehr als zwanzig Jahre nach von Neumanns

Tod erschienenen Biographie „The Disturbing Universe" mit den Worten: *„Soweit wir wissen, ist der elementare Aufbau von Mikroorganismen, die größer als ein Virus sind, exakt so, wie in von Neumanns Vorstellungen."*

Was sich in unserer Beschreibung des selbstreproduzierenden Automaten so einfach anhört, ist tatsächlich eine ungeheuer komplizierte Konstruktion – eine Konstruktion, die auch lediglich in der abstrakten Welt der Gedanken und Ideen existierte. Zu viele Elemente in von Neumanns Automaten blieben so weit im Dunkeln, daß sich niemand ihre konkrete Umsetzung vorstellen konnte – davon, einen sich fortpflanzenden Automaten tatsächlich zu bauen, war von Neumann meilenweit entfernt.

Ihn störte dieser Mangel der praktischen Umsetzung auch nicht besonders, er war von seinem logischen Apparat überzeugt und davon, daß seine Idee im Prinzip funktionieren würde. Die ingenieurmäßige Leistung, eine solche Maschine herzustellen, war nicht das große Ziel des genialen Theoretikers. Gefolgsleute, die noch Jahrzehnte nach seinem Tod die Idee von Neumanns weiter verfolgten, dachten zum Teil viel praktischer. Eines der am weitesten getriebenen Konzepte entsprang 1980 einem von der NASA finanzierten Projekt, in dem eine Gruppe von anerkannten Forschern mit allem wissenschaftlichen Ernst empfahl, von Neumanns Automaten zur Basis selbstreproduzierender Mondfabriken zu machen. Was vielen als schieres Phantasieprodukt der Science-fiction-Autoren erscheinen mag, betrachteten die beteiligten Forscher als einen völlig realistischen Plan. In ihren Augen scheiterte er nur daran, daß die ignorante Regierungsverwaltung nicht die notwendigen finanziellen Mittel zu seiner Umsetzung bereitstellen wollte.

John von Neumann hatte ganz andere Probleme mit seinem Konzept der selbstreproduzierenden Automaten. Ihn störte, daß sein Gedankenkonstrukt so abstrakt war, daß es sich nicht einmal durch einen mathematischen Formalismus vernünftig und vollständig beschreiben ließ. Ein hilfreicher Anstoß kam von der Seite eines befreundeten Kollegen, dem Mathematiker Stanislaw Ulam. Ulam erschien die Idee einer Kreatur, die in einem See von Bauteilen herumschwimmt, als viel zu unkonkret. Er schlug vor, den See durch ein gigantisches Gitter aus Zellen zu ersetzen. Jede Zelle wäre ein eigener kleiner Automat (im

Sinne von Neumanns) und könnte nach bestimmten Regeln mit benachbarten Zellen wechselwirken. In jedem Zeittakt verglich die Zelle ihren Zustand mit dem ihrer umliegenden Zellen, um aus dieser Information ihren neuen Zustand zu berechnen. Von Neumann war fasziniert von der Möglichkeit, sein visionäres Gedankengerüst in einen derartig formalen Rahmen einzupassen. Auf der Grundlage von Ulams Vorschlag übersetzte von Neumann seinen selbstreproduzierenden Automaten in einen mathematischen Formalismus. Mit ihm war der Begriff des „zellulären Automaten" geboren, und von Neumanns Modell sollte als der erste dieser Automaten in die Geschichte eingehen.

Die gesamte Konstruktion basiert auf einem komplizierten Regelwerk. Begnügten sich spätere Zellularautomaten, wie etwa Conways berühmtes Spiel LIFE, mit nur zwei Zuständen, benötigte von Neumann insgesamt 29 verschiedene Zustände, um das von ihm gewünschte Verhalten zu erzeugen. Jede seiner Zellen hatte vier Nachbarn, je einen direkt angrenzenden Gitterplatz im Osten, Westen, Norden und Süden. Diese Art der Nachbarschaft ist uns aus zahlreichen Beispielen bereits bestens vertraut, und nun wissen wir auch, warum sie „von-Neumann-Nachbarschaft" heißt.

Von Neumanns gesamter selbstreproduzierender Automat ist letzten Endes eine Konfiguration mehrerer hunderttausend Zellen, die sich nach komplizierten Regeln entwickeln und auch fortpflanzen – also ein Automat im (zellulären) Automaten. Der zelluläre Automat selbst stellt lediglich den Lebensraum für die sich automatisch fortpflanzenden Strukturen bereit und hat mit dem eigentlichen Schritt der Selbstreproduktion nur am Rande etwas zu tun. Bild 7.2 zeigt in einer sehr groben Darstellung den Aufbau dieser künstlichen Wesen. Die gesamte Konstruktion ist in einem gigantischen Zellgitter eingebettet. Allein das hier nur aus wenigen Zellen angedeutete Band, auf dem die Information gespeichert ist, stellte sich John von Neumann als einen Wurm von etwa 150 000 Zellen vor. Die Zeichnung ist daher auch in keiner Hinsicht als detailgetreu zu betrachten, sondern lediglich als eine Veranschaulichung der verschiedenen Elemente dieses Automaten. Die Zellen des Bandes enthalten gewisse codierte Anweisungen. Werden diese ausgeführt, verändern sie auch die Zellen im „Körper" des künstlichen Wesens (dem großen rechteckigen Kasten), die ihrerseits dann ein Si-

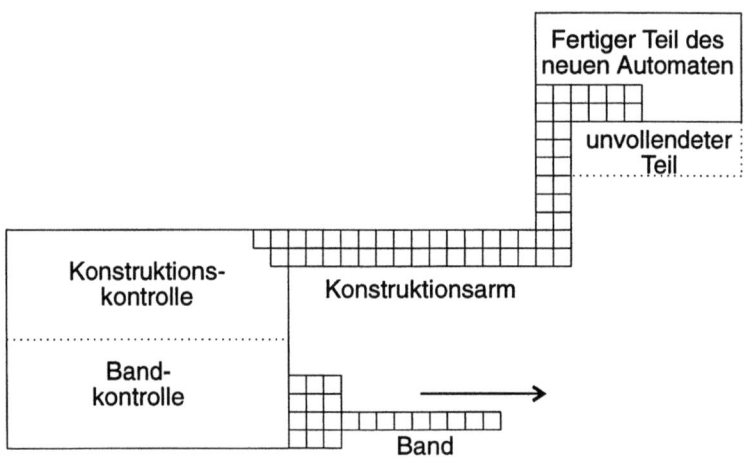

Bild 7.2: So stellte sich John von Neumann einen selbstreproduzierenden Automaten vor (gezeichnet nach *S. Levy: Künstliches Leben im Computer*).

gnal an den „Konstruktionsarm" losschicken. Dieser verlängert sich zunächst und beginnt dann damit, einen neuen Körper aufzubauen. Ist die Konstruktion der neuen äußeren Hülle abgeschlossen, wird noch die gesamte Information vom Band des Elternautomaten in seinen Sprößling kopiert – ein identischer neuer Automat ist entstanden.

John von Neumann sollte nie dazu kommen, den Entwurf dieses ersten zellulären Automaten für die Nachwelt niederzuschreiben, sein Tod beendete seine Arbeit. Daß seine Konstruktion dennoch nicht verlorengegangen ist, ist vor allem Arthur Burks zu verdanken, der in mühevoller Arbeit John von Neumanns Forschungen nach dessen Tode aufarbeitete und veröffentlichte.

7.3 Geht es noch einfacher?

Es überrascht nicht, daß sich nach von Neumanns Vorschlag eines ersten selbstreproduzierenden Automaten immer wieder Wissenschaftler mit seiner Konstruktion auseinandersetzten und nach einfacheren Wegen ihrer Umsetzung suchten. Einer dieser Forscher war beispielsweise E.F. Codd, der sich für seine Doktorarbeit an der Universität von Michigan zehn Jahre nach von Neumanns Tod aufmachte, einen eigenen sich fortpflanzenden Automaten zu bauen. Sein Vorbild war natürlich die Arbeit von Neumanns, und Codds Konstruktion ähnelte der seines großen Vorgängers in vieler Hinsicht – nur daß sie bereits viel einfacher war. Statt sich mit 29 verschiedenen Zellzuständen und den in dieser Menge möglichen Entwicklungsregeln herumzuschlagen, reduzierte Codd die Zustände seiner künstlichen Wesen auf nur acht. Dennoch blieb auch sein Konstrukt immer noch in einer Wolke unzähliger Details verborgen und bestand auch sein selbstreproduzierender Automat letztlich aus einer Konfiguration mehrerer zehntausend Zellen.

Als Jahrzehnte später die zellulären Automaten immer mehr in den Blickpunkt der Wissenschaftler gelangten, wurde von Neumanns Arbeit stets als ein bedeutsamer Meilenstein dieser Theorie betrachtet. Viele Forscher, wie auch Wolfram, bewunderten seine Ideen und störten sich gleichzeitig an der gewaltigen Undurchschaubarkeit seiner Konstruktion. Ed Regis zitiert Wolfram in seinem schon im Kapitel 4 erwähnten Buch „Gödel, Escher und Co" : „... *Die Einzelheiten der Durchführung* [von Neumanns] *sind wie der geheimnisvollste mathematische Beweis, der mir je begegnet ist. ... es ist ein eindrucksvoller Beweis – was er zeigen wollte, ist, daß Selbstreproduktion möglich ist; es ist ihm gelungen, das zu beweisen – aber die Beweismethode war völlig geheimnisvoll und kompliziert und, denke ich, als solche nicht sehr einleuchtend."* Inzwischen erwartete man von zellulären Automaten eine andere Überzeugungskraft als die eines abstrakten, mathematischen Beweises. Man wollte ihre Entwicklungen im Computer simulieren können und so mit eigenen Augen sehen, zu welchem Verhalten das erdachte Regelwerk in der Lage ist. An solche Simulationen war mit von Neumanns Konstruktion – und auch mit der vereinfachten Version Codds – nicht zu denken.

Ganz besonders störte dies Christopher Langton, der seinen großen Traum verfolgte, künstliches Leben im Computer zu erschaffen. Als Langton auf von Neumanns Arbeit stieß, war ihm sofort klar, daß die Frage der automatischen Selbstreproduktion einen entscheidenden Puzzlestein in diesem Traum darstellt. Doch von Neumanns selbstreproduzierende Automaten „lebten" nicht wirklich in der Welt eines

Computers, sondern nur in der abstrakten Welt der Ideen. Langton wollte eine noch einfachere Lösung für dieses Problem der künstlichen Selbstreproduktion finden.

Er fand auch schnell den nötigen Ansatzpunkt. Sowohl von Neumann als auch Codd hatten den Anspruch, daß ihr künstlicher Automat nicht nur eine selbstreproduzierende Maschine sein sollte, sondern gleichzeitig auch allen Kriterien einer universellen Turingmaschine genügen mußte. Er sollte also in der Lage sein, jede logische Aufgabe auszuführen, die irgendeine andere Maschine ausführen konnte. Dies war ein gewaltiger Anspruch – und in den Augen Langtons auch ein viel zu hohes Ziel. Er war bereit, das Ziel der Universalität auf dem Altar der prinzipiellen Fortpflanzungsfähigkeit zu opfern. Warum sollten selbstreproduzierende künstliche Kreaturen gleichzeitig universell sein? Ganz sicher waren doch auch die ersten selbstreproduzierenden Moleküle, die der Entwicklung des wirklichen Lebens vorausgingen, weit davon entfernt, universelle Aufgaben lösen zu können.

Gibt man aber das Kriterium der Universalität auf, läuft man gleichzeitig Gefahr, Strukturen und Regeln als einen selbstreproduzierenden Automaten zu bezeichnen, die doch offensichtlich von nichts anderem als einem trivialen Kopiervorgang herrühren. Es gibt etliche zelluläre Automaten, die mit Leichtigkeit einzelne Zellkonfigurationen von einem Zeitschritt zum nächsten oder innerhalb gewisser Perioden exakt kopieren. Eines der einfachsten Beispiele dafür ist der eindimensionale mod-2-Automat, der uns im Kapitel 4 schon begegnet ist. Seine Regeln machen aus einer Zelle mit dem Wert 1 im nächsten Moment zwei Abbilder, nämlich zwei voneinander isolierte 1-Zellen (vgl. Bild 4.1). Die gleiche Regel, übertragen in ein zweidimensionales Rechtecksgitter mit der Moore-Nachbarschaft, zeigt eine noch viel überzeugendere Kopierleistung, wie Bild 7.3 eindrucksvoll vorführt: Das Startmuster des Zellgitters, ein Elefant, löst sich zunächst unter dieser Regel in ein heilloses Durcheinander auf. Bild b zeigt, was nach 63 Zeitschritten aus dem Elefanten geworden ist. Doch im nächsten Moment (c) wandelt sich dieses Bild vollkommen. Aus dem unstrukturierten Chaos entstehen – wie in einem effektvollen Zaubertrick – acht exakte Ebenbilder des Elefanten.

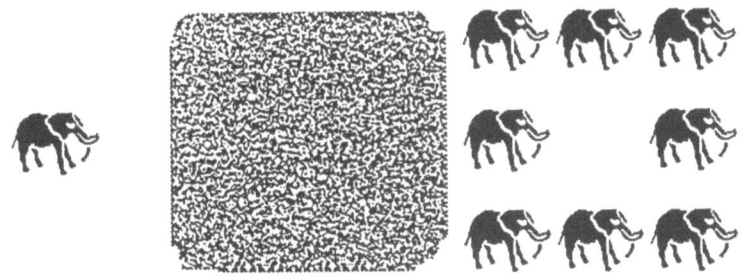

Bild 7.3: Die mod-2-Regel auf einem zweidimensionalen Gitter ist ein perfekter Kopierer. Aus jedem beliebigen Muster, wie hier einem Elefanten, entstehen nach 64 Zeitschritten acht exakte Kopien.

Ist dies die perfekte Selbstreproduktion, hinter der auch noch allereinfachste Spielregeln stehen? Langton verneint dies entschieden. Solche Beispiele haben für ihn nichts mit von Neumanns Gedanken einer Selbstreproduktion zu tun und noch weniger mit der Art von Selbstreproduktion, wie sie das Leben vollbringt. Um diesen Mechanismen nahe zu kommen, so meint er, muß man die Vorsilbe „Selbst" viel ernster nehmen als die eigentliche „Reproduktion". Das heißt aber, von einer selbstreproduzierenden Struktur (einem Muster in einem zellulären Automaten etwa) zu fordern, daß die Konstruktion ihrer Kopie *aktiv* von der Struktur selbst gelenkt wird. Die Verantwortung für die Geburt eines selbstähnlichen Sprößlings liegt also in allererster Linie in dem Elternmuster und erst in zweiter Linie in den Regeln des Zellularautomaten. Im obigen Beispiel der mod-2-Regel ist dieses Verhältnis aber genau umgedreht, seine Entwicklungsregeln klonen jedes beliebige Muster, das man zu Beginn in seinem Zellgitter aufbaut. Die Reproduktion ist also eindeutig in die Regeln der Lebenswelt des sich vermehrenden Musters eingebaut.

Von Neumann selbst hatte aus Langtons Sicht bereits das entscheidende Kriterium für das, was die Selbstreproduktion ausmacht, erkannt: Wie auch in der wirklichen molekularen Selbstreproduktion muß eine Konfiguration die in ihr gespeicherte Information auf zwei Arten behandeln. Einerseits muß sie diese als Daten *interpretieren*, die auszuführende Anweisungen enthalten (so wie die Zelle die Moleküle der

DNS als Bauvorschrift ihrer Proteine nutzt). Andererseits muß sie sie völlig uninterpretiert als nackte Daten an den eigenen Sprößling *kopieren* (so wie auch die DNS als Molekül verdoppelt und an die Erbanlagen der neuen Zelle übergeben wird).

Langton benutzte wie Codd acht verschiedene Zustände der Zellen und schaute sich auch für die Definition der Regeln wichtige Prinzipien von seinem Vorgänger ab. Das entscheidende Bauelement Langtons künstlicher Wesen waren die von Codd eingeführten sogenannten „Datenpfade", auf denen dessen gesamte Maschine basierte. Der Prototyp eines solchen Datenpfades sieht folgendermaßen aus:

```
2 2 2 2 2 2 2 2
1 1 1 1 1 1 1 1
2 2 2 2 2 2 2 2
```

Er besteht aus drei übereinanderliegenden Zellreihen (beliebiger Länge), die beiden äußeren Reihen (die Hülle) sind ausschließlich mit dem Zustand 2 besetzt, während die inneren Zellen (der Kern) den Wert 1 haben. Diese innere Zellreihe ist – daher kommt auch ihr Name – so etwas wie ein simpler Transportweg, auf dem gewisse Signale durch den Zellraum reisen können. Ein Signal in Codds Automat ist ein Zustandspaar von zwei Werten, die auf Gedeih und Verderb miteinander verbunden sind: dem Signalzustand selbst (das kann eine 4, 5, 6, oder 7 sein) und dem ihm angehängten Zustand 0, der so etwas wie der Punkt am Ende eines Satzes ist. Die Entwicklungsregeln des Automaten sind genau so festgelegt, daß solche Signale von einem zum nächsten Zeitschritt sich jeweils um eine Zelle bewegen. Gemäß diesen Regeln wandert beispielsweise das Signal 7 0 folgendermaßen durch den Datenpfad:

```
2 2 2 2 2 2 2    2 2 2 2 2 2 2    2 2 2 2 2 2 2
1 1 0 7 1 1 1 → 1 1 1 0 7 1 1 → 1 1 1 1 0 7 1
2 2 2 2 2 2 2    2 2 2 2 2 2 2    2 2 2 2 2 2 2
```

Solche Signalketten sind die verschlüsselten Anweisungen, die für den Reproduktionsvorgang des Automaten benötigt werden. So kann beispielsweise die Signalfolge 7 0 — 6 0 einen Datenpfad verlängern (der Strich steht immer für zwei Einsen, die in Codds Konstruktion notwendig sind, um zwei Signale voneinander zu trennen):

```
2 2 2 2 2 2 2        2 2 2 2 2 2 2        2 2 2 2 2 2 2
0 6 1 1 0 7 1 1 2 → 1 1 1 0 6 1 1 1 1 → 1 1 1 1 1 1 1 1 2
2 2 2 2 2 2 2        2 2 2 2 2 2 2        2 2 2 2 2 2 2
```

Das Signal 7 0 bricht die ursprüngliche Kappe des Datenpfades auf und verwandelt die dort stehende Hüllenzelle (2) in eine Kernzelle (1). Erreicht dann das Signal 6 0 diese etwas im luftleeren Raum hängende Kernzelle, wird die Hülle um eine Zelle erweitert und so der verlängerte Pfad wieder eingeschlossen.

Signale können dank des ausgeklügelten Regelsystems in diesen Datenstrukturen auch „um die Ecke" reisen und sich dabei duplizieren:

```
        2 1 2                  2 1 2                  2 1 2
        2 1 2                  2 1 2                  2 1 2
        2 1 2                  2 1 2                  2 7 2
2 2 2 2 1 2 2 2 2 → 2 2 2 2 7 2 2 2 2 → 2 2 2 2 0 2 2 2 2
1 1 1 0 7 1 1 1 1    1 1 1 1 0 7 1 1 1    1 1 1 1 1 0 7 1 1
2 2 2 2 2 2 2 2 2    2 2 2 2 2 2 2 2 2    2 2 2 2 2 2 2 2 2
```

Codd verwirklichte alle Elemente des selbstreproduzierenden Automaten über solche Datenpfade. Für Langtons stark vereinfachte Konstruktion ist dabei nur eine bestimmte Struktur von Interesse: eine Schleife, die in Codds Automaten als eine Art Timer funktioniert und folgendermaßen aussieht:

```
        2 2 2 2 2
        2 0 1 1 1 1 2
        2 7 2 2 2 1 2
        2 1 2       2 1 2
        2 1 2       2 1 2
        2 1 2 2 2 2 7 2 2 2 2 2 2 2 2 2
        2 1 1 1 1 1 0 7 1 1 1 1 1 1 0 7 1 1
        2 2 2 2 2 2 2 2 2 2 2 2 2 2 2 2 2 2
```

Jedes Signal – in unserem Beispiel ist es wieder die Folge 7 0 – , das innerhalb der Schleife herumreist, wird sich an der T-Kreuzung verdoppeln. Das Original wandert weiter um die Schleife herum, während seine Kopie den an der Schleife hängenden Arm erobert. In regelmäßigen Zeitabständen, in unserem Beispiel alle zehn Zeitschritte, wird also eine Kopie des Signals im Arm der Schleife auf die Reise geschickt.

Was für Codd lediglich die Funktion einer genau gehenden Uhr hatte, mit der er alle Prozesse seiner Maschine aufeinander abstimmen konnte, öffnete für Langton das Tor zu ganz neuen Möglichkeiten. Er erkannte sofort, daß Codds Schleifen eine zusätzliche, phantastische Eigenschaft hatten. Sie waren hervorragende Speicherelemente – ein Signal, das einmal in ihnen eingeschlossen war, kreiste für alle Zeiten in ihrem Innern herum. Könnten nicht, so fragte sich Langton, diese Schleifen der Schlüssel zu ganz neuen und einfachen, selbstreproduzierenden Wesen sein? Ließen sich nicht vielleicht die Anweisungen für den Bau einer solchen Schleife in der Schleife selbst verstecken? Mit Codds Regeln war das Unternehmen zum Scheitern verurteilt, mit neuen Entwicklungsregeln jedoch war es tatsächlich machbar.

Die Entwicklungsregeln eines solchen selbstreproduzierenden Automaten lassen sich nicht mehr durch eine einfache Formel beschreiben. Langton ging daran, für alle möglichen Konfigurationen von Zustandswerten in der Nachbarschaft genau auszutüfteln, welchen neuen Wert die Zelle selbst erhalten muß, um das von ihm gewünschte Verhalten zu erzeugen. Da er, wie auch schon von Neumann und Codd für jede Zelle vier Nachbarn für die Entwicklung berücksichtigte, gab es unzählige Kombinationsmöglichkeiten der acht verschiedenen Zustände. Selbst unter Berücksichtigung möglicher Symmetrien arten die Spielregeln für die selbstreproduzierenden Schleifen Langtons in eine Tabelle von über 200 Einträgen aus, in der jeder Eintrag den neuen Zustandswert einer möglichen Nachbarschaftskonfiguration angibt. Wer diese Schleifen selbst nachprogrammieren möchte, findet diese Tabelle in dem Originalartikel von Langton (s. Literaturhinweise).

Die magische Sequenz, die die Selbstreproduktion einer Schleife tatsächlich bewirkt, ist nun die folgende:

7 0 1 7 0 1 7 0 1 7 0 1 7 0 1 7 0 1 7 0 1 4 0 1 4 0 1.

Wird diese Sequenz in eine Schleife eingebettet, wie sie schon Codd aufgebaut hatte, kann sie tatsächlich identische Nachkommen erzeugen. Im Bild 7.4 haben wir Stationen aus dem Lebensweg einer solchen selbstreproduzierenden Schleife zusammengestellt.

Das Startmuster dieser Selbstreproduktion ist zum Zeitpunkt $t = 0$ dargestellt. Läßt man jetzt die Entwicklung des Automaten nach den festgelegten Regeln ablaufen, sorgen die sechs 7 0-Signale für eine Verlängerung des Konstruktionsarms auf seine doppelte Länge. Jetzt kommen die 4 0-Signale zum Einsatz. Sie bauen am Ende des Arms eine Ecke auf, der Arm knickt ab, bis er sich in einer Schleife selbst wieder schließt ($t = 35$ bis $t = 120$). Aus dem ursprünglichen Arm der Originalschleife ist nun eine Kreuzung geworden, an der zwei identische Schleifen aufeinandertreffen. Wie von Zauberhand geleitet – tatsächlich sind natürlich allein die postulierten Regeln des Automaten dafür verantwortlich – tauchen ganz neue Signale in der Informationssequenz der Schleifen auf: Ein 5-Signal zieht sich in die Elternschleife zurück, während ein 6 0-Signal sich in der Kopie ausbreitet. Beide Schleifen trennen sich nun voneinander ($t = 128$). Trifft das 6 0-Signal auf die erste Ecke seiner Schleife, bricht es deren Hülle auf und beginnt mit dem Bau eines neuen Arms ($t = 134$). Gleichzeitig wandert das 5-Signal durch die äußere Hülle der Elternschleife, wo es ebenfalls bei der erstbesten Gelegenheit, also an der nächsten Ecke, die Konstruktion eines neuen Arms in Gang setzt. Nach insgesamt 151 Zeitschritten ist der gesamte Reproduktionsvorgang abgeschlossen. Aus einer Schleife sind zwei identische Exemplare geworden. Die Elternschleife hat sich allerdings während dieses Prozesses um genau 90° gedreht, ihr Konstruktionsarm zeigt nun nicht mehr nach rechts, sondern nach oben. Eine zweite Kopie wird in der nächsten Generation oberhalb von der Elternschleife gebildet.

Starten wir diese Selbstreproduktion von einer einzigen „Urschleife" aus, so erzeugt diese insgesamt vier Nachkommen. Danach hat sie sich einmal vollständig um sich selbst gedreht. Jeder Versuch, einen weiteren Sprößling aufzubauen, ist aussichtslos – der Platz, den dieser beanspruchen würde, ist schon von einem anderen Stammhalter besetzt. Da die äußeren Zellen des Arms irgendwann auf andere, von Null verschiedene Zellen stoßen, spürt der Arm die Gegenwart einer anderen Schleife. Die Schleife zieht daraufhin ihren Arm zurück, blockiert ihre eigene Informationssequenz durch eine Hüllenzelle und löscht sie damit in den nächsten Zeitschritten vollständig aus. Übrig bleibt also eine leere Hülle, in der keinerlei relevante Information mehr kreist. Auch

```
  2 2 2 2 2 2 2 2
2 1 7 0 1 4 0 1 4 2
2 0 2 2 2 2 2 2 0 2
2 7 2         2 1 2
2 1 2         2 1 2
2 0 2         2 1 2
2 7 2         2 1 2
2 1 2 2 2 2 2 2 1 2 2 2 2 2
2 0 7 1 0 7 1 0 7 1 1 1 1 1 2
  2 2 2 2 2 2 2 2 2 2 2 2 2
```

t = 0

```
  2 2 2 2 2 2 2 2
2 4 0 1 1 1 1 1 7 2
2 1 2 2 2 2 2 2 0 2
2 0 2         2 1 2
2 4 2         2 7 2
2 1 2         2 0 2
2 0 2         2 1 2                   2
2 7 2 2 2 2 2 2 7 2 2 2 2 2 2 2 2 2 2 1 2
2 1 0 7 1 0 7 1 0 7 1 0 7 1 0 7 1 1 1 1 2
  2 2 2 2 2 2 2 2 2 2 2 2 2 2 2 2 2 2 2
```

t = 35

```
  2 2 2 2 2 2 2 2                   2 2
2 7 0 1 7 0 1 7 0 2               2 1 1 2
2 1 2 2 2 2 2 2 1 2                 2 1 2
2 1 2         2 7 2                 2 1 2
2 1 2         2 0 2                 2 1 2
2 1 2         2 1 2                 2 7 2
2 1 2         2 7 2                 2 0 2
2 0 2 2 2 2 2 2 0 2 2 2 2 2 2 2 2 2 2 1 2
2 4 1 0 4 1 0 7 1 0 7 1 0 7 1 0 7 1 0 7 2
  2 2 2 2 2 2 2 2 2 2 2 2 2 2 2 2 2 2 2
```

t = 70

```
  2 2 2 2 2 2 2 2       2 2 2 2 2 2 2 2
3 0 1 1 1 1 1 7 0 2   2 1 7 0 1 7 0 1 4 2
2 4 2 2 2 2 2 2 1 2   2 0 2 2 2 2 2 2 0 2
2 1 2         2 7 2   2 7 2         2 1 2
2 0 2         2 0 2   2 1 2         2 4 2
2 4 2         2 1 2   2 1 2         2 0 2
2 1 2         2 7 2     2           2 1 2
2 0 2 2 2 2 2 2 0 2 2 2 2 2 2 2 2 2 2 1 2
2 7 1 0 7 1 0 7 1 0 7 1 0 7 1 0 7 1 1 1 2
  2 2 2 2 2 2 2 2 2 2 2 2 2 2 2 2 2 2 2
```

t = 120

```
  2 2 2 2 2 2 2 2       2 2 2 2 2 2 2 2
2 7 0 1 7 0 1 7 0 2   2 1 4 0 1 4 0 1 1 2
2 1 2 2 2 2 2 2 1 2   2 0 2 2 2 2 2 2 1 2
2 1 2         2 7 2   2 7 2         2 1 2
2 1 2         2 0 2   2 1 2         2 1 2
2 1 2         2 1 2   2 0 2         2 7 2
2 1 2         2 7 2   2 7 2         2 0 2
2 0 2 2 2 2 2 2 0 2 2 2 1 2 2 2 2 2 2 1 2
2 4 1 0 4 1 0 7 1 0 7 5 0 6 1 0 7 1 0 7 2
  2 2 2 2 2 2 2 2 2 2 2 2 2 2 2 2 2 2 2
```

t = 126

```
  2 2 2 2 2 2 2 2       2 2 2 2 2 2 2 2
2 1 7 0 1 7 0 1 7 2   3 0 1 4 0 1 1 1 1 2
2 0 2 2 2 2 2 2 0 2   2 4 2 2 2 2 2 2 1 2
2 7 2         2 1 2   2 1 2         2 7 2
2 1 2         2 7 2   2 0 2         2 0 2
2 1 2         2 0 2   2 7 2         2 1 2
2 1 2         2 1 2   2 1 2         2 7 2
2 1 2 2 2 2 2 2 7 2   2 0 2 2 2 2 2 2 0 2
2 1 0 4 1 0 4 1 0 5   2 7 1 0 6 1 0 7 1 2
  2 2 2 2 2 2 2 2 2     2 2 2 2 2 2 2 2
```

t = 128

```
  2 2 2 2 2 2 2 2       2 2 2 2 2 2 2 2
2 1 7 0 1 7 0 1 7 2   2 1 1 1 7 0 1 7 0 2
2 0 2 2 2 2 2 2 0 5   2 1 2 2 2 2 2 2 1 2
2 7 2         2 1 2   2 1 2         2 7 2
2 1 2         2 4 2   2 0 2         2 0 2
2 0 2         2 0 2   2 4 2         2 1 2
2 7 2         2 1 2   2 1 2         2 7 2
2 1 2 2 2 2 2 2 4 2   2 0 2 2 2 2 2 2 0 2
2 0 7 1 1 1 1 1 0 3   2 4 1 0 7 1 0 7 1 1 3
  2 2 2 2 2 2 2 2       2 2 2 2 2 2 2 2 2
```

t = 134

```
                2
              2 1 2
              2 7 2
              2 0 2
              2 1 2
  2 2 2 2 2 2 2 7 2     2 2 2 2 2 2 2 2
2 1 1 1 7 0 1 7 0 2   2 1 7 0 1 4 0 1 4 2
2 1 2 2 2 2 2 2 1 2   2 0 2 2 2 2 2 2 0 2
2 1 2         2 7 2   2 7 2         2 1 2
2 0 2         2 0 2   2 1 2         2 1 2
2 4 2         2 1 2   2 0 2         2 1 2
2 1 2         2 7 2   2 7 2         2 1 2
2 0 2 2 2 2 2 2 0 2   2 1 2 2 2 2 2 2 2 2 2 2 2 2
2 4 1 0 7 1 0 7 1 2   2 0 7 1 0 7 1 0 7 1 1 1 1 1 2
  2 2 2 2 2 2 2 2       2 2 2 2 2 2 2 2 2 2 2 2 2
```

t = 151

Bild 7.4: Stationen aus dem Lebensweg einer selbstreproduzierenden Schleife

wenn die Elternschleife quasi versteinert, pulsiert das „Leben" im zellulären Gitter immer weiter. Auf einem unendlichen Gitter würde die Kolonie der selbstreproduzierenden Schleifen unbeschränkt nach außen wachsen. Bild 7.5 zeigt das Wachstum einer solchen Kolonie. Langton erinnerte dieser Prozeß an die Entstehung von Korallenriffen, die sich nach ähnlichen Mustern aufbauen.

Langtons Schleifen waren ohne Frage einfache Muster, vor allem im Vergleich zu von Neumanns und auch Codds Konstruktionen selbstreproduzierender Automaten. Natürlich waren sie weit davon entfernt, universelle Eigenschaften zu besitzen. Doch dies tat ihrem Wert als ein entscheidender Puzzlestein in den Bemühungen um die Simulation künstlichen Lebens keinen Abbruch. Sie waren ein überzeugendes Indiz dafür, daß auch künstliche Konstruktionen „lebendige Eigenschaften" wie die einer selbständigen Reproduktion besitzen können. Vor allem besitzen sie – im Gegensatz zu ihren komplizierten Vorgängern – den unschlagbaren Vorteil, in einem einfachen Computerprogramm simuliert werden zu können. Für Langton wurden sie daher zu einem entscheidenden Argument dafür, daß sich die Suche nach dem künstlichen Leben tatsächlich lohnen kann.

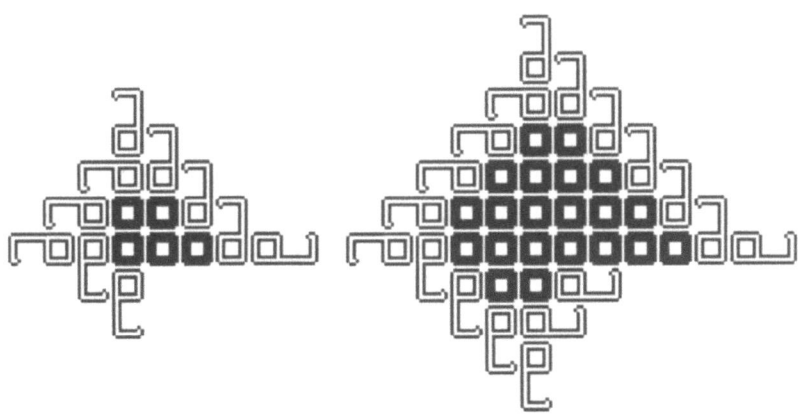

Bild 7.5: Langtons selbstreproduzierende Schleifen wachsen zu ganzen Kolonien an. Dunkle Kästen symbolisieren bereits abgestorbene Schleifen, helle Schleifen können sich weiterhin reproduzieren.

Die heutigen Bemühungen der KL-Forschung begnügen sich längst nicht mehr damit, einfache Prinzipien wie die Selbstreproduktion zu simulieren. Ihre Programme erschaffen zum Teil künstliche Wesen im Computer, die sich in subtilen Evolutionsprozessen selbstorganisiert zu immer komplexeren Strukturen entwickeln. Der Versuch, auf diese Weise Leben nachzubilden, ist sicherlich ein ehrgeiziges Unternehmen, das viele Betrachter dieser Forscherszene mit bewundernden, aber auch etliche mit sehr kritischen Blicken verfolgen. Vielen Wissenschaftlern und Nicht-Wissenschaftlern ist ein solches Forschungsprogramm schlichtweg unheimlich. Es erweckt in ihnen Erinnerungen an Frankensteins Monster und die kühnsten Phantasievorstellungen von Science-fiction-Autoren, die die drohende Katastrophe einer Übernahme unserer Welt durch künstliche Roboter heraufbeschwören. Vorschläge, von Neumanns abstrakte Ideen allen Ernstes für den Bau selbstreproduzierender Weltraumfabriken zu nutzen, bestätigt die Skeptiker nur in ihrem Unbehagen.

Die meisten der Forscher, die sich heute um Christopher Langton und seine Mitstreiter in dem gemeinsamen Ziel scharen, Leben zu simulieren, sind sicherlich weit von solchen Phantasievorstellungen entfernt, selbst zum Gott und Schöpfer künstlicher Welten aufzusteigen. Sie wollen Züge des Lebens durch einfache logische Regeln nachbilden und so, wie schon ihr großer geistiger Vater von Neumann, die Geheimnisse des Lebens mehr und mehr aufdecken. Dennoch können auch sie wenig dagegen ausrichten, daß ihrem Forschungsgebiet schnell der Beigeschmack einer mystischen „New Age-Wissenschaft" anhaftet, die sich über die Folgen ihrer Forschung nur wenig Gedanken macht.

Alle Skepsis sollte aber nicht davon ablenken, die tatsächlichen Simulationen natürlicher lebender Systeme (ob sie nun unter der Überschrift „künstliches Leben" betrieben werden oder nicht) unvoreingenommen zu betrachten. In den folgenden Kapiteln werden wir Ihnen die verschiedensten Beispiele solcher Simulationen mit zellulären Automaten vorstellen. Ihr einziges Ziel ist es, durch die Modellierung dessen, was uns die Natur täglich beobachten läßt, die Gesetze und Regeln unserer Natur besser zu verstehen. Beginnen wollen wir diese Reise durch den „belebten" Teil der zellulären Welten im nächsten Kapitel mit der Suche nach den Ursprüngen des Lebens.

Kapitel 8
Der Hyperzyklus – ein Modell zur präbiotischen Evolution

8.1 Die Ursprünge des Lebens

Wie ist das Leben entstanden? Dies ist immer noch eine der zentralen naturwissenschaftlichen Fragen, die uns Menschen bewegt. Es drängt uns nicht nur, unsere eigenen Ursprünge kennenzulernen, sondern auch die Voraussetzung für die Entstehung von Leben in unserer und vielleicht in anderen Welten zu begreifen.

Bis in unsere heutige Zeit hinein hat sich die Naturwissenschaft schwer damit getan, die Entstehung des Lebens kausal zu erklären. Für den Wissenschaftler, insbesondere den Chemiker, gab es stets zwei Arten von Welten: die der anorganischen und die der organischen Stoffe. Nur in der organischen Welt der Kohlenstoffverbindungen war Leben zu suchen – per Definition gehören zu ihr nur die Stoffe, die von lebenden Organismen gebildet werden. Unter dem Dogma einer solchen rigorosen Zweiteilung läßt sich die Entstehung des Lebens eigentlich nur auf zwei Arten erklären. Entweder war es „von Beginn an da", etwa als Ergebnis eines einmaligen Schöpfungsaktes – oder es muß immer wieder von neuem durch eine beständige Urzeugung, der sogenannten *generatio spontanea*, geschaffen werden.

Die Idee der Urzeugung hat sich in den Wissenschaften über fast zwei Jahrtausende hartnäckig gehalten. Ihre Ursprünge gehen bis auf Aristoteles zurück, der glaubte, daß viele Pflanzen und kleine Tiere spontan aus sich zersetzender Erde oder verwesendem Fleisch entstehen. Noch gegen Ende des 16. Jahrhunderts war der zu seiner Zeit hochangesehene Chemiker Jan Baptista van Helmont davon überzeugt,

Mäuse aus nichts als einem Stück dreckigem Leinen, etwas Weizen und Käse erschaffen zu haben. Nur langsam konnten Forscher mit ihren Versuchen und Experimenten dieses standhafte Bild der spontanen Urzeugung zum Wanken bringen. Das letzte überzeugende Argument lieferte erst Louis Pasteur gegen Ende des 19. Jahrhunderts, als er in einer eleganten und trickreichen Versuchsanordnung bewies, daß selbst die winzigen Mikroorganismen nicht spontan entstehen können. Damit war die Hypothese der Urzeugung endgültig verbannt und die Grundlage unserer heutigen, „modernen" Naturauffassung geschaffen, in der wir wissen, daß Leben irgendwann einmal entstand, gegenwärtig Leben aber nur aus Lebewesen entsteht.

Ist der Ursprung allen Lebens damit also doch zwangsläufig in einem einmaligen Schöpfungsakt zu suchen – wie sonst soll das organische Leben jemals aus einer anorganischen Welt entsprungen sein? Doch die Tatsache, daß in unserer heutigen Welt Leben nicht aus anorganischer Materie entstehen kann, ist noch lange kein Beweis, daß dies immer so war. Geophysiker und Astrophysiker haben uns längst davon überzeugt, daß unsere Welt zu Urzeiten – lange bevor es die ersten Anzeichen von Leben gab – eine andere war. Sie war beherrscht von einer Atmosphäre, in der tatsächlich organische Verbindungen aus anorganischen Stoffen hervorgehen konnten.

Eine Gruppe amerikanischer Wissenschaftler unter Stanley Miller lieferte 1953 durch ein ausgeklügeltes Experiment einen überzeugenden Beweis dafür, daß eine Uratmosphäre aus Methan, Ammoniak und Wasserstoff – wie sie vor der Entstehung des Lebens in unserer Welt vorherrschte – organische Kohlenstoffverbindungen „erschaffen" kann. Vor 1,5 Milliarden Jahren gab es keine strenge Trennung zwischen organischen und anorganischen Stoffen. Die organischen Verbindungen ergaben sich durch einfache chemische Reaktionen der anorganischen Substanzen.

Das Rätsel der Entstehung des Lebens ist damit aber noch lange nicht gelöst. Das Geheimnis, wie sich aus einer „Ursuppe" organischer Verbindungen die erste lebende Zelle herausbildete, wird auch noch kommende Wissenschaftlergenerationen beschäftigen. Eines jedenfalls scheint klar zu sein, vor der „biologischen Evolution" (dem Weg von der ersten Zelle bis hin zu hochentwickelten Lebewesen) müssen wir eine weitere Evolution betrachten: die chemische Evolution der organischen Moleküle, auch „präbiotische Evolution" genannt. Sie schuf die Voraussetzungen für die grundlegenden chemischen Prozesse, die alles Leben kennzeichnen und erst ermöglichen. Die Proteinsynthese – also das Umkopieren des genetischen Codes und seine Übersetzung in die lebenswichtigen Eiweißbausteine der Organismen – ist nur ein Beispiel dieser komplexen Vorgänge, die sich erst langsam aus einfachen Molekülen entwickeln mußten.

Eine der viel zitierten und beachteten Theorien in diesem Zusammenhang wurde von dem Nobelpreisträger Manfred Eigen Anfang der siebziger Jahre aufgestellt. Er schlug ein Prinzip zur Selbstorganisation miteinander wechselwirkender Moleküle vor, den sogenannten Hyperzyklus. Zusammen mit dem Wissenschaftler Peter Schuster hat er dieses Modell in die Sprache der Differentialgleichungen übersetzt und eingehend analysiert. In den letzten Jahren haben sich auch zelluläre Automaten in diese Theoriebildung eingemischt und ihren eigenen Beitrag geleistet.

Die Entstehung biologischer Information: ein Teufelskreis?

Eine der zentralen Fragen der präbiotischen Evolution ist, wie biologische Information entsteht und im Laufe der Entwicklung immer mehr anwächst. Die gesamte Information eines Lebewesens liegt in seinem genetischen Code. Mit einem „Alphabet" aus nur vier „Buchstaben" (den vier Nukleotiden Adenin, Cytosin, Guanin und Thymin) ist in der DNS alle biologische Information verschlüsselt, die für unser Leben und das aller hochentwickelten Lebewesen maßgeblich ist. Um die unzähligen und unverzichtbaren Prozesse in den Zellen zu steuern, ist eine große Menge an Information nötig. In der DNS von uns Menschen sind Milliarden von Nukleotiden zu einer für jedes Individuum typischen Kette aufgefädelt. Die DNS ist also ein riesiges Molekül, das sich immer wieder selbstreproduziert und damit seine Information an jede neue Zelle unverändert weitergibt (wenn wir mal die zufälligen Mutationen außer acht lassen).

Ein solcher Kopiervorgang setzt eine hohe Präzision voraus. Denn ist der Vorgang des Umkopierens mit zahlreichen Fehlern behaftet, verliert sich die Information der DNS im Nu – stabile Lebensformen könnten sich nicht entwickeln. Manfred Eigen zählte zu den ersten Wissenschaftlern, die explizit erkannten und darauf hinwiesen, daß die Informationsmenge eines Lebewesens eine natürliche Grenze hat – eine Grenze, die genau umgekehrt proportional zur Fehlerrate der Reproduktion seines genetischen Codes ist. Ist sein Code länger als diese Grenze, so wird jeder Kopiervorgang durchschnittlich mindestens einen Fehler enthalten und seinen Informationsgehalt damit verfälschen. Um eine größere Informationsmenge verläßlich zu reproduzieren, benötigt der Organismus einen sichereren Kopiermechanismus. Da dieser aber ebenfalls in seinem genetischen Code verschlüsselt werden muß, schließt sich an diesem Punkt das Problem zu einem wahren Teufelskreis: Um mehr Information zu vererben, ist ein präziserer Kopiermechanismus nötig – je präziser aber der Kopiermechanismus ist, desto mehr Information erfordert dessen Codierung.

Die stammesgeschichtlich ältesten RNS-Moleküle mußten sich noch ganz ohne die Hilfe unterstützender Enzyme reproduzieren (oder, wie es die Biologen nennen: replizieren). Dementsprechend hoch war die Fehlerrate ihrer Replikation und entsprechend klein ihre Informationsmenge. Sie enthielten weniger als 100 Nukleotide. Der Sprung von diesen einfachen Molekülen hin zu solchen, die über einen „intelligenteren" Kopiermechanismus, wie den der Proteinsynthese, verfügen, ist immens. Selbst eine noch so primitive Maschinerie zur Proteinsynthese mit den allernotwendigsten Enzymen und Nukleinsäuren erfordert bereits einen Code von mehreren tausend Nukleotiden. Wie kann eine derartige Vergrößerung der Informationsmenge möglich sein, wenn ein Wachsen der Information doch schon ein bereits vorhandenes „Mehr" an Information (für einen sicheren Kopiermechanismus) voraussetzt? Müßte die Evolution an dieser Stelle nicht in dem unvermeidlichen Teufelskreis steckengeblieben sein?

Genau diese Frage versuchte Eigen mit seiner Theorie des Hyperzyklus zu beantworten. Er stellte sich vor, daß sich die vorhandenen Moleküle – die jeweils nur über eine sehr begrenzte Informationsmenge verfügen – zusammentun und in einem funktionalen Verbund die Voraussetzungen für weitere Entwicklungen schaffen. Diese Idee läßt sich am besten durch ein einfaches Beispiel verdeutlichen:

Stellen wir uns vor, wir wollen die (für eine Betrachtung der Evolution überaus sinnvolle) Botschaft SICH IRREN HILFT ZU NEUEM replizieren. Lassen Sie uns jeden Buchstaben (dazu zählen auch die Leerzeichen) durch einen Code verschlüsseln, der 5 verschiedene binäre Symbole (Bits) enthält, und nehmen wir weiter an, daß die Fehlerrate ihrer Replikation bei $1/50$ Bit liegt. Unter 50 Bits, die dieser Kopiervorgang erzeugt, finden wir also durchschnittlich ein fehlerhaftes Bit. In der Evolution wirkt die Selektion, die auch schon auf der Ebene der Moleküle eine Rolle gespielt haben muß, wie eine korrigierende Instanz. Sie korrigiert zwar keine Fehler, doch sie merzt diejenigen Organismen (in unserem Beispiel: Wörter) aus, die die meisten Fehler enthalten. Lassen Sie uns also mit einer ganzen Population solcher Botschaften starten und jedes Bit mit der Fehlerrate von $1/50$ kopieren. Nun löschen wir die Hälfte der neuen Generation aufgrund einer Selektionsregel aus, nach der nur die Botschaften am wahrscheinlichsten überleben, die die wenigsten Fehler enthalten. Da die gesamte Botschaft aus 25 Buchstaben, also 125 Bits besteht, würden in jedem Kopiervorgang im Durchschnitt mehr als zwei Fehler auftreten. Ein Teil der Information wäre zerstört. Trotz der angenommenen „natürlichen Selektion" häuften sich in der Population immer mehr Fehler an und verfälschten den Sinn der Botschaft – der zu kopierende Code ist zu lang, um ihn mit der vorgegebenen Fehlerrate sicher zu reproduzieren.

Jedes einzelne Wort der Botschaft könnten wir aber mit einer ziemlich hohen Sicherheit kopieren. Was liegt also näher, als den obigen Satz nicht als Einheit zu betrachten, sondern ihn in seine einzelnen Wörter zu zerlegen, die wir unabhängig voneinander kopieren. Da kein Wort mehr als 25 Bits enthält, ist der angenommene Kopiermechanismus so sicher, daß wir stets erwarten können, unter zwei Kopien eines Wortes eine fehlerfreie zu finden. Könnten wir also die Regel der natürlichen Selektion auf jedes einzelne Wort anwenden, wäre unser Problem gelöst. Doch die Selektion funktioniert nicht nach diesem Prinzip. Alle Organismen eines biologischen Systems, also in unserem Beispiel die einzelnen Wörter, stehen miteinander im Wettbewerb. Ein kürzeres

Wort etwa, das sich in der kopierten Generation viel häufiger in seiner korrekten Form wiederfinden läßt als ein langes Wort, hätte einen Selektionsvorteil und würde aus dem Wettkampf letztendlich als Sieger hervorgehen und die längeren Worte verdrängen. Auch auf diesem Weg verlöre sich der Sinn der gesamten Botschaft im Nu. Wir enden also wieder im gleichen Dilemma: Sind unsere fünf Worte zu einer einzigen Botschaft verknüpft, ist diese zu lang, um sie sicher zu kopieren. Kopieren wir jedes Wort für sich, verlieren wir den Zusammenhang unserer Botschaft.

8.2 Der Hyperzyklus – ein notwendiger Zwischenschritt?

Eigen fand eine Möglichkeit, dem Dilemma zu entwischen: Er nahm an, daß ein einzelnes Wort sich nicht nur aus eigener Kraft vermehren kann, sondern darin durch seinen Vorgänger in dem ursprünglichen Satz verstärkt unterstützt wird. Die Worte ordnen sich dann in einem zusammenhängenden Kreis – einem Hyperzyklus, wie im Bild 8.1 dargestellt. Jedes Wort dieser zyklischen Kette erhöht die Replikation des nächsten. Je mehr SICH-Worte da sind, desto mehr kann sich das Wort IRREN vermehren usw., bis das Wort SICH selbst durch seinen Vorgänger im Kreislauf NEUEM unterstützt wird. Eigen und Schuster haben durch eine mathematische Analyse gezeigt, daß allein ein solcher zyklischer Zusammenschluß sich selbstreplizierender Moleküle die Stabilität ihrer Gesamtinformation garantiert.

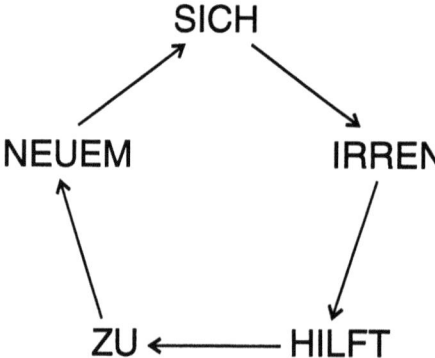

Bild 8.1:
Die Wörter eines Satzes schließen sich zu einem funktionalen „Hyperzyklus" zusammen.

Bild 8.2 zeigt, wie ein solcher Hyperzyklus aus chemischen Molekülen aufgebaut ist. Jedes dieser Moleküle ist eine selbstreplizierende Einheit. In der Sprache der Chemiker sind diese Moleküle „autokatalytisch", weil sie ihre eigene Vermehrung katalysieren. Im Bild wird diese autokatalytische Fähigkeit durch die kleinen, sich selbst schließenden Kreise angedeutet. Jedes der Moleküle katalysiert, außer sich selbst, noch ein anderes Mitglied des Hyperzyklus, nämlich genau seinen Nachfolger (I_1 katalysiert I_2 usw.). Eigen ist davon überzeugt, daß solche Hyperzyklen die notwendigen Zwischenschritte in der Entwicklung von den ersten RNS-Molekülen hin zu einfachsten Vorstufen einer funktionierenden Proteinsynthese darstellten.

Ein zusätzliches Argument für diese Idee lieferte ein mathematisches Modell, in dem Eigen und Schuster solche Hyperzyklen durch einfache Differentialgleichungen beschrieben. In ihnen repräsentieren Variablen verschiedene chemische Moleküle, die jeweils die eigene Replikation und die eines anderen Moleküls unterstützen. (Für alle, die dieses Modell genauer kennenlernen wollen, haben wir es im Kasten 8A kurz zusammengefaßt.) Mit dem Know-how der Mathematik ließ sich dieses abstrakte System genau untersuchen. Es zeigte sich tatsächlich, daß sich die Moleküle in einem stabilen Zyklus zusammenfinden. Verpackt in den so eleganten Rahmen einer exakten mathematischen Formulierung, strahlte die Theorie der Hyperzyklen einen großen Reiz aus – sie

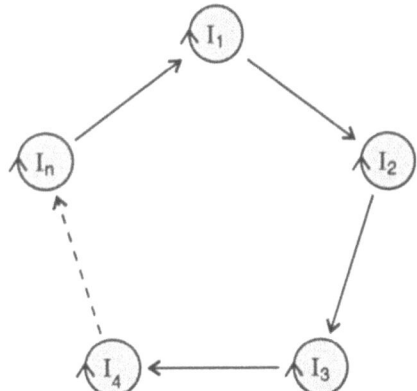

Bild 8.2:
Chemische Moleküle (I_1 bis I_n) bilden einen Hyperzyklus

Kasten 8A
Das kontinuierliche Modell des Hyperzyklus

In dem Modell des Hyperzyklus sind n Moleküle zyklisch miteinander verbunden, die sich alle selbstreplizieren können und jeweils ihren Nachfolger in der Replikation katalytisch unterstützen. Die Gesamtzahl C aller Moleküle wird durch eine Ausflußfunktion ϕ konstant gehalten. Vier chemische Grundschritte bestimmen das ganze Geschehen im Hyperzyklus:

Selbstreplikation: $I_i \xrightarrow{b_i} 2I_i$.

Zerfall: $I_i \xrightarrow{d_i}$.

Katalytische Replikation: $I_i + I_{i-1} \xrightarrow{k_i} 2I_i + I_{i-1}$.

Ausfluß: $I_i \xrightarrow{\phi}$.

Der gesamte Hyperzyklus (vgl. Bild 8.2) läßt sich dann durch das folgende System von Differentialgleichungen beschreiben:

$$\dot{X}_i = r_i X_i + k_i X_i X_{i-1} - \phi X_i ,$$

wobei

$$r_i = b_i - d_i ,$$

$$\sum_{i=1}^{n} X_i = C \text{ und}$$

$$\phi = (\sum_{i=1}^{n}(r_i X_i + k_i X_i X_{i-1}))/C.$$

beantwortete klipp und klar viele offene Fragen, mit denen sich die Biologen und Biochemiker immer wieder herumschlugen.

Doch es fanden sich auch schnell einige Unschönheiten in dem so eleganten Theoriegebäude. John Maynard Smith, ein bekannter Evolutionsbiologe, wies 1979 in einem kurzen Beitrag in der Zeitschrift *Nature* auf ein grundlegendes Problem hin. Seine Kritik richtete sich darauf, daß die natürliche Selektion, die unter den verschiedenen Molekülen wirkt, keine „altruistischen Wohltaten" an anderen Molekülen fördert. Natürliche Selektion ist immer nur auf den eigenen Vorteil des Individuums bedacht – das ist es, was Darwins Kurzformel vom Überleben des „Fittesten" auf den Punkt bringt. Die katalytische Unterstützung für die Replikation eines anderen Moleküls trägt aber nichts dazu bei, die eigene Fitness, also die Zahl der eigenen Nachkommen, zu erhöhen.

Warum also sollte sich eine solche Eigenschaft herausbilden und vor allem im Laufe der Selektion erhalten? Als Resultat dieser Überlegungen müßte ein solcher Hyperzyklus ungeheuer verwundbar sein gegenüber dem Eindringen möglicher „Parasiten", d.h. solcher Moleküle, die nur die katalytische Unterstützung eines Mitglieds des Zyklus ausnutzen, ohne einem anderen Molekül eine Unterstützung zu gewähren. Bild 8.3 veranschaulicht ein solches Eindringen eines Parasiten in einen Hyperzyklus. Tatsächlich zeigt auch das von Eigen und Schuster dis-

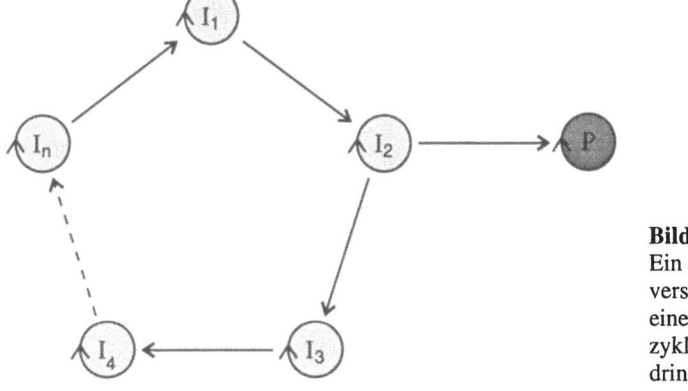

Bild 8.3: Ein Parasit versucht, in einen Hyperzyklus einzudringen.

kutierte mathematische Modell genau dieses Verhalten: Profitiert der Parasit von seinem Förderer im Hyperzyklus stärker als das eigentlich dort angesiedelte Molekül, gewinnt der Parasit den Kampf ums Überleben – der gesamte Hyperzyklus stirbt aus. In unserem Beispiel bedeutet dies, daß I_2 den Parasiten stärker unterstützt als das Molekül I_3. Nur wenn I_3 den größeren Nutzen von I_2 hat, behält der Hyperzyklus die Vorherrschaft, und der Eindringling bleibt auf der Strecke. Das mathematische Modell deutet also darauf hin, daß ein Hyperzyklus eine sehr labile Konstruktion ist – also doch kein perfektes Modell für die präbiotische Evolution?

8.3 Eine zelluläre Ursuppe

Vielleicht bedarf aber auch nur die theoretische Formulierung dieser Theorie einer Überarbeitung, um den Hyperzyklus als stabilen Schritt der Evolution zu ermöglichen. Dies jedenfalls dachten sich die Bioinformatikerin Pauline Hogeweg und ihr Mitarbeiter Martin Boerlijst von der Universität Utrecht in den Niederlanden. In den Differentialgleichungen von Eigen und Schuster werden nur die zeitlichen Änderungsraten der einzelnen Molekülkonzentrationen berücksichtigt. Implizit vorausgesetzt wird dabei, daß alle Moleküle vollständig untereinander vermischt sind, in was für einer Art von Ursuppe sie sich auch befinden. Hogeweg und Boerlijst erschien es dagegen realistischer, von einem Medium auszugehen, im dem die Substanzen nicht ideal vermischt sind, sondern sich nur solche Moleküle gegenseitig katalysieren können, die auch räumlich nahe beieinander liegen. Um den großen Schwierigkeiten zu entgehen, ein kompliziertes mathematisches Modell in Form partieller Differentialgleichungen analysieren zu müssen, entschieden sie sich für eine vollständig diskrete Formulierung des Hyperzyklus durch einen zellulären Automaten. Die Moleküle sollten auf den Positionen eines Gitters verteilt sein und dort – gemäß den von Eigen und Schuster formulierten Mechanismen – mit benachbarten Molekülen reagieren und sich replizieren.

Konkret sieht das zelluläre Modell des Hyperzyklus folgendermaßen aus: Das Medium, in dem sich alle Moleküle befinden und in dem sie reagieren und diffundieren können, wird durch ein einfaches zweidimensionales Gitter beschrieben, das an den Rändern zu einem Torus geschlossen ist. Jede Zelle kann eines der möglichen Moleküle des Hyperzyklus enthalten oder leer sein. In die Zustandsentwicklung einer Zelle mischen sich nun drei verschiedene Prozesse ein, die auch die Grundlage der Gleichungen im Modell von Eigen und Schuster sind. Bild 8.4 veranschaulicht, wie diese Prozesse in der Sprache der zellulären Automaten ausgedrückt werden:

(1) *Zerfall:* Jede Zelle, die mit einem Molekül X besetzt ist, wird mit einer gewissen Wahrscheinlichkeit im nächsten Zeitschritt zerfallen, also den Wert 0 annehmen.

(2) *Selbstreplikation:* In einer leeren Zelle kann durch die Selbstreplikation eines Nachbarn ein neues Molekül entstehen. Jedes Molekül, das in einer ihrer vier direkten Nachbarzellen sitzt, repliziert sich mit einer bestimmten Wahrscheinlichkeit in die leere Zelle.

(3) *Katalytische Replikation:* Die Wahrscheinlichkeit dafür, daß sich ein Molekül X in eine leere Zelle repliziert, wird erhöht, wenn sein Vorgänger im Hyperzyklus (KX), der die Replikation von X katalysiert, in einer der vier Nachbarzellen von X in Richtung der Replikation zu finden ist.

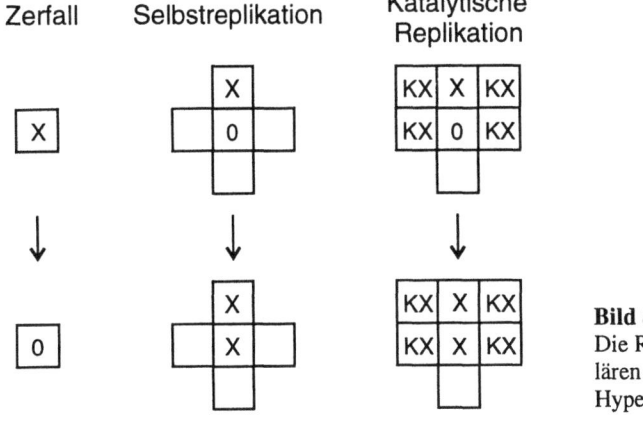

Bild 8.4:
Die Regeln des zellulären Automaten zum Hyperzyklus

Zusätzlich zu diesen drei Grundprozessen bezieht der Automat die Diffusion aller Moleküle mit in das Geschehen ein. Benutzt wird dabei der von Toffoli und Margolus entwickelte Algorithmus, der die Diffusion als einen zufälligen räumlichen Transportprozeß in einem zellulären Automaten beschreibt (s. Kasten 5B). Zwischen je zwei Zeitschritten, in denen auf der Grundlage der oben beschriebenen drei Prozesse die Zustandsentwicklung berechnet wird, lassen Boerlijst und Hogeweg zwei solcher zufälligen Diffusionsschritte ausführen. Der Kasten 8B am Ende dieses Kapitels faßt die Regeln des zellulären Automaten zusammen.

Hyperzyklen als Spiralen

Für typische Simulationen dieses Automaten betrachteten seine Erfinder einen Hyperzyklus von neun Zuständen (Molekülen), die zu Beginn willkürlich auf die Zellen verteilt wurden. 50 % aller Zellen blieben von vornherein leer. Ähnlich, wie wir es auch schon in der Misch-Masch-Maschine verfolgen konnten, löst sich auch hier unter der Entwicklungsregel die anfängliche Unordnung in Windeseile auf. Bild 8.5 (und Farbtafel 6) zeigt das typische Resultat solcher Simulationen. Die Zu-

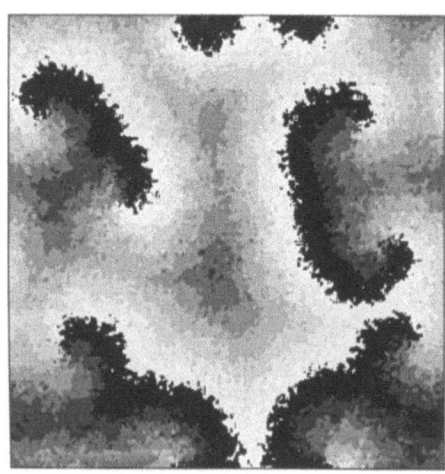

Bild 8.5:
In den Simulationen des Automaten finden sich die Moleküle des Hyperzyklus in Spiralen zusammen.

stände ordnen sich in übersichtliche räumliche Strukturen – in Strukturen, wie wir sie schon in der Misch-Masch-Maschine gesehen haben, nämlich in Spiralen. Alle Moleküle des Hyperzyklus haben ihren ganz eigenen Platz in diesen Spiralstrukturen gefunden. Jede Molekülart wächst dabei in die Richtung ihres katalytischen Unterstützers: Zellen mit dem Zustandswert 2 suchen Nachbarn mit dem Wert 1, Zustandswerte 4 orientieren sich hin zu Vertretern der Molekülart 3. Als Ergebnis dieses Wachstums sehen wir die Spiralen rotieren, zumindest wenn wir sie auf einem Computerbildschirm in Aktion beobachten.

Zu Beginn der Entwicklung können die Spiralen noch kreuz und quer über das Zellgitter wandern, einige werden ganz aus dem Zellraum herausgedrängt und verschwinden vollständig. Doch meistens kommt die Entwicklung nach einer gewissen Zeit zur Ruhe. In der in Bild 8.5 gezeigten Simulation ist dies nach etwa 2 000 Zeitschritten der Fall. Von nun an rotieren alle Spiralen mit gleicher Geschwindigkeit um ihr Zentrum, das jetzt fest an einem Platz verankert ist.

Die Spiralen scheinen tatsächlich die einzige geordnete räumliche Struktur zu sein, in der sich ein Hyperzyklus in der „zellulären Ursuppe" zusammenfinden kann. Die Utrechter Forscher haben in unzähligen Simulationen alle möglichen Bedingungen des Automaten getestet – von verschiedenen Parameterwerten bis hin zu unterschiedlichen Nachbarschaften. Doch immer wieder setzten sich die Spiralbildungen als das alles dominierende Muster durch. Nur in einigen Fällen ließen sich keine geordneten räumlichen Strukturen erkennen. Enthält der Hyperzyklus nämlich zu wenig verschiedene Moleküle, widersetzt er sich hartnäckig jeder Art der Ordnung. Erst ab 4 und noch deutlicher ab 5 Molekülarten formieren sich die Spiralen.

Verfolgt man die Entwicklung dieses Automaten, so gewinnt man sehr schnell den Eindruck, als ob die Spiralen selbst so etwas wie eigenständige Individuen sind – Individuen, die sich entwickeln und bewegen, die sogar miteinander in einem direkten Kampf ums Überleben stehen. Die Selektion eines bestimmten Hyperzyklus erfolgt im Automaten nicht auf der Basis der individuellen Moleküle, sondern auf der Ebene der Spiralstrukturen. Diejenigen Moleküle, die die „fitteste" Spirale bilden, setzen sich durch.

In dieser Betrachtungsweise des Hyperzyklus gelten nun ganz neue Selektionskriterien, die sich zum Teil decken mit denen, die die Theorie der gewöhnlichen Differentialgleichungen aufstellt, die aber auch an einigen wesentlichen Stellen von ihr abweichen. Ein entscheidendes Beispiel dafür ist die mögliche Selektion altruistischer Eigenschaften, wie etwa das Verhalten, ein anderes Molekül in seiner Replikation katalytisch zu unterstützen. Die Kritik von John Maynard Smith an der Theorie der Hyperzyklen spitzte sich gerade auf diesen Punkt zu, daß ein solcher Altruismus keine Chance hätte, tatsächlich selektiert zu werden. Die Ordnung in räumlichen Spiralen aber schützt den Hyperzyklus vor einem parasitären Eindringling.

Ein solcher Angriff eines Parasiten wurde in der in Bild 8.6 gezeigten Situation simuliert. In den bereits stabilisierten Zustand aus Bild 8.5 wurden an zufällig ausgewählten Positionen 100 „gefährliche" Parasiten eingeschmuggelt. „Gefährlich" waren sie deshalb, weil sie doppelt so viel katalytische Unterstützung von den Zellen mit dem Zustandswert 2 erhielten wie deren eigentliche Nachfolger im Zyklus,

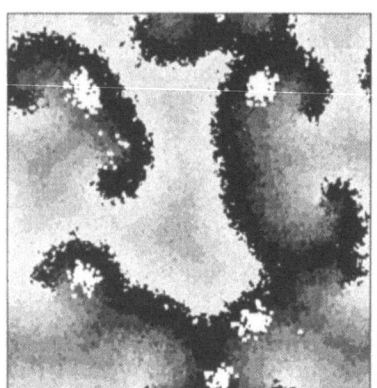 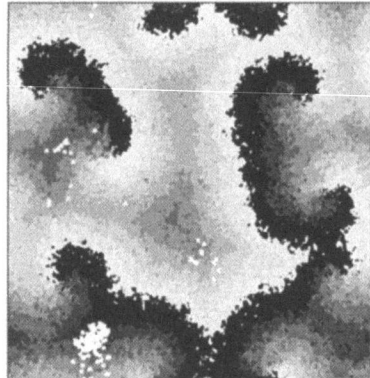

Bild 8.6: Der zelluläre Hyperzyklus wehrt sich erfolgreich gegen eine „parasitäre Invasion": Nach einer zufälligen Infektion des Gitters mit 100 Parasiten (weiße Zellen), bleiben schon nach 25 Zeitschritten (links) wenige Zentren übrig, die sich bis zum Zeitpunkt $t = 125$ (Bild rechts) auf eines reduzieren, das dann nach weiteren 20 Zeitschritten vollständig verschwindet.

denen der Molekülart 3. (Die übrigen Parameter des Parasiten waren die gleichen wie die jedes anderen Mitglieds des Hyperzyklus.)

Im Modell der gewöhnlichen Differentialgleichungen würden solche Parasiten den Hyperzyklus komplett vernichten. Anders im zellulären Automaten. Zunächst haben auch hier die parasitären Moleküle eine Chance zum Überleben. Sie wachsen in Richtung ihres katalytischen Unterstützers, also hin zu den Zellen der Molekülart 2. Der in Bild 8.6 links dargestellte Zustand zeigt diese Situation 25 Zeitschritte nach der ursprünglichen Infektion. Im Laufe der Zeit werden die Parasiten immer weiter an die äußeren Enden der jeweiligen Spiralstruktur getrieben, auf der sie sich niedergelassen haben, bis sie schließlich völlig an den Rand gedrängt sind, wo sie ohne eine katalytische Unterstützung anderer Moleküle nicht überleben können. In der hier gezeigten Entwicklung ist nach etwa 150 Zeitschritten auf dem gesamten Feld keine Spur mehr von den bedrohlichen Eindringlingen zu sehen.

Studiert man das Verhalten dieses Automaten etwas genauer, wird einem schnell klar, warum die Parasiten immer mehr an die Peripherie der Spiralen gedrängt werden und schließlich ganz von dort verschwinden. Sie folgen lediglich der allgemeinen Wachstumsrichtung aller Moleküle: Kein Molekül wächst in Richtung des Spiralzentrums, alle Moleküle bewegen sich aus dem Zentrum der Spirale immer weiter nach außen. Solange ein beliebiger Parasit dieser Regel folgt, wird er zwangsläufig immer weiter an den Rand der Spirale getragen, wo er in den meisten Fällen ausgelöscht wird oder in Form einer kleinen Zyste als ewiges Anhängsel einer davon unberührten Spirale weiter existiert.

Wirklich gefährlich kann ein Parasit für einen Hyperzyklus nur unter einer Bedingung werden, wenn es ihm nämlich gelingt, entgegen der allgemeinen Wachstumsrichtung bis in das Zentrum einer Spirale vorzudringen. Das ist allerdings sehr schwierig, da das parasitäre Molekül in diese Richtung kaum eine katalytische Unterstützung erfährt. Es ist aber auch keine unlösbare Aufgabe. Ist ein Parasit beispielsweise für das Überleben viel besser ausgerüstet als alle anderen Moleküle (weil er etwa eine sehr viel kleinere Zerfallsrate besitzt oder auch weil er von mehreren Molekülen katalytisch unterstützt wird), kann er durchaus tödlich für den Hyperzyklus sein. Die Eigenschaften aller Mitglieder des Hyperzyklus entscheiden dann über das Überleben. Dieses Phänomen steht in krassem Gegensatz zu den Ergebnissen des kontinuierlichen Modells der gewöhnlichen Differentialgleichungen, denn hier stand ein Parasit immer nur im Wettbewerb mit einem einzigen Mitglied des Hyperzyklus.

Die Resistenz gegen die meisten Parasiten, die das Automatenmodell vorführt, hat für die Evolution von Hyperzyklen dramatische Konsequenzen. Altruistisches Verhalten, nämlich ein anderes Molekül katalytisch zu unterstützen, erweist sich plötzlich als ein entscheidender Vorteil im Kampf ums Überleben. In der allgemein akzeptierten Selektionstheorie scheint die Selektion eines solchen uneigennützigen Verhaltens unmöglich, da die Unterstützung eines anderen Moleküls die Zahl der eigenen Nachkommen nicht erhöht. Bleibt man bei der Betrachtung der Selektion von Hyperzyklen auf der Ebene der individuellen Moleküle stehen, so gilt dieses Argument auch dort und bringt das gesamte Theoriegebäude ins Wanken. Bezieht man aber den Faktor möglicher räumlicher Strukturbildungen mit in die Diskussion ein, stellt sich dieses Problem plötzlich in einem ganz anderen Licht dar. Durch den Zusammenschluß in stabile Spiralstrukturen erhöht ein Hyperzyklus seine Widerstandskraft gegen Eindringlinge. Diese neu gewonnenen Erkenntnisse, die erst die Betrachtung mit einem zellulären Automaten an die Oberfläche gebracht hat, geben der gesamten Theorie der Hyperzyklen eine zusätzliche Unterstützung.

Kasten 8B:
Der zelluläre Automat zum Hyperzyklus

Zellraum: zweidimensionales, rechteckiges $n \times m$-Gitter.

Nachbarschaft: Moore-Nachbarschaft.

Randbedingungen: periodisch.

Zustandsmenge: $\{0,1,...,M\}$,
wobei 0 eine leere Zelle beschreibt und die Zahlen 1 bis M jeweils für ein Molekül des Hyperzyklus stehen.

Zustandsentwicklung: $z_{ij}(t+1) = DIFF^2(H(z_{ij}(t), N_{ij}(t)))$,

wobei $DIFF$ den im Kasten 5B beschriebenen Algorithmus von Toffoli und Margolus zur Diffusion bezeichnet. $DIFF^2$ bedeutet, daß dieser Algorithmus zweimal hintereinander angewandt wird. Die eigentliche Zustandsentwicklung, also das Reaktionsgeschehen im Hyperzyklus, beschreibt die Funktion H: Mit einer gewissen Rate $s(X)$ kann sich das Molekül X selbstreplizieren, mit der Rate $f(X)$ zerfällt das Molekül, und $k(X,Y)$ beschreibt die katalytische Unterstützung, die das Molekül X von Y bekommt. Die Zustandsentwicklung hängt vom Zufall ab und basiert auf einer Wahrscheinlichkeit P. Jede Zelle erhält – abhängig von ihrem eigenen Zustandswert – mit der Wahrscheinlichkeit $P(z)$ den neuen Zustand z. P ist folgendermaßen definiert:

Ist die Zelle mit dem Molekül X besetzt, zerfällt es mit der Wahrscheinlichkeit $f(X)$:
$P(0) = f(X)$
$P(X) = 1 - f(X)$.
Ist die Zelle leer, kann sich jede ihrer Nachbarzellen mit einer gewissen Wahrscheinlichkeit in die leere Zelle replizieren

(vgl. Bild 8.4). Diese Wahrscheinlichkeit hängt einerseits von der Möglichkeit zur Selbstreplikation der Nachbarn ab, aber vor allem von deren katalytischer Unterstützung durch andere Moleküle des Hyperzyklus:

$P(leer) = A_{leer} / A$
$P(N) \quad = A_N / A$
$P(S) \quad = A_S / A$
$P(O) \quad = A_O / A$
$P(W) \quad = A_W / A,$

wobei

$A \quad = A_{leer} + A_N + A_S + A_O + A_W$
$A_N = s(N) + k(N,NO) + k(N,NW) + k(N,O) + k(N,W)$
$A_S = s(S) + k(S,SO) + k(S,SW) + k(S,O) + k(S,W)$
$A_O = s(O) + k(O,NO) + k(O,SO) + k(O,N) + k(O,S)$
$A_W = s(W) + k(W,NW) + k(W,SW) + k(W,N) + k(W,S).$

Die Bezeichnungen N, S, NW usw. stehen für die entsprechenden Richtungen Nord, Süd, Nord-West und müssen ersetzt werden durch den Zustandswert der Nachbarzelle in dieser Richtung.

Für die hier vorgestellten Simulationen sind die folgenden Parameter ausgewählt worden:

$M = 9,$
$s(1) = s(2) = ... = s(9) = 1,$
$f(1) = f(2) = ... f(9) = 0{,}2,$
$k(2,1) = k(3,2) = ... = k(1,9) = 100,$
$A_{leer} = 11.$

Kapitel 9
Künstlerische Freiheit – Muster der Natur

9.1 Das Programm der Musterbildung

Die Vielfalt der Natur lebt von der Vielfalt möglicher Musterbildungen. Jeder Baum und jeder Strauch entwickelt genauso wie jedes Lebewesen seine ganz eigene Form und Gestalt, die sich von anderen unterscheidet. Wir können auf Anhieb eine Eiche und eine Trauerweide auseinanderhalten, beide haben eine andere Größe, Wuchsform, Art der Verästelungen, Blattform und Farbe. Was wir als individuelles Aussehen wahrnehmen, ist nichts anderes als die sichtbare Manifestation unterschiedlicher Musterbildungen der Natur. So verschieden die eine Gestalt von der anderen ist, so gleichartig ist doch der Anfang dieser Gestaltbildung. Alles beginnt aus einer einzigen Zelle, die selbst noch nichts von dem späteren Musterreichtum erahnen läßt, der sich in ihr verbirgt. Und doch enthält sie bereits den gesamten Bauplan des ausgewachsenen Organismus.

Seit wir Menschen uns dieser offensichtlichen Unterschiede in der Gestalt alles Lebens bewußt sind, suchen wir nach einer Lösung des wundersamen Rätsels, wer der große Baumeister hinter diesem Strukturreichtum ist. Bis die Naturwissenschaft hierzu mit befriedigenden Antworten aufwarten konnte, erklärten wir Menschen uns diese Musterpracht der Natur nur durch die Allmacht eines göttlichen Schöpfers. Es sollte bis weit in unser Jahrhundert hinein dauern, bis die moderne Wissenschaft einen Großteil der Puzzlestücke zusammentragen konnte, die dieser wundersamen Evolution zugrunde liegen. Einer der Schlüsselmomente dieses Weges war sicherlich die bahnbrechende Arbeit der Molekularbiologen James Watson und Francis Crick, die Anfang der fünfziger Jahre die Doppelhelix-Struktur der DNS aufdeckten und dafür 1962 den Nobelpreis für Medizin erhielten.

Wie auf einer riesigen Wendeltreppe reihen sich in den Strängen der DNS die vier Nukleotide, die wir schon im Zusammenhang des Hyperzyklus kennengelernt haben, zu einem ureigenen genetischen Code zusammen – er ist der verschlüsselte Bauplan jedes Lebewesens. Der Versuch, hinter das Geheimnis dieses Bauplans zu kommen und den genetischen Code zu knacken, ist noch heute das große Ziel der Forschung. Eines der größten Forschungsprogramme unserer Zeit, das „Human Genome Project", hat sich die komplette Kartierung unseres genetischen Codes zur Aufgabe gemacht – und zu einer ausgesprochen ehrgeizigen dazu. Denn, wie wir schon im vorigen Kapitel gesehen haben, ist die Menge an Information, die auf den DNS-Strängen einer Zelle codiert ist, gewaltig. Ausgedrückt in den klassischen Informationseinheiten unserer heutigen Computer sind es über 700 Megabyte. Der elektronisch gespeicherte Text des Buches, das Sie gerade in den Händen halten, enthält nicht einmal ein Tausendstel dieser Informationsmenge.

Angesichts der Aufgabe, jedes einzelne dieser Bits zweifelsfrei zu entziffern, wirkt die Informationsmenge riesig. Stellen wir uns jedoch vor, welche unzähligen Details im genetischen Code verschlüsselt sind, mutet diese Menge regelrecht bescheiden an – all das, was uns Menschen ausmacht, paßt als binäre Information auf die Festplatte eines gewöhnlichen Personalcomputers. Dies ist nur deshalb möglich, weil die DNS selbst eine Art Computer auf molekularer Ebene ist. So wie sich Bits in einem Computer, je nach dem Programm seiner Software, gegenseitig aktivieren und zu komplexen Befehlen zusammenschließen, aktivieren sich auch einzelne Gene und können je nach Situation neue Strukturen produzieren.

Der Bauplan einer Zelle für den fertigen Organismus ist also nichts anderes als ein gewaltiges Programm zu seiner Entwicklung. Auch die Musterbildungen werden von diesem Programm kontrolliert. In der menschlichen Eizelle ist nicht eine genaue Blaupause des späteren erwachsenen Menschen abgelegt, der genetische Code enthält lediglich die Regeln, wie ein Entwicklungsschritt aktiviert wird und auf scheinbar magische Weise in den anderen greift. Wenn wir die Muster der

Bild 9.1: Leopard, Giraffe und Zebra schmücken ihr Fell mit typischen Punkten, Flecken und Streifen.

Natur verstehen wollen, gilt es, die Mechanismen ihrer Entwicklung zu verstehen – oder anders ausgedrückt: Wir müssen das „Programm" der Musterbildung entschlüsseln.

Zu den faszinierendsten Mustern, die unsere Natur geschaffen hat, zählen sicherlich die Zeichnungen der verschiedenen Tiere – von den Flecken des Leoparden oder der Giraffe und den Streifen des Zebras, die Bild 9.1 vorführt, bis hin zu den filigranen Mustern auf Muscheln, Schneckenhäusern und Schmetterlingsflügeln. Sie gaben den Wissenschaftlern und Naturforschern von jeher zahlreiche Rätsel auf. Rätselhaft erscheint nicht nur, warum sich diese verschwenderische Pracht entwickelt, sondern auch *wie* sie entsteht. Wie werden diese Muster immer wieder mit der gleichen Präzision während der Entwicklung des

Individuums „gemalt" – und wie sind diese bizarren Designs im genetischen Programm des einzelnen Organismus codiert? Kann man diese Rätsel aufdecken, so vermuten die Wissenschaftler, lernt man gleichzeitig eine Menge mehr über die Grundlagen der Entwicklung jedes Lebewesens.

Selbst mit all unseren heutigen Kenntnissen wissen wir jedoch nicht wirklich, „wie der Leopard zu seinen Flecken kommt". Die Frage, die schon Rudyard Kipling zu einer phantastischen Geschichte (mit eben diesem Titel) animiert hat, hat auch die Forscher zu einer Fülle von Erklärungsmodellen beflügelt. Wie fast alle „Muster" der Lebewesen werden auch die Fellzeichnungen bereits während der frühen Embryonalentwicklung der Tiere festgelegt – während einer Entwicklungsphase also, über die nur sehr wenig bekannt ist und die experimentell sehr schwer zu verfolgen ist. Einiges allerdings wissen wir schon: Die Farbe der Fellhaare aller Tiere wird über Pigmentzellen bestimmt. Je nach dem von ihnen produzierten Farbstoff können die Haare des Leoparden entweder rötlich-gelb oder braun-schwarz gefärbt sein. Von der Verteilung der verschiedenfarbigen Pigmentzellen hängt das spätere Muster des Fells ab. Während sich der Embryo entwickelt, wandern die Pigmentzellen durch ihn hindurch und setzen sich zu dem für diesen Organismus typischen Farbmuster zusammen. Genau untersucht hat man diesen Prozeß bei zahlreichen Wirbeltieren wie Fröschen, Fischen und verschiedenen Salamanderarten. Aus diesen Untersuchungen weiß man auch, daß die Geburtsstätte der Pigmentzellen die sogenannte Neuralleiste ist – eine längliche Struktur oberhalb der embryonalen Anlage von Gehirn und Rückenmark der Wirbeltiere. Von hier aus machen sich die verschiedenen Zellen auf, den Embryo zu durchwandern.

Wie aber findet eine ganze Gruppe „schwarzer Pigmentzellen" (Zellen, die einen schwarzen Farbstoff produzieren) genau den richtigen Platz in einer Umgebung von gelben (oder weißen) Zellen? Dazu gibt es in der Biologie eine ganze Reihe von Erklärungsansätzen, die häufig über die Simulation mit theoretischen Modellen getestet werden.

Schon Stephen Wolfram, alles andere als ein Biologe, merkte an, daß die zellulären Automaten vielleicht genau die richtigen Mittel bereitstellen, um die Fülle dieser Musterbildungen auf einfache Art zu codieren. Selbst für die Biologen liegt der Gedanke nicht fern, daß sich solche Tierzeichnungen durch einfache Interaktionen der Zellen während der Entwicklung des Organismus ergeben. In den zellulären Automaten bietet sich eine reizvolle Möglichkeit, die Mechanismen solcher Wechselwirkungen durch simple Regeln auszudrücken. Der Bauplan des Organismus, sein genetischer Code, müßte dann keinen vollständigen Entwurf des späteren Musters enthalten, sondern lediglich die verschlüsselte Version der Automatenregeln. Wir wollen Ihnen in diesem Kapitel einige der Versuche vorstellen, mit dem Regelsystem einfacher zellulärer Automaten eine ganze Bandbreite von Mustern zu erzeugen, mit denen sich die Natur so sichtbar schmückt.

9.2 Kräfte zwischen den Zellen

G. Gocho, R. Pérez-Pascual, J.L. Rius und F. Soto, ein Forscherquartett aus Mexiko, sehen die Basis jedes Farbmusters von Tierfellen in den möglichen Wechselwirkungen der unterschiedlichen Pigmentzellen. Man kann sich vorstellen, daß auf der Oberfläche einer Zelle gewisse chemische Moleküle angelagert sind. Durch die chemischen und physikalischen Kräfte zwischen diesen Molekülen können sich Zellen anziehen oder abstoßen. Dabei sind verschiedene Arten der Wechselwirkung denkbar. Es können sich Zellen desselben Typs anziehen (dies wird „homotypische Interaktion" genannt), oder Zellen verschiedenen Typs – also etwa schwarze und gelbe Pigmentzellen – ziehen sich an (dies heißt dann „heterotypische Interaktion"). Gocho und seine Kollegen stellen sich nun ein Szenario vor, das sie von der Physik abgeschaut haben: So wie sich die Atome in einem physikalischen System durch gegenseitige Anziehung und Abstoßung in einem Zustand minimaler Energie zusammenfinden werden, versuchen auch die Pigmentzellen einen solchen „minimalen Energiezustand" während ihrer Wanderung zu erreichen.

Das mexikanische Forscherteam nimmt an, daß sich das globale Muster des späteren Tierfells nach und nach in den einzelnen Hautschichten ausbildet. Kaum sind die ersten Zellen aus der Neuralleiste losgeschickt, finden sie sich aufgrund dieses Prinzips der Energieminimierung zu einem unveränderlichen „Farbbild" zusammen – einem Muster, das so schnell „gefriert", daß es sich in Zukunft nicht mehr verändern kann. Während sich die nächsten Pigmentzellen erst auf ihre Wanderung begeben, hat also in der unmittelbaren Nachbarschaft der Neuralleiste bereits eine Zellschicht ihr endgültiges Muster ausgebildet. Die Idee ist nun, daß die nachfolgenden Pigmentzellen sich an diese Schicht anlagern und dabei das schon vorhandene Muster zum Ausgangspunkt ihrer eigenen Anordnung machen. Eine schwarze Zelle läßt sich nur dort nieder, wo sie die entsprechende Anziehungskraft von den schon fest verankerten Zellen der vorangegangenen Schicht spürt.

Diese Idee der Musterbildung ist ein ideales Szenario zur Übersetzung in einen zellulären Automaten. Sie führt sogar zu einem sehr einfachen Modell, nämlich zu einem eindimensionalen Automaten mit kleiner Nachbarschaft (da die angenommenen Wechselwirkungen von sehr kurzer Reichweite sind). Im einfachsten Fall betrachtet man nur zwei verschiedene Typen von Pigmentzellen (etwa schwarze und weiße Zellen), was für die allermeisten Tierfellzeichnungen ausreicht. Jede Zelle des Automaten kann sich also nur in einem von zwei Zuständen befinden und entweder den Wert 0 oder 1 haben.

Jede horizontale Zeile des Gitters entspricht einer Schicht von Pigmentzellen, die sich zum gleichen Zeitpunkt zu ihrem endgültigen Muster zusammenfinden. In der nächsten Zeile schließen sich dann die Pigmentzellen des nächsten Zeitpunkts an. Die Entwicklungsregeln des Automaten beschreiben daher nur die Veränderung eines eindimensionalen Zellraums. Ob sich eine schwarze (1) oder weiße (0) Pigmentzelle an einen Gitterplatz niederläßt, hängt von der Gestalt des Pigmentmusters seiner Nachbarn in der vorangegangenen Zellschicht ab. Einfluß nehmen dabei nur die direkten Nachbarn zu jeder Seite der Zelle.

Gocho und seine Kollegen diskutierten die Musterbildungen auf zwei verschiedenen Gittertypen: einerseits dem gewöhnlichen quadratischen Gitter, wie wir es schon kennen (und das wir hier G nennen), und andererseits auf einem verschobenen Gitter (das wir V nennen), in dem die Zellen wie in einer Mauer aus Ziegelsteinen zueinander versetzt sind. Bild 9.2 zeigt diese verschiedenen Gitterstrukturen. Im regulären Gitter G wird jede Zelle von drei anderen Zellen in der darüberliegenden Zeile beeinflußt, im verschobenen Gitter V nur von zwei Zellen. Der Zustand einer Zelle ergibt sich durch die Wechselwirkungen mit den Zellen ihrer lokalen Nachbarschaft in der darüberliegenden Zell-

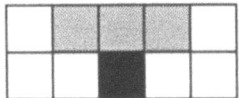 

Bild 9.2: Ein reguläres (links) und ein verschobenes Gitter (rechts) im Vergleich

schicht. Die Anziehungskräfte zwischen den verschiedenen Zellen addieren sich zu einer Gesamtkraft auf; die Entwicklungsregeln des Automaten sind daher totalistisch. Je nachdem, ob die angenommenen Interaktionen zwischen den Zellen homotypisch (gleiche Zellen ziehen sich an) oder heterotypisch (verschiedene Zellen ziehen sich an) sind, gibt es verschiedene totalistische Regeln. Der Kasten 9A faßt das gesamte Regelsystem zusammen.

Jede der möglichen Regeln erlaubt ganz eigene Muster. Im Bild 9.3 sind einmal alle Muster dargestellt, die sich aus demselben Anfangszustand entwickeln. Schon beim ersten Blick auf das Farbenspiel der einfachen Regeln erkennen wir typische Grundmuster, die in den Fellzeichnungen immer wieder auftreten: Längsstreifen und Querstreifen, sowie unterschiedliche Arten von Flecken. Für den unvoreingenommenen Betrachter scheinen die Muster in ihrer perfekten Regelmäßigkeit wenig gemein zu haben mit den komplexen Fellzeichnungen, wie wir sie etwa von den Wildkatzen oder Zebras her kennen. Gocho und seine Kollegen entgegnen dieser Kritik, daß die im Automaten beschriebenen Mechanismen nur einen allerersten Schritt in der gesamten Musterbildung darstellen. Hat sich eine solche Verteilung der Pigmentzellen ausgebildet, so sollten sich diese in der weiteren Entwicklung weiter teilen und sich so die farbigen Bereiche allmählich und auch unregelmäßig vergrößern. Aus einer schwarzen Zelle in einer weißen Umgebung wird auf diese Weise ein größerer schwarzer Fleck; ebenso wächst natürlich auch ein Streifen durch diesen Prozeß des „Klonens" (wie ihn die mexikanischen Wissenschaftler nennen). Das tatsächliche Muster hat daher mit den von den Automaten gezeichneten Bildern nur in seinen wesentlichen Grundzügen etwas gemeinsam. Gerade bei Mustern, die sich über einen großen Bereich erstrecken, wie etwa in den Fellen der

Kasten 9A
Ein Automat für Zell-Zell-Interaktionen

Zellraum: eindimensionales Gitter.

Nachbarschaft: symmetrische Nachbarschaft mit Radius = 1. Im regulären Gitter G haben die Zellen drei, im verschobenen Gitter V nur zwei Nachbarn (Bild 9.2).

Randbedingungen: beliebig.

Zustandsmenge: $\{0,1\}$.
0 stellt eine weiße und 1 eine schwarze Pigmentzelle dar.

Zustandsentwicklung: Die Regeln des Automaten sind totalistisch, ist also

$$S = \sum_{(k,l) \in N_{ij}} z_{kl}(t), \text{ so ist } z_{ij}(t+1) = Z_S ,$$

wobei die möglichen Werte von Z_S auf einem regulären Gitter G durch eine der folgenden sechs Regeln gegeben sind:

$$(Z_3, Z_2, Z_1, Z_0) = \begin{cases} (1110) \\ (1100) \\ (1000) \\ (0111) \\ (0011) \\ (0001). \end{cases}$$

Die ersten drei Regeln beschreiben die möglichen homotypischen Interaktionen, die letzten drei alle heterotypischen Wechselwirkungen. Analog gelten auf einem verschobenen Gitter V folgende vier Regeln:

$$(Z_2, Z_1, Z_0) = \begin{cases} (110) \\ (100) \\ (011) \\ (001). \end{cases}$$

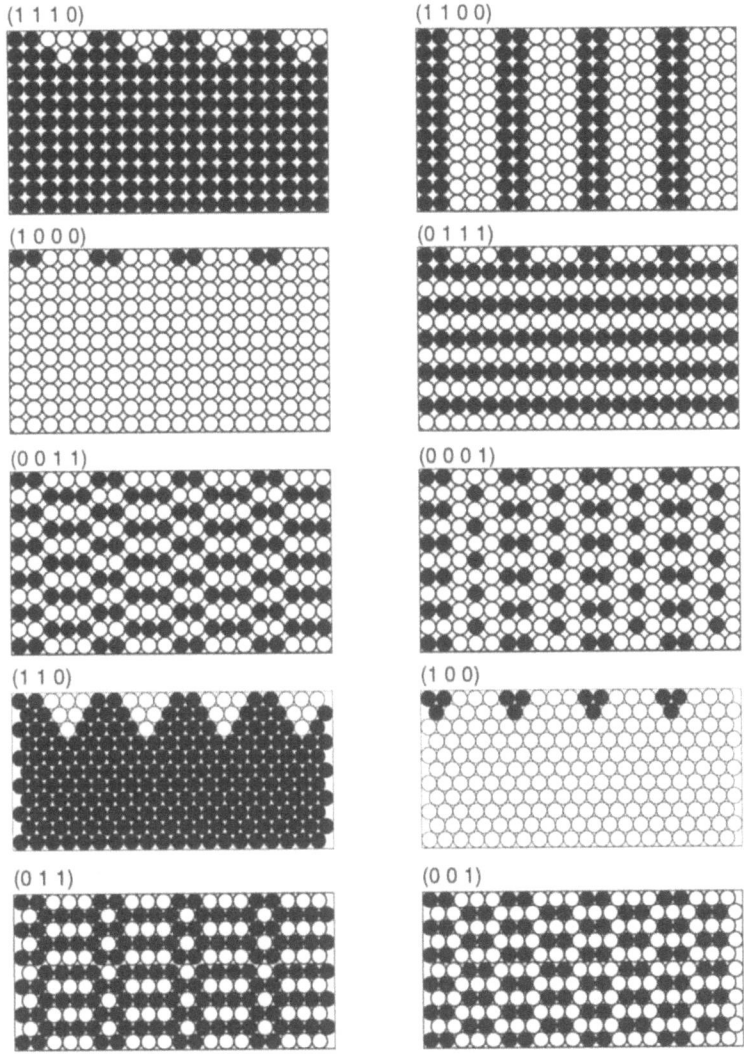

Bild 9.3: Verschiedene Interaktionen im zellulären Automaten führen zu ganz unterschiedlichen Mustern. (Die Beschreibung der entsprechenden Regeln findet sich im Kasten 9A.)

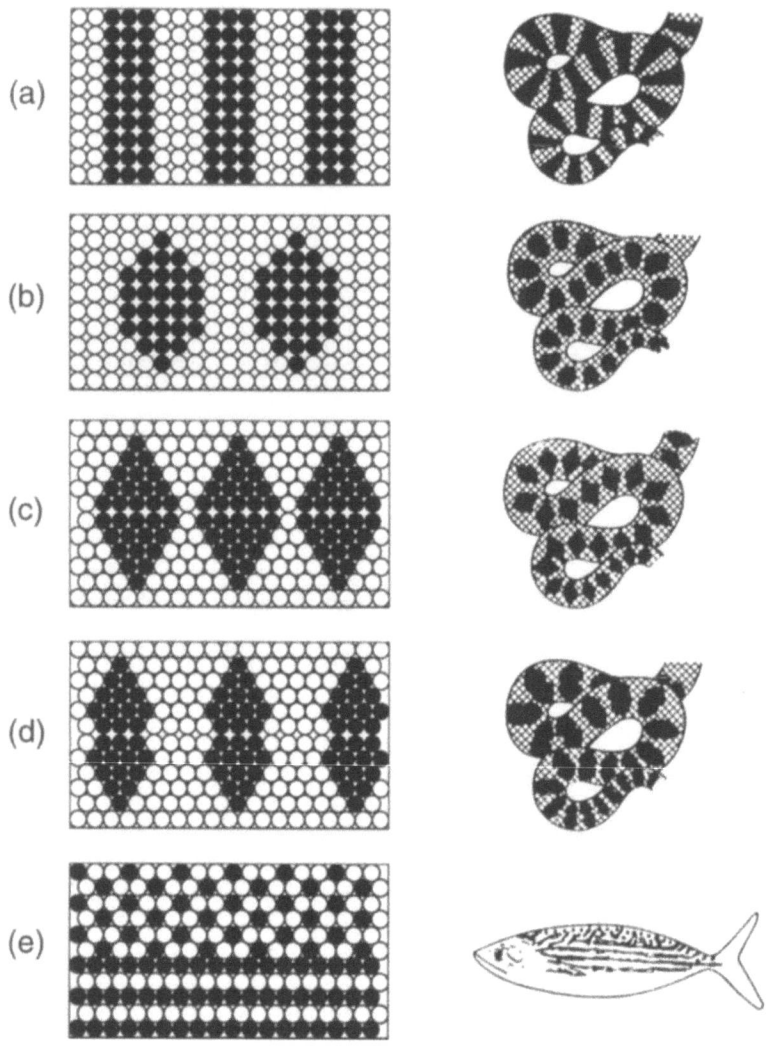

Bild 9.4: Die Muster des Automaten von Gocho und seinen Kollegen im Vergleich zu realen Mustern von verschiedenen Klapperschlangenarten (a-d) und dem Bonito-Fisch (e).

Säugetiere, sollten solche zusätzlichen Mechanismen eine entscheidende Rolle spielen und in Betracht gezogen werden.

Für kleinere Organismen, wie etwa Reptilien und Fische, haben die mexikanischen Wissenschaftler die von ihrem Automaten produzierten Muster direkt mit wirklichen Hautzeichnungen verglichen. Bild 9.4 zeigt hierfür Beispiele. Für die in den Bildern a-d gezeigten Schlangenmuster wurde – unter Berücksichtigung der Symmetrie dieser Tiere – das Anfangsmuster in der Mitte plaziert, so daß sich das Muster nach oben und unten gleichzeitig entwickelte. Der Bonito-Fisch (Bild e) ist ein interessantes Beispiel dafür, daß unterschiedliche Muster in einem Tierkleid auftreten können. Viele dieser Fischarten zeigen ein geflecktes Muster in ihrer oberen Rückenpartie und längliche Streifen in ihrem unteren Rücken. Durch einen Übergang zwischen verschiedenen Entwicklungsregeln, also einem Wechsel in der Stärke der Interaktionskräfte (etwa aufgrund eines veränderten Zellhintergrunds), lassen sich auch diese Bilder durch eine logische Regel beschreiben.

9.3 Konkurrenz als Mustermacher

Wo Gocho & Co physikalische Wechselwirkungen hinter den künstlerischen Mustern der Natur vermuten, sehen viele Wissenschaftler andere Mechanismen als die treibende Kraft. Zahlreiche Biologen und Physiker sind davon überzeugt, daß sich die verschiedensten Muster der Natur durch ein gemeinsames Prinzip erklären lassen, das auf der Konkurrenz zweier unterschiedlicher Kräfte basiert: Während die eine Kraft, der sogenannte Aktivator, den Aufbau einer bestimmten Struktur – beispielsweise eines schwarzen Fleckes in einem Tierfell – initiiert und verstärkt, versucht eine ihr gegenläufige Kraft, der „Inhibitor", dies zu verhindern.

Welche genauen Kräfte hinter dem Aktivator und dem Inhibitor stehen, läßt dieses Konzept zunächst offen. In den Augen der meisten Biologen sind dies chemische Substanzen, sogenannte Morphogene. Einer der ersten Wissenschaftler, der die Idee proklamierte, chemische Prozesse könnten die Grundlage biologischer Muster sein, war Alan Turing – der gleiche Forscher, der als „Erfinder" der Turingmaschine entscheidende Grundlagen für unsere heutige Computertechnologie gelegt hat. Turings Ideen zur Musterbildung beruhten allein auf der abstrakten Argumentation eines mathematischen Modells, das allerdings so abstrakt war, daß der dahinterliegende einfache Mechanismus des Wechselspiels einer Aktivator- und einer Inhibitorsubstanz erst Jahrzehnte später aufgehellt werden sollte. Beide Morphogene reagieren und diffundieren nach genau festgelegten Mechanismen, in denen ihre unterschiedliche Diffusionsgeschwindigkeit eine Schlüsselrolle einnimmt: Breitet sich der Inhibitor sehr viel schneller aus als der Aktivator, so zeigt das Modell, daß typische Muster von Flecken und Streifen entstehen.

Turing war von seinen Argumenten so überzeugt, daß er sie Anfang der fünfziger Jahre in einem Aufsatz mit dem Titel „The Chemical Basis of Morphogenesis" veröffentlichte und glaubte, damit die in der Biologie so heiß diskutierte Frage nach den Prinzipien der Morphogenese, also der Gestaltbildung, gelöst zu haben. Nicht alle Wissenschaftler seiner Zeit teilten diese Überzeugung. Einerseits wies Turings Modell einige Schwächen auf, vor allem aber fehlte jeder Hinweis auf eine wirkliche chemische Reaktion, die seinen postulierten Gesetzen folgte und damit zu solchen Musterbildungen in der Lage war. Solange überzeugende Beweise ausblieben, erschien vielen Wissenschaftlern Turings Idee, ein Konkurrenzkampf verschiedener chemischer Substanzen könne sich als der große Mustermacher in der Natur erweisen, als eine reine Gedankenspielerei.

Noch heute ist die Existenz dieser Morphogene ungeklärt und erst recht die Frage, ob sie nach den postulierten Mechanismen wechselwirken. Daß aber chemische Reaktionen tatsächlich zu solchen Musterbildungen in der Lage sind, kann heute niemand mehr anzweifeln. Erst vor wenigen Jahren, etwa vierzig Jahre nach Turings Vorschlag, gelang es Chemikern, „Turingmuster" im Reagenzglas zu erzeugen. Bild 9.5 zeigt Schnappschüsse einer chemischen Reaktion, die Qi Ouyang und Harry Swinney, Wissenschaftler der Universität Texas, untersucht haben. Es handelt sich um die sogenannte CIMA-Reaktion, deren Name für die beteiligten Substanzen steht: Chlorid, Jodid und Malonsäure. Läßt man diese Reaktion in einem geeigneten Reaktor ablaufen, dessen Konstruktion raffinierte experimentelle Tricks voraussetzt, entwickeln

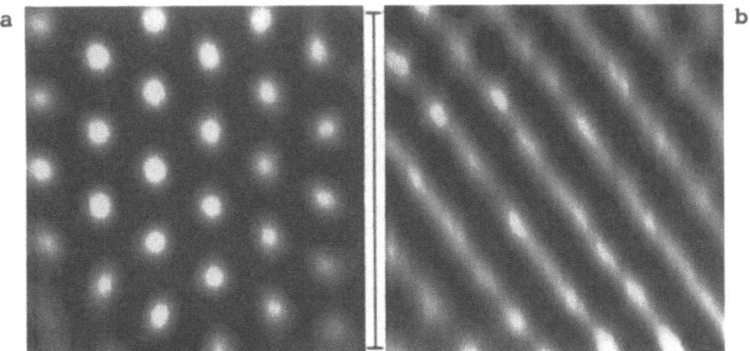

Bild 9.5: Die chemische CIMA-Reaktion produziert stationäre Muster: In Bild a ordnen sich die weißen Punkte zu Sechsecken an, in Bild b entstehen Streifen. (Die Balkenlänge entspricht 1mm.)

sich unter bestimmten Bedingungen die im Bild gezeigten Muster unterschiedlich hoher Jodidkonzentrationen. Dank dieser Experimente wird Turings Idee, die Konkurrenz zwischen unterschiedlich wirkenden chemischen Stoffen als entscheidende Triebkraft einer Musterbildung zu begreifen, nicht mehr ausschließlich durch theoretische Argumente gestützt.

Turings Modell stellt nur den Grundstein einer heute ausgearbeiteten Theorie zur Entstehung solcher Muster dar. Viele Wissenschaftler – wie etwa der am Tübinger Max-Planck-Institut für Entwicklungsbiologie tätige Forscher Hans Meinhardt oder der Biomathematiker Jim Murray an der Universität in Oxford – haben dazu beigetragen, dieses Theoriegebäude auf solide Grundlagen zu stellen. Heute rankt sich um die Entstehung von Turingmustern ein ganzes Bündel komplizierter mathematischer Modelle, die meistens in der Form partieller Differentialgleichungen formuliert sind. Der wesentliche Grundgedanke dieser Modelle, nämlich das typische Konkurrenzprinzip von Aktivator und Inhibitor, läßt sich aber auch bereits mit sehr viel einfacheren Modellen in Form zellulärer Automaten erfassen. David Young hat in der Mitte der achtziger Jahre einen solchen zellulären Automaten vorgeschlagen, der Muster nachzeichnete, wie sie in den Tierfellen sichtbar sind. Obwohl dieser Automat im Vergleich zu den partiellen Differentialgleichungen ungeheuer einfach ist, ist er doch deutlich komplizierter als der Versuch Gochos und seiner Kollegen.

Young stellt sich den Mechanismus der Musterbildung in den Tierfellen folgendermaßen vor: Ausgangspunkt der späteren Fellzeichnung ist eine zufällige Verteilung der verschiedenen Typen von Pigmentzellen – im einfachsten Fall von „schwarzen" und „weißen" Zellen. Eine solche Zufallsverteilung der Zellen kann sich etwa durch einen langsamen und zufällig gesteuerten Prozeß der Zelldifferenzierung aufbauen, während dem sich ein Teil der normalerweise undifferenzierten (weißen) Zellen zu schwarzen Zellen differenziert. Jede der differenzierten Zellen kann, so Young, zwei chemische Morphogene bilden, nämlich genau einen Aktivator und einen Inhibitor. Diese werden durch die Diffusion in die lokale Umgebung einer Zelle verteilt.

Der Aktivator stimuliert benachbarte, undifferenzierte Zellen dazu, sich in eine schwarze Zelle zu verwandeln. Der Inhibitor dagegen versucht genau das Gegenteil zu erreichen. Er bringt die bereits differenzierten schwarzen Zellen dazu, sich in undifferenzierte weiße Zellen zurückzuverwandeln. Zwar ist der Aktivator viel stärker als sein Konkurrent, doch dieser hat einen entscheidenden Vorteil, der, wie wir schon erwähnten, für alle Turingmuster von zentraler Bedeutung ist: Der Inhibitor kann nämlich viel schneller diffundieren als sein Gegenspieler und hat daher in seiner Wirkung eine viel größere Reichweite.

Die Basis in Youngs Automat ist ein zweidimensionales Zellgitter; jede Zelle entspricht einer Pigmentzelle. Da Young nur zwei verschiedene Typen von Pigmentzellen in Betracht zieht, genügen ihm die Werte 0 (für weiß) und 1 (für schwarz), um die Zustände seiner Zellen zu charakterisieren. Die Nachbarschaft seiner Zellen im Gitter ist, im Vergleich zu all unseren vorherigen Beispielen, ungewöhnlich – sie ist ein kreisförmiges Gebiet um die Zelle herum. Alle Zellen, die innerhalb dieses Kreises liegen, können im nächsten Zeitschritt die Entwicklung der Zelle durch die Diffusion von Aktivator- und Inhibitorsubstanzen beeinflussen. Dabei berechnet jede Zelle ihren nächsten Zustand auf einfache Art und Weise. Sie zählt nämlich nur die unterschiedlichen Einflüsse von Aktivator und Inhibitor zusammen. Kommt dabei ein positiver Wert heraus, hat der Aktivator gewonnen und die Zelle wird (oder bleibt) eine schwarze Zelle. Ist die Summe unter dem Strich negativ, hat sich der Inhibitor durchgesetzt, und die Zelle ist im nächsten Zeitschritt weiß (0). Nur bereits differenzierte Zellen mit dem Wert 1 können einen Einfluß auf benachbarte Zellen nehmen, da nur diese Zellen die entscheidenden Morphogene produzieren.

Eine Schlüsselrolle für die Entstehung von Turingmustern spielt die schnelle Ausbreitung des Inhibitors. Im gleichen Zeitraum, in dem der Aktivator über eine bestimmte Distanz diffundieren kann, kommt der Inhibitor aufgrund seiner höheren Diffusionsgeschwindigkeit viel weiter. Young realisierte dies im Automaten durch zwei unterschiedliche Nachbarschaften: In einem kleinen Kreis um die Zelle wirken sowohl Aktivator- als auch Inhibitoreinflüsse auf die Zelle ein. Da der Aktivator stärker ist, setzt er sich in diesem Gebiet immer durch. Aus der Umgebung außerhalb dieser kreisförmigen Nachbarschaft können nur noch die hemmenden Einflüsse des Inhibitors die Zelle erreichen (Bild 9.6). Während alle Zustände der Nachbarzellen des kleineren Kreises mit einem positiven Gewichtsfaktor aufsummiert werden (der auf 1 normiert ist), tragen die Zellen der weiteren Umgebung mit einem negativen Gewicht zur Gesamtbilanz der Kernzelle bei. Der stärkere Ein-

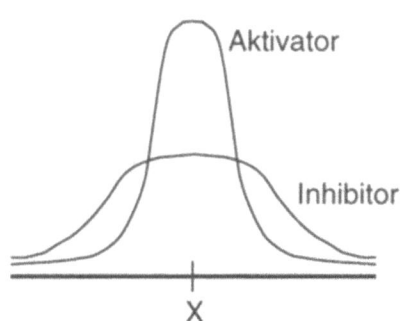
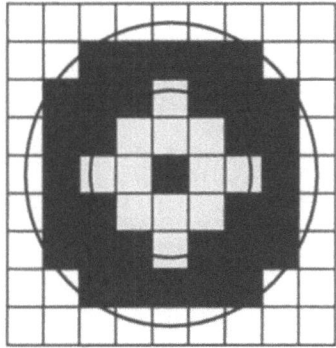

Bild 9.6: Typisch für Turingmuster: Der an der Position *X* produzierte Aktivator dominiert in einem kleinen Gebiet um *X*, außerhalb dieses Bereiches setzt sich der inhibierende Einfluß durch (linkes Bild). Im zellulären Automaten werden die Einflußgebiete beider Substanzen zu kreisförmigen Nachbarschaften unterschiedlicher Größe. Im rechten Bild wird die mittlere schwarze Zelle von den hellgrauen Zellen aktiviert, von den dunkelgrauen inhibiert.

Kasten 9B
Ein zelluläres Aktivator-Inhibitor-Modell

Zellraum: zweidimensionales, rechteckiges $n \times m$-Gitter.

Nachbarschaft: Die Nachbarschaft der Zelle (i,j) ist ein kreisförmiges Gebiet vom Radius R:

$$N_{ij} = \{(k,l) \mid (k-i)^2 + (l-j)^2 \leq R^2)\}.$$

Randbedingungen: beliebig.

Zustandsmenge: $\{0,1\}$,
wobei 0 eine undifferenzierte, weiße und 1 eine differenzierte, schwarze Zelle kennzeichnet.

Zustandsentwicklung: $z_{ij}(t+1) = H(\sum_{(k,l) \in N_{ij}} w(k,l) \cdot z_{kl}(t))$,

wobei H für die Heavyside-Funktion steht, das heißt:

$$H(x) = \begin{cases} 0, \text{ wenn } x < 0 \\ 1, \text{ wenn } x \geq 0. \end{cases}$$

w ist ein Gewichtsfaktor, der den unterschiedlichen Einflußbereich von Aktivator und Inhibitor beschreibt:

$$w(k,l) = \begin{cases} 1, & \text{wenn} \quad (k-i)^2 + (l-j)^2 \leq R_A^2 \\ w_I, & \text{wenn } R_A^2 < (k-i)^2 + (l-j)^2 \leq R^2. \end{cases}$$

Die Konstante $w_I < 0$ legt den hemmenden Einfluß des Inhibitors fest. Der Radius R_A begrenzt die Reichweite des Aktivators, es muß stets gelten $R_A < R$. In der in Bild 9.7 gezeigten Simulation haben wir die Radien gewählt mit $R_A = 2{,}5$ und $R = 6{,}0$.

fluß entscheidet über das Schicksal der Zelle. Der Kasten 9B faßt die Regeln dieses zellulären Aktivator-Inhibitor-Modells zusammen.

Die Regeln des Automaten erweisen sich als ein solch starker Mustermacher, daß die Entwicklung, ausgehend von einem zufälligen Startmuster differenzierter und undifferenzierter Zellen, in Windeseile zu einem Stillstand kommt. In den meisten Simulationen muß man nur fünf bis zehn Zeitschritte warten, bis sich im Gitter ein unveränderliches Muster herausbildet.

Auch Youngs Muster zeigen die typischen Charakteristika der Streifen und Flecken, die für die Tierfelle so typisch sind. Ob sich in einem Muster Streifen oder Flecken ausbilden, hängt allein von der Stärke des Inhibitors ab. Bild 9.7 zeigt Muster dieses zellulären Aktivator-Inhibitor-Modells für verschiedene Werte des negativen Gewichtsfaktors w_I. Ist der Einfluß des Inhibitors stark, wie im Bild 9.7a für $w_I = -0.35$, so haben die differenzierten Zellen keine Chance, zusammenhängende Gebiete in dem Zellgitter (oder der Hautschicht) zu erobern, und es bilden sich isolierte Flecken. Schwächt sich der bremsen-

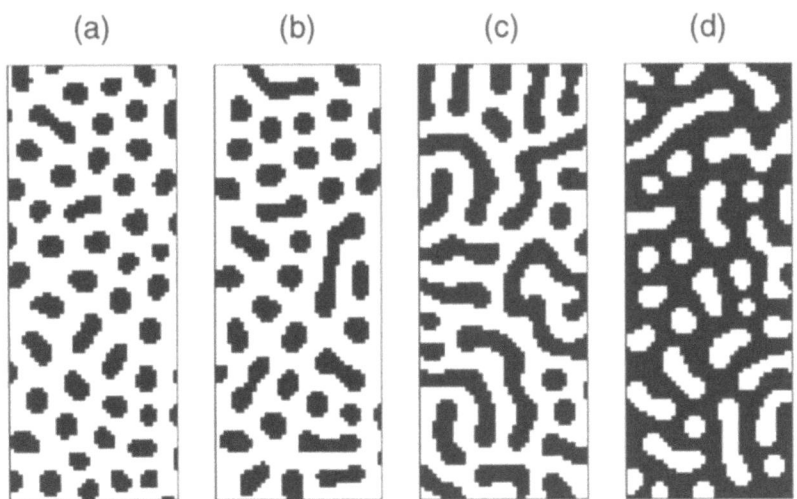

Bild 9.7: Muster des zellulären Aktivator-Inhibitor-Modells bei unterschiedlicher Stärke des Inhibitors w_I: a) -0,35, b) -0,3, c) -0,25 und d) -0,2

de Einfluß dieses Morphogens jedoch ab, verbinden sich die Flecken miteinander und werden zu Streifen.

Young hat auch mit noch ungewöhnlicheren Nachbarschaftsformen als den Kreisen experimentiert. Statt davon auszugehen, daß die Diffusion der Morphogene in alle Richtungen gleichmäßig wirkt, nahm er für einige Simulationen eine unterschiedliche Diffusion in die horizontale und vertikale Richtung an. Aus den runden Kreisen der Nachbarschaften werden so langgezogene Ellipsen. Den Effekt einer solchen Veränderung kann man sich leicht überlegen: Alle Muster werden wie auf einer Gummihaut in die verschiedenen Richtungen unterschiedlich gestreckt. Bild 9.8 zeigt die Ergebnisse einer solchen „anisotropen" Simulation, deren Muster Ähnlichkeiten zu realistischen Zebrastreifen erkennen lassen.

Bild 9.8:
Mit einer ellipsenförmigen Nachbarschaft lassen sich langgezogene Streifenmuster simulieren.

9.4 Modelle im Vergleich

Ebenso wie Young zur Beschreibung der Fellzeichnungen von Tieren ein zweidimensionales Aktivator-Inhibitor-Modell diskutiert, lassen sich andere Musterbildungen nach ähnlichen Prinzipien auch durch eindimensionale Gleichungen beschreiben. Hier sind vor allem die vielfältigen Muster der Muschel- und Schneckenschalen zu nennen. Ihre

Gehäuse wachsen Schicht für Schicht durch neu angelagertes Material. Die Musterbildung ihres ornamentreichen Gewandes geht daher, wie auch im Gocho-Automaten, in einzelnen Schichten vor sich. Die angenommenen Mechanismen ihrer Musterbildung sind ganz ähnlich zu den hier diskutierten Ideen einer Konkurrenz zwischen aktivierenden und inhibierenden Einflüssen. Der Pittsburgher Mathematiker Bard Ermentrout hat solche Modelle in einfache zelluläre Automaten übertragen. Auch ihre Regeln sind letztlich totalistisch, da jede Zelle stets nur die aktivierenden und inhibierenden Einflüsse ihrer Umgebung aufaddieren muß. Im einfachsten Fall, in denen die angenommenen Wechselwirkungen nur von einer Schicht zur nächsten reichen, führt dies zu exakt den gleichen Automatenregeln, die schon Stephen Wolfram studiert hat und die ihn angesichts der Ähnlichkeit ihrer Muster zu manchen Muschelschalen so überrascht haben. Hinter dem scheinbaren Zufall, den viele hinter dieser Ähnlichkeit vermutet hatten, kann also tatsächlich eine biologisch relevante Regel stecken.

Angesichts der Komplexität, die sich uns in den unzähligen Fellzeichnungen der Tierwelt zeigt, wirken die Regeln dieser zellulären Automaten und auch ihre produzierten Muster grob vereinfacht. Doch im Grunde ist dies bei all diesen Modellierungsversuchen sogar ein gewolltes Ergebnis. Viele Biologen sind davon überzeugt, daß hinter den verschiedenartigen Musterbildungen, die in der Entwicklungsgeschichte aller Lebewesen eine zentrale Rolle spielen, simple Mechanismen stehen, die durch allereinfachste Wechselwirkungen erklärt werden können. Was diese Mechanismen im einzelnen sind, liegt allerdings immer noch im Dunkeln und wird auch in Zukunft den Forschern dieses Gebiets Gelegenheit für manches Streitgespräch geben. Ob also etwa das Modell von Gocho und seinen Kollegen der Wahrheit näher kommt als das Aktivator-Inhibitor-Konzept, kann zur Zeit nicht eindeutig beantwortet werden. Die größere Unterstützung finden sicherlich die verschiedenen Reaktions- und Diffusionsmodelle, die auf einem Wechselspiel von Aktivator und Inhibitor basieren. Nicht nur weil sie eine Fülle überzeugender Argumente und Simulationen auf ihrer Seite haben, sondern auch weil dieser Mechanismus viele unterschiedliche Muster in der Natur überzeugend beschreiben kann. Doch es bleibt das Problem, daß die Existenz der postulierten Morphogene nicht wirklich geklärt ist.

Solange unterschiedliche Erklärungsansätze nebeneinander stehen und nicht eindeutig durch experimentelle Befunde verworfen oder bestätigt werden können, solange werden sich auch die verschiedenen theoretischen Modelle nebeneinander präsentieren und um ihre „Anhängerschaft" in der wissenschaftlichen Gemeinschaft buhlen. Gerade so einfache Modelle wie die zellulären Automaten bieten dabei ein leicht begehbares Experimentierfeld, mit denen der Forscher seine intuitiven Ideen formulieren und überprüfen kann, um somit zur Theoriebildung beizutragen.

Kapitel 10
Nutznießer – die Ökologie von Räubern und ihrer Beute

10.1 Fressen und gefressen werden

Mitte des vorigen Jahrhunderts begannen die Mitarbeiter der Hudson Bay Company, mit akribischer Gründlichkeit die Zahlen der ihnen in die Fallen gegangenen Hasen und Luchse aufzuzeichnen. Welchen ursprünglichen Sinn diese Statistik einmal haben sollte, wissen wir nicht, doch sie wurde zu einem vielzitierten Zahlenmaterial für Biologen und auch Mathematiker. Da man davon ausgehen kann, daß die Zahl der gefangenen Tiere direkt proportional zu den tatsächlichen Populationsgrößen der verschiedenen Spezies war, konnten die Forscher über einen Zeitraum von mehr als fünfzig Jahren die „Bevölkerungsstatistik" zweier kompletter Tierarten verfolgen. Das Interessante daran ist, daß beide Populationen nicht unabhängig voneinander existieren, denn die Hasen bilden sozusagen die Lebensgrundlage der Luchse, da sie deren bevorzugte Nahrung sind. Hasen und Luchse sind also ein klassisches Beispiel für ein sogenanntes Räuber-Beute-Ökosystem. Dank den Aufzeichnungen der Hudson Bay Company bekamen die Forscher aufschlußreiche Einblicke in das Wechselspiel solcher Räuber- und Beutepopulationen.

Bild 10.1 zeigt das Ergebnis dieser „Volkszählung" zwischen 1850 und 1900. Heute wissen wir, daß der Verlauf der beiden Kurven typisch ist für die Populationsentwicklung von Räubern und ihren Beutetieren im allgemeinen. Die Zahl beider Arten schwankt in einem regelmäßigen Auf und Ab zwischen einer minimalen Populationsgröße, an dem beide Populationen sich gefährlich nahe am Abgrund des völligen

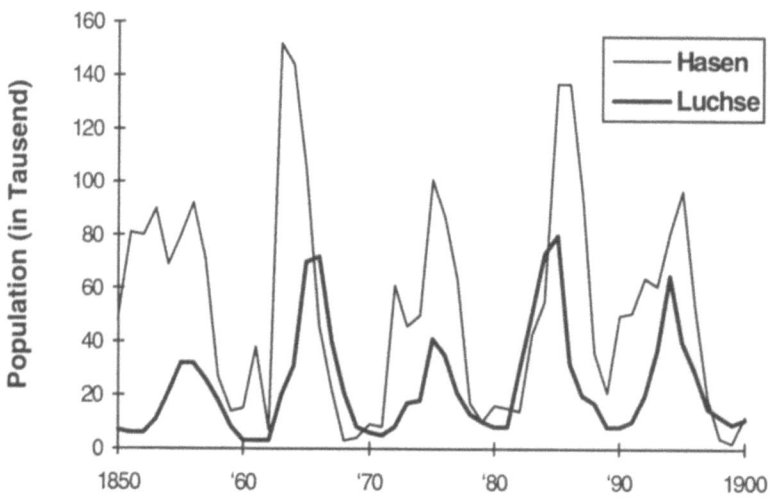

Bild 10.1: Die Zahl der gefangenen Hasen und Luchse an der Hudson Bay zwischen den Jahren 1850 und 1900 zeigt typische Schwankungen.

Aussterbens bewegen, und einem gewissen Maximum, an dem die Zahl der Mitglieder jeder Population offensichtlich einen gewissen Sättigungswert erreicht hat. Beide Oszillationskurven sind leicht versetzt zueinander. Immer sind es die Beutetiere (in Bild 10.1 also die Hasen), die ihren zahlenmäßigen Tiefpunkt ebenso wie ihr Maximum als erste erreichen.

Berücksichtigt man die besondere Rolle, die jede dieser Tierarten für die andere spielt, scheinen die zyklischen Schwankungen folgendermaßen erklärbar zu sein: Während sich die Luchse (die Räuber) an einer immer wachsenden Hasenpopulation (ihrer Beute) gütlich tun, können sie sich kräftig vermehren. Doch je stärker die Bevölkerung der Luchse wächst, desto mehr wird dies zum Verhängnis der Hasen, immer mehr von ihnen werden gefressen – ihr Bevölkerungswachstum bricht ab, und die Hasenpopulation wird sukzessive dezimiert. Doch dies bekommen auch die Luchse sofort zu spüren, da ihr Nahrungsvorrat damit deutlich schwindet. Die große Zahl an Räubern muß sich um die immer weniger werdenden Beutetiere streiten – ein Wettbewerb, bei dem notgedrungen immer mehr Luchse auf der Strecke bleiben. Auch die Räuberpopulation fällt also in ihrer Größe zurück. Sobald aber die Zahl der Luchse abnimmt, haben die Hasen eine Chance, sich zu erholen und sich wieder verstärkt zu vermehren. Der Zyklus kann nun von vorn beginnen.

Diese zunächst logisch erscheinende Erklärung wurde schon vor vielen Jahrzehnten auf der Grundlage eines einfachen mathematischen Modells als die wesentliche Gesetzmäßigkeit erkannt, die das wechselseitige Wachstum einer Räuber- und Beutepopulation kontrolliert. Der italienische Mathematiker Vito Volterra hatte 1926 ein recht einfaches System von gewöhnlichen Differentialgleichungen formuliert, das die Entwicklung solcher Tierpopulationen erfaßte. Unabhängig von ihm war der amerikanische Chemiker Alfred Lotka bereits ein Jahr zuvor auf ein ähnliches mathematisches Modell gekommen, ohne daß es damals von einer größeren Öffentlichkeit beachtet wurde. Diese Gleichungen sind daher bis heute als Volterra-Lotka-Gleichungen bekannt, der Kasten 10A stellt dieses grundlegende ökologische Modell kurz vor.

Für die Biologen sind diese Gleichungen zu einem klassischen Gesetz der Populationsbiologie geworden, und auch die Mathematiker haben sich immer schon für sie interessiert. Kein Mathematikstudent, der eine Grundvorlesung zu dem Thema der Differentialgleichungen hört, wird an diesem Modell unbemerkt vorbeigehen können. Dies liegt nicht zuletzt daran, daß die Lösungen der Volterra-Lotka-Gleichungen eine besondere Charakteristik haben: sie sind alle in ihrem Zeitverlauf periodisch. Das heißt, die beiden Variablen, die die Populationsgrößen der Räuber und ihrer Beute beschreiben, zeigen typische zyklische Schwankungen, wie sie in Bild 10.2 gezeigt sind.

Die Oszillationen der tatsächlichen Populationszahlen, wie sie sich auch in der von uns gezeigten Kurve zu den Hasen und Luchsen offenbaren, werden durch die Lösungen dieses theoretischen Modells erfaßt. Die Biologen bleiben allerdings etwas skeptisch, wenn es um die wirkliche Relevanz dieses einfachen Modells geht. Ihnen erscheinen die Faktoren, die die Bevölkerungsgröße der Populationen erklären, doch zu sehr vereinfacht, denn schließlich haben es die Hasen auch im Norden Kanadas nicht nur mit den Luchsen als Feinden zu tun. Dort gibt es

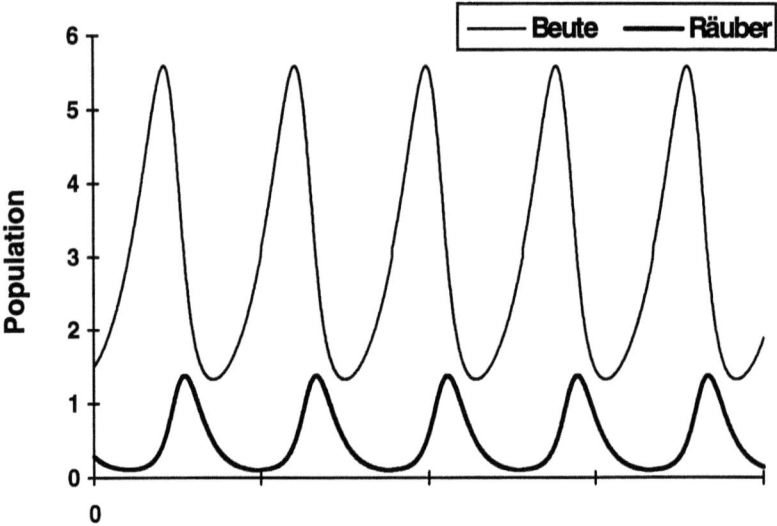

Bild 10.2: Die Populationsentwicklung von Räubern und ihren Beutetieren, wie sie die Lösung der kontinuierlichen Volterra-Lotka-Gleichungen zeigt.

Bakterien und Mikroben, die ihnen zu schaffen machen, und nicht zuletzt einen weiteren großen Feind, den Menschen. Einfache mathematische Modelle, wie die Gleichungen von Volterra und Lotka, sollte man daher nicht überstrapazieren, wenn es etwa um genaue quantitative Aussagen zu möglichen Populationsgrößen geht. Dennoch sind sie für einen qualitativen Einblick in ein solches Ökosystem unerläßlich und aufschlußreich.

Die einfachen Differentialgleichungen von Volterra und Lotka berücksichtigen nicht die räumliche Verteilung der jeweiligen Räuber- und Beutetiere in ihrem Territorium. Daher war es eine der sicherlich sinnvollen Erweiterungen des Modells, eine solche Ortsabhängigkeit in die wechselseitigen Beziehungen der Populationen mit einzubeziehen und eine Art zufälligen „Diffusionsprozeß" in das System der mathematischen Gleichungen mit aufzunehmen. Eine einfache Möglichkeit zur Simulation dieser Situation bietet auch ein zellulärer Automat.

Kasten 10A
Die Volterra-Lotka Gleichungen:
ein kontinuierliches Räuber-Beute-Modell

Diese klassischen Gleichungen der biologischen Ökologie beschreiben das Wachstum einer Beutepopulation x und ihrer Räuber y.

Ohne die Gegenwart der Räuber könnten die Beutetiere unbegrenzt wachsen. Die Biomathematiker drücken ein solches Wachstum durch einfaches lineares Gesetz aus, in dem sie die Wachstumsrate als konstant annehmen. Unter dem Einfluß der Räuberpopulation nimmt die Zahl der Beutetiere jedoch proportional zur Anzahl beider Populationsgrößen ab. Für das Wachstum der Beutetiere gilt daher die Gleichung (mit positiven Konstanten a und b):

$$\frac{dx}{dt} = a \cdot x - b \cdot x \cdot y.$$

Würden die Räuber keine Beutetiere finden, wären sie zum Aussterben verurteilt. Ihr ursprüngliches Wachstumsgesetz ist daher wie bei den Beutetieren linear, aber mit einem negativen Vorzeichen versehen. Ihre Bevölkerungsgröße wächst dagegen proportional mit der Anzahl der Beutetiere:

$$\frac{dy}{dt} = -c \cdot y + d \cdot x \cdot y.$$

Die Konstanten c und d haben stets positive Werte.

Wir wollen Ihnen auf den folgenden Seiten zwei solcher Automaten vorstellen, die für die Entwicklung eines Ökosystems von Räubern und ihrer Beute entworfen wurden. Unser erstes Beispiel fällt eher in die Kategorie eines stark vereinfachten Modells, das in seiner Form an den Ansatz von Volterra und Lotka erinnert. Alexander Dewdney hat es mit der Unterstützung von David Wiseman, einem Kollegen an der Universität von Western Ontario, erfunden. Dieser Automat beschreibt das Leben von Haien und Fischen, der einzigen Bevölkerung auf dem in der fernen Phantasie existierenden Planeten WATOR. Es ist mehr ein Simulationsspiel als ein detailliertes biologisches Modell. Dennoch baut es auf einer soliden biologischen Grundlage auf. Jeder, der sich die nicht allzu große Mühe macht, diesen Automaten auf einem Computer zu programmieren, wird mit den unerschöpflichen Möglichkeiten belohnt, sich selbst zum Herrscher eines ganzen Ökosystems zu erheben – und sei es nur in der künstlichen Welt des Computers.

Unser zweites Beispiel hingegen wendet sich sehr viel detaillierteren biologischen Fragen zu. Es geht dabei um die seit Jahrzehnten mit Besorgnis beobachtete Bedrohung des Great Barrier Reef in Australien durch die in regelmäßigen Abständen ausbrechenden „Bevölkerungsexplosionen" des korallenfressenden Seesterns *Alcanthaster planci*, auch Dornenkrone genannt.

10.2 Haie und Fische auf dem Planeten WATOR

Die künstliche Welt von WATOR ist der Lebensraum von zwei verschiedenen Spezies: Fischen und ihren Feinden, den Haien, die sich ausschließlich von ihnen ernähren. Beide Arten leben in einem Gittermeer, das an seinen Rändern zu einem Torus geschlossen ist – aufgrund dieser „Geographie" einer ausschließlich mit WAsser bedeckten TORoidalen Welt ist der zelluläre Planet zu seinem Namen gekommen. Jeder Gitterpunkt kann von einem Individuum jeder Art bewohnt sein, doch immer nur von einem zur gleichen Zeit. Alle Wesen in WATOR leben nach einfachen Regeln, sie können herumschwimmen, sich vermehren und, vor allem, fressen oder gefressen werden.

In jedem Zeittakt dürfen sich die Fische und Haie um jeweils einen Gitterplatz in eine der vier Hauptrichtungen (Nord, Süd, Ost und West) bewegen. Die Entscheidung über die Bewegungsrichtung obliegt allein dem Zufall. Ein Fisch beispielsweise schaut sich in seiner lokalen Nachbarschaft (was nichts anderes als die uns bekannte von-Neumann-Nachbarschaft ist) nach einem unbesetzten Gitterplatz um. Unter all diesen wählt er zufällig, mit einer für alle freien Plätze gleichen Wahrscheinlichkeit, seinen neuen Ort aus. Sind alle Plätze bereits besetzt, bleibt der Fisch in diesem Zeittakt an seinem alten Platz.

Für einen Hai sind die Regeln etwas komplizierter. Da dieser darauf angewiesen ist, sich um sein lebensnotwendiges Futter zu sorgen, muß er zuallererst darauf achten, ob sich in seiner Umgebung ein Fisch befindet. Ist dies der Fall, bewegt sich der Hai zu einem der zufällig ausgewählten „Fischnachbarn" und frißt ihn auf. Der entsprechende Gitterplatz, der zuvor von dem Fisch bewohnt war, ist also nun von einem Hai besetzt. Gibt es in seiner Nachbarschaft keine Fische zum Verzehr, bewegt sich der Hai genauso, wie es auch ein Fisch tut, und sucht sich einen neuen, unbewohnten Platz, um im nächsten Zeitschritt von dort erneut auf Jagd zu gehen.

Die Lebensdauer beider Arten ist auf natürliche Weise begrenzt: Das Ende eines Fischlebens ist erreicht, wenn er von einem Hai gefressen wird. Das Überleben eines Haies dagegen ist allein eine Frage des notwendigen Futternachschubs, also seines Jagderfolgs. Gelingt es einem Hai nicht, innerhalb eines bestimmten Zeitraums mindestens einen Fisch zu ergattern, stirbt er einen Hungertod und verschwindet aus dem Gittermeer.

Überstehen die Wesen von WATOR die Bedrohungen eines möglichen Todes, so können sie sich erfolgreich vermehren. In dieser einfachen künstlichen Welt ist dabei die Reproduktion ein sehr unkompliziertes Geschäft. Jeder Fisch und jeder Hai erzeugt nach einer festgelegten Anzahl von Zeitschritten einen neuen Sprößling. Während das Elternteil auf einen neuen Gitterplatz wandert, überläßt er sein altes Territorium dem neugeborenen Nachkommen. Die Reproduktionsperiode beider Arten kann durchaus verschieden sein. Um das Leben auf WATOR entsprechend aller Gesetze zu verfolgen, muß man nicht nur in jedem Zeitschritt die Position aller Fische und Haie im Gittermeer verfolgen, sondern ebenso über das genaue Alter eines jeden Lebewesens Buch führen. Obwohl die Lebensregeln auf dem Planeten WATOR intuitiv leicht nachzuvollziehen sind, ist es recht aufwendig, sie in mathematisch kompakter Form auszudrücken. Der Kasten 10B zeigt den Weg zu einer solchen Definition der Regeln auf.

Kasten 10B
Die Lebensregeln auf dem Planeten WATOR

Zellraum: zweidimensionales, rechteckiges $n \times m$-Gitter.

Nachbarschaft: von-Neumann-Nachbarschaft.

Randbedingungen: periodisch.

Zustandsmenge: Der Zustand einer Zelle des Gittermeeres kann durch drei Variablen beschrieben werden: das Alter der Fische (f) und der Haie (h), sowie der möglichen Hungerperiode der Haie (v). Die Zustandsmenge einer Zelle ist dann gegeben durch:

$$\left\{(f,h,v) \,\middle|\, 0 \leq f \leq R_f,\ 0 \leq h \leq R_h,\ 0 \leq v \leq V \right\},$$

wobei R_f bzw. R_h die Reproduktionsperiode der Fische bzw. Haie und V die maximale Hungerzeit eines Haies festlegen. Sind die Werte von f oder h gleich 0, so ist kein Fisch oder Hai an diesem Gitterplatz vorhanden.

Zustandsentwicklung: Exemplarisch soll hier nur die Zustandsentwicklung eines Fisches ($f_{ij}(t) \neq 0$) beschrieben werden. Dazu sind folgende Schritte nacheinander zu durchlaufen:

1. *Die Suche nach freien Plätzen*

   Unter allen freien Plätzen in der Nachbarschaft der Zelle (i,j) wird zufällig ein Platz (k,l) ausgewählt. Ist kein freier Platz vorhanden, so kann sich dieser Fisch weder bewegen noch fortpflanzen, sondern geht direkt zu Schritt 3, in dem er altert.

2. *Bewegung und Fortpflanzung*

   Hat der Fisch eine Wanderungsoption, nutzt er sie, um sich von seiner Position (i,j) zu dem neuen Platz (k,l) zu bewegen. Dabei kann er gegebenenfalls einen Nachkommen an seinem alten Platz hinterlassen, es gilt dann:

$$f_{ij}(t+1) = \begin{cases} 1, & \text{wenn } f_{ij}(t) = R_f \\ 0, & \text{sonst} \end{cases}$$

und

$$f_{kl}(t+1) = \begin{cases} 1, & \text{wenn } f_{ij}(t) = R_f \\ f_{ij}(t), & \text{sonst.} \end{cases}$$

3. *Alterung*

Alle Fische werden in ihrem Alter heraufgesetzt:

$$f_{ij}(t+1) = \begin{cases} f_{ij}(t)+1, & \text{wenn } 0 < f_{ij}(t) < R_f \\ R_f, & \text{wenn } f_{ij}(t) = R_f \\ 0, & \text{wenn } f_{ij}(t) = 0. \end{cases}$$

Die Zustandsentwicklung eines Haies läßt sich analog beschreiben, jedoch kommen für diese Variable zusätzliche Entwicklungsschritte ins Spiel. Denn ein Hai versucht zunächst, eine mit einem Fisch besetzte Nachbarzelle zu finden, um dort zu jagen. Ist seine Jagd erfolgreich, wandert er auf die von dem gefressenen Fisch besetzte Zelle und pflanzt sich dabei gegebenenfalls noch fort. Findet er keinen Fisch in seiner Umgebung, wird die v-Variable um 1 erhöht. Wenn v den Maximalwert erreicht, „stirbt" der Hai, wenn nicht, sucht er sich einen neuen unbewohnten Platz in seiner Umgebung und hinterläßt auch hier – wenn er seine Reproduktionsperiode R_h erreicht hat – einen Nachkommen am alten Platz. Dabei folgt er den gleichen, wie schon für die Fische beschriebenen Gesetzen.

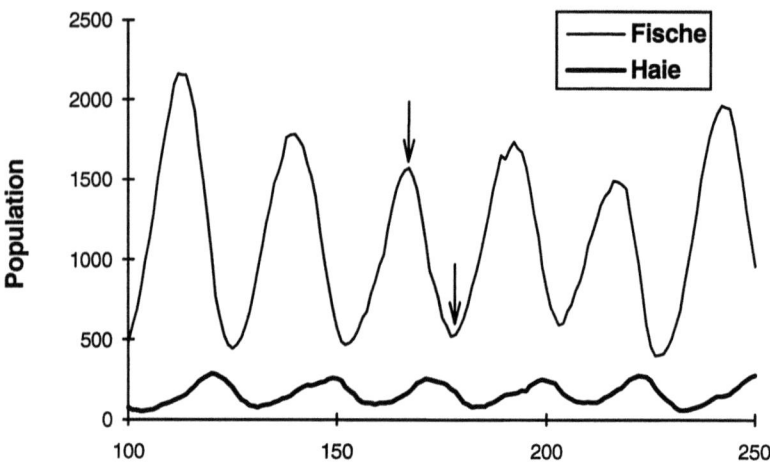

Bild 10.3: Eine Bevölkerungsstatistik der Bewohner des Planeten WATOR (Die Pfeile verweisen auf Bild 10.4.)

Um das Leben auf WATOR im Computer zu simulieren, sind noch eine Reihe von Parametern des künstlichen Ökosystems festzulegen, wie beispielsweise die Reproduktionsperioden beider Arten. Die Wahl der richtigen Parameter liegt allein in der Hand des Schöpfers dieses simplen Ökosystems. Im ersten Report über die Erschaffung des Planeten WATOR berichtete Dewdney, wie schwierig es war, solche Parameter zu finden, die beiden Arten ein langes Leben garantieren. Wählt man, was bei der heutigen Rechengeschwindigkeit selbst kleinerer PC leicht möglich ist, den Lebensraum jedoch von vornherein groß genug (beispielsweise als ein Gitter von 100×100 Zellen statt des etwa 30×15 Zellen großen Gittermeers in Dewdneys erster Version), reagiert das Leben in WATOR sehr viel unempfindlicher auf die Wahl der Parameter. Hier kann man mit den verschiedensten Einstellungen der Lebensbedingungen schnell das nötige „ökologische Gleichgewicht" finden, in dem sich beide Spezies im Laufe der Zeit auf eine zyklisch ineinander verwobene Existenz einlassen. Die Haie „kontrollieren" auf natürliche Weise die Größe der Fischpopulation, die nie so stark

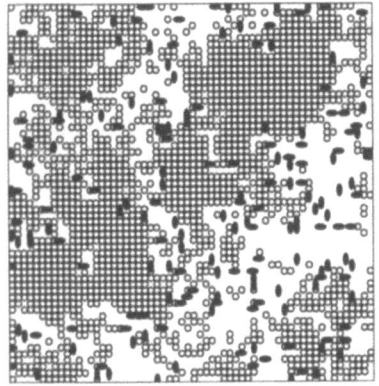 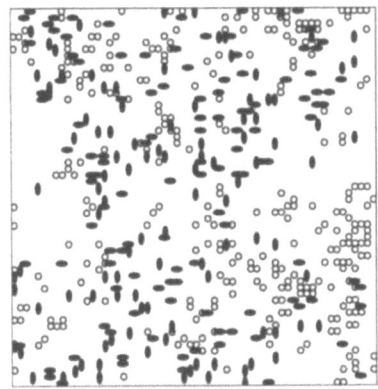

Bild 10.4: Zwei typische Zustände aus der Populationsentwicklung der Fische und Haie, aufgezeichnet zu den in Bild 10.3 mit Pfeilen gekennzeichneten Zeitpunkten. Die Haie sind hier durch schwarze Ellipsen, die Fische durch Kreise dargestellt.

wächst, daß sie ihren Feinden den Lebensraum vollständig wegnehmen. Umgekehrt vernichten die Haie auch nicht ihre Lebensgrundlage und lassen immer einen Teil der Fische überleben. Beide Populationen wachsen im Lauf der Zeit an, bauen sich wieder ab und leben in einem ewigen Zyklus von mal mehr und mal weniger Mitgliedern ihrer Art. Die „Bevölkerungsstatistik" auf dem Planeten WATOR gleicht dann der Kurve der gefangenen Luchse und Hasen in Kanada sehr stark – in ihrem unregelmäßigen Verlauf erinnert sie sogar stärker an die natürlichen Populationsschwankungen als die überaus regelmäßigen Kurven des Volterra-Lotka-Modells, wie es Bild 10.3 dokumentiert. Bild 10.4 zeigt, wie sich die Haie und Fische in unterschiedlichen Phasen ihrer Populationsentwicklung auf dem Gittermeer verteilen.

Als Dewdney sein Spiel des künstlichen Lebensraums auf dem Planeten WATOR in seiner Kolumne im *Scientific American* vorstellte, löste er damit unter etlichen seiner Leser eine Sucht aus, selbst mit diesem Ökosystem im Computer zu experimentieren. Zahlreiche Abwandlungen des einfachen Regelsystems wurden von ihnen ausprobiert und studiert: die Möglichkeit von Mutationen, die sich auf das Freß- und Reproduktionsverhalten der Wesen auswirken können; die Koexistenz mehrerer Fischarten mit unterschiedlichen Eigenschaften und auch die Einbeziehung von einer Nahrungsquelle für die Fische in Form von Plankton, das Dewdney in seiner einfachen Version als gottgegeben voraussetzt. Wer die einfachen Spielregeln von WATOR in ein Computerprogramm übersetzt, findet eine Vielzahl an „Spielmöglichkeiten" in dieser künstlichen Welt, die einen für lange Zeit beschäftigen und in Bann schlagen können.

10.3 Die Bedrohung des Great Barrier Reef

Räuber und ihre Beutetiere scheinen sich in der Regel immer auf ein gewisses ökologisches Gleichgewicht zu einigen, das beiden Populationen ihr Überleben sichert. Auch wenn dieses Gleichgewicht nicht bedeuten muß, daß sich jede Art auf eine bestimmte Größe einpendelt, schwankt ihre Anzahl doch in einem begrenzten Rahmen, der sich von gefährlichen und extremen Grenzwerten fernhält. Doch dies muß nicht immer so sein, wenn sich etwa in ein labiles ökologisches Gleichgewicht noch andere Faktoren einmischen, kann eine der Populationen übermäßig stark werden und sich zu einer Gefahr für das gesamte Ökosystem entwickeln. Ein solches Beispiel einer Bedrohung wird seit mehreren Jahrzehnten von vielen Wissenschaftlern besorgt beobachtet. Es geht dabei um die explosionsartigen Ausbrüche einer Seesternpopulation am Great Barrier Reef in Australien, das sich über Tausende von Kilometern an der nordwestlichen Küste Australiens entlangzieht.

Diese Seesterne, *Alcanthaster planci* oder besser bekannt unter ihrem gewöhnlichen Namen Dornenkrone, stellen eine Gefahr für ein Korallenriff dar, da sie im Gegensatz zu den meisten anderen Seesternarten Korallen fressen. Steigt die Bevölkerungszahl ihrer Art an einem Riff dramatisch an, so kann dies dem gesamten Korallenriff einen verheerenden Schaden zufügen. Die Gefahr ist deshalb so groß, weil einerseits die Korallen überaus langsam wachsen und daher eine lange Zeit (etwa 15 Jahre) brauchen, bis sie sich von einem massiven „Freßangriff" ihrer Räuber wieder erholt haben, und weil andererseits das gesamte Ökosystem eines Riffs von dem Überleben der Korallen abhängt. Sie sind schließlich nicht nur die Lebensgrundlage der korallenfressenden Seesterne, sondern auch von unzähligen Fischen, Pflanzen, Muscheln, Schnecken und anderen Lebewesen.

Seit die ersten Ausbrüche einer Bevölkerungsexplosion der Dornenkronen an den Riffen des Great Barrier Reef Anfang der sechziger Jahre berichtet wurden, machten sich viele Wissenschaftler daran, dieses Phänomen genauer zu untersuchen. Ihnen ging es vor allem darum, die Gründe für die plötzlichen Ausbrüche zu finden – waren sie ein vom Menschen durch unnatürliche Eingriffe in das Ökosystem geschaffenes Problem? Könnten wir, die Menschen, irgend etwas tun, um sie zu stoppen? Welchen Mustern und Gesetzen folgen die Ausbrüche – sowohl in zeitlicher als auch in räumlicher Dimension.

Während die ersten Fragen nach den Hintergründen und den Möglichkeiten einer Kontrolle dieser übermäßigen Artenvermehrung auch heute noch nicht vollständig geklärt sind, hat man inzwischen ein ziemlich genaues Bild über Muster und Strukturen der Ausbrüche der Dornenkronenpopulationen. Die erste sorgfältige Beobachtung einer solchen Episode einer Bevölkerungsexplosion machte man Ende der sechziger, Anfang der siebziger Jahre. Danach dauerte es bis in die achtziger Jahre hinein, bis ein neuer Ausbruch an den Korallenriffen verzeichnet wurde. Jedesmal wurden die unzähligen Riffe des Great Barrier Reef wie in einer Wellenbewegung nacheinander von den Ausbrüchen erfaßt. Sie nahmen ihren Anfang im nördlichen Teil des Riffsystems, um den 16. Breitengrad herum, und wanderten von dort in südliche Richtung mit einer Geschwindigkeit von etwa 50 - 100 km im Jahr. Auch in nördlicher Richtung konnten die Ausbrüche der Dornenkronen von diesem Startpunkt ausgehend beobachtet werden, hier mit einer allerdings deutlich langsameren Ausbreitungsgeschwindigkeit.

Die Wissenschaftler sind sich ziemlich einig darüber, daß die Übervölkerung der Riffe mit den Dornenkronen nicht das Ergebnis einer Wanderung der ausgewachsenen Seesterne ist, da deren Bewegungsradius relativ unerheblich zu sein scheint. Statt dessen wird die Bewegung der Larven als der entscheidende Grund für die räumlichen Wellenbewegungen der Ausbrüche betrachtet. Seesterne erzeugen, wie auch die meisten Fische, einmal im Jahr ihren Nachwuchs durch Laichen. Der Laich kann durch die Meeresströmungen leicht von einem Riff zum anderen über große Entfernungen transportiert werden. Hat sich an einem Riff also eine übermäßig starke Dornenkronenpopulation entwickelt, wird diese auch eine übergroße Menge an Laich produzieren, der dann durch die Strömung an Nachbarriffe gelangen kann.

Die möglichen Meeresströmungen, die man in den verschiedenen Gebieten des Great Barrier Reef recht gut kennt, unterstützen die Idee, daß die Ausbruchswellen durch die in der Strömung transportierten Larven hervorgerufen werden: In fast allen Gebieten herrscht normalerweise eine Strömung vor, die parallel zur Küste in südlicher Richtung verläuft, mit einer Geschwindigkeit, die, wenn man sie hochrechnet, fast exakt mit der beobachteten Ausbreitungsgeschwindigkeit der Bevölkerungsausbrüche der Dornenkronen übereinstimmt. Nur in den nördlichsten Regionen des Great Barrier Reef (nördlich des 17. Breitengrades) sind die Strömungen unvorhersagbar. Dies könnte eine mögliche Erklärung dafür sein, daß in diesen nördlichen Gebieten ganz andere Ausbreitungsgeschwindigkeiten beobachtet wurden.

Wegen der offensichtlichen regionalen Unterschiede in den Strömungsmustern ist viel darüber spekuliert worden, ob dem Gebiet um den 16. Breitengrad eine besondere Rolle in der Entstehungsgeschichte der Bevölkerungsexplosionen von *Alcanthaster planci* zufällt. Vielen Forschern erscheint diese Region eine Art Herd zu sein, von dem aus die gefährlichen Ausbruchswellen ihren plötzlichen Anfang nehmen. Wäre diese Idee richtig, könnte man sich für eine Kontrolle der Seesternpopulationen auf die Beobachtung eines kleinen, übersichtlichen Gebiets beschränken und auch mögliche Eingriffe darauf konzentrieren. Die Überprüfung dieser Hypothese wird also für effektive Kontrollmöglichkeiten zu einer wesentlichen Fragestellung.

Einen Beitrag zu dieser Diskussion leistet auch ein zellulärer Automat. Dieser formuliert das Wechselspiel der Dornenkronen und der Korallen als ein einfaches Räuber-Beute-Modell. Er berücksichtigt in seinen Regeln aber auch explizit die möglichen Strömungsmuster, durch die die unzähligen Riffe miteinander verbunden sind, und geht so insbesondere der Frage nach, ob es durch die Strömungsbesonderheiten der nördlichen Region des Great Barrier Reef einen besonders ausgezeichneten Startpunkt der Ausbruchswellen gibt. Entwickelt wurde dieses Modell von Jan van der Laan, einem Mitarbeiter der Bioinformatikgruppe der Utrechter Universität, in Zusammenarbeit mit dessen Leiterin Pauline Hogeweg.

Dornenkronen und Korallen in einem zellulären Automat

In dem Modell von van der Laan und Hogeweg wird das Riffsystem durch ein einfaches Zellgitter beschrieben, in dem jede Zelle ein abgeschlossenes Korallenriff darstellt. In ihren Simulationen sind die Niederländer Biologen in der Regel von einem Zellraum aus 1 600 Zellen ausgegangen, die in einem Gitter aus 100 Zeilen und 16 Spalten angeordnet sind. Angesichts dieser kühnen Abstraktion der tatsächlichen Riffgeographie werden sich vielen die Haare sträuben, doch das Ziel der Simulation war nicht eine detaillierte quantitative Studie der Bevölkerungsentwicklungen von Seesternen und Korallen. Es ging einzig und allein um die qualitative Erörterung der Frage, ob eine Region mit zufälligen, unvorhersehbaren Strömungsmustern einen besonderen „Infektionsherd" für die Ausbreitungswellen einer Übervölkerung mit den korallenfressenden Dornenkronen darstellen kann. Daher erschien die Annahme einer stark vereinfachten Geographie als ein gerechtfertigter und zulässiger Preis für den Gewinn eines einfachen und übersichtlichen Modells.

Auf jedem einzelnen Riff stehen verschiedene Größen in Wechselwirkung miteinander. Dies sind zuallererst die Korallen und ihre „Räuber", die Dornenkronen. Neben den ausgewachsenen Seesternen spielen aber auch deren Larven eine entscheidende Rolle im Lebenslauf des Ökosystems. Für jede Zelle berücksichtigt der zelluläre Automat von van der Laan und Hogeweg also drei verschiedene Variablen:

K: die Anzahl der Korallen, deren Bevölkerungsgrad durch 16 verschiedene Klassen von sehr niedrig (1) bis sehr hoch (16) ausgedrückt ist.

D: die Bevölkerung des Riffs mit Dornenkronen, diese wird nur durch zwei unterschiedliche Bevölkerungsgrade unterschieden, einer normalen, niedrigen Bevölkerungszahl (0) und einer übermäßigen Bevölkerungsdichte während eines Ausbruchs (1).

L: die Populationsgröße der Larven von *Alcanthaster planci*, die in 31 verschiedenen Klassen von nicht vorhanden (0) bis sehr hoch (30) gemessen wird.

Jede dieser Variablen ändert sich in jeder einzelnen Zelle des Automaten von einem auf den nächsten Zeitschritt gemäß folgender Regeln:

Die Variable K:
Die Entwicklung der „Korallen" hängt allein davon ab, ob es einen Ausbruch der Bevölkerungsexplosion ihres Räubers gibt. Ist dies der Fall, ist also $D = 1$, so fällt die Anzahl der Korallen sofort auf ihren minimalen Wert $K = 1$ zurück.

Ist dagegen $D = 0$, so kann K wachsen und erreicht die nächsthöhere Klasse $K+1$, bis zu ihrem Maximalwert, den sie ohne eine „Freßattacke" der Seesterne nicht wieder verläßt. Die Regeneration der Korallen nach einem möglichen Ausbruch dauert daher genau 15 Zeitschritte, was – wenn man einen Zeitschritt mit der Zeitdauer eines Jahres vergleicht – einer Wachstumsphase einer Koralle von durchschnittlich 15 Jahren entspricht.

Die Variable L:
Lebt an einem Riff eine Seesternpopulation, so kann sie sich vermehren, wenn sie genügend Korallen als Lebensgrundlage findet. Eine notwendige Voraussetzung zum „Laichen" ist also, daß die Korallenpopulation einen bestimmten Grenzwert überschreitet, der im Automaten in allen Simulationen mit $K = 9$ angesetzt wurde. In jedem Zeitschritt, der der Dauer eines Jahres und damit eines Fortpflanzungszyklus entspricht, können die Seesterne unter dieser Bedingung laichen.

Die Anzahl der produzierten Larven ist in Phasen, in denen kein Ausbruch erfolgt, stets klein und wird im theoretischen Modell immer durch $L = 1$ beschrieben. Sowohl Feldbeobachtungen als auch andere Modellstudien deuten darauf hin, daß unter einer normalen Größe der Seesternpopulation (also in „Nicht-Ausbruchszeiten") immer gleich viele Nachkommen erzeugt werden – unabhängig von der genauen Anzahl der Seesterne. (Als Ursache hierfür wird die starke Synchronizität im Laichen der Dornenkronen oder auch die mögliche Aggregation ausgewachsener Seesterne angenommen.) Nur in Phasen eines Ausbruchs, wenn also $D = 1$ ist, werden von einer Seesterngeneration am Riff die maximal mögliche Anzahl von Nachkommen ($L = 30$) produziert.

Larven, die an einem Riff (also einer bestimmten Zelle) produziert werden, verbleiben nicht an dieser Position, sondern werden durch die Strömung zu anderen Riffen transportiert. Diese Mobilität der Larven ist nur für eine gewisse kurze Zeitspanne gegeben (tatsächlich sind dies für die wirklichen Larven der Dornenkronen nur etwa zwei Wochen). Wie diese Wanderung der Larven im zellulären Automaten realisiert ist, werden wir weiter unten beschreiben. Durch diesen Transportprozeß können Larvenpopulationen mehrerer Riffe an einem anderen zusammenkommen und so Zwischenwerte der Variable L zwischen 0 und 30 entstehen.

Die Variable D:
Die Anzahl der an einem Riff lebenden Larven L entscheidet allein darüber, ob ein Ausbruch der Bevölkerungsexplosion erfolgt. Überschreitet diese Zahl einen gewissen Grenzwert g ($L > g$), so wird die Ausbruchsvariable D auf 1 gesetzt. Wird der Grenzwert g sehr hoch angesetzt, so drückt dies vor allem aus, daß das Überleben der Larven am Riff eine kritische Angelegenheit ist, daß etwa äußere Bedingungen wie die Temperatur oder der Salzgehalt des Wassers nicht optimal sind oder die Larven in hohem Maße zum Jagdopfer anderer Tiere werden, die sich von ihnen ernähren. Durch eine Variation des Wertes von g können also Faktoren unterschiedlicher Lebensbedingungen im zellulären Automaten berücksichtigt werden.

Der Transport der Larven:
Da es das spezielle Ziel des theoretischen Modells ist, den Einfluß der unterschiedlichen Strömungsmuster in verschiedenen Teilen des Great Barrier Reef zu untersuchen, werden auch in dem Gittermeer der Zellen unterschiedliche „Strömungen" angenommen: Im oberen Viertel des Gitters wird die Richtung der Strömung zufällig gewählt. Dazu wird aus der Moore-Nachbarschaft jeder Zelle mit gleicher Wahrscheinlichkeit eine neue Zelle bestimmt, zu der die an der Kernzelle lebenden Larven transportiert werden.

Im restlichen Teil des Gitters wird dagegen die Strömung als gerichtet angenommen. Aufgrund der tatsächlichen Situation an der australischen Küste scheint eine südliche Richtung für den Transport der Larven bevorzugt zu sein. Auch hier wird das „Nachbarriff", zu dem die Larven transportiert werden, rein zufällig aus allen acht Nachbarn ausgewählt. Doch in diesem Teil des Gitters werden die südlichen Richtungen (SO, S, SW) mit höherer Wahrscheinlichkeit ausgewählt.

Erreicht ein „Larvenhaufen" den Rand des Gittermeers, kann er auch einfach aus der Welt der Zellen verschwinden, wenn eine entsprechende Richtung der Strömung gegeben ist. Der Rand des Zellgitters ist also ein offener Rand. Ein Larvenstrom etwa, der sich bis an das südliche Ende des Gitters vorgearbeitet hat, wird mit hoher Wahrscheinlichkeit ganz aus dem Zellraum verschwinden, da er ja bevorzugt eine südliche Richtung für seine Wanderung wählen wird.

Im Modell wird angenommen, daß alle zu einem Zeitschritt in einer Zelle vorhandenen Larven in zwei verschiedene Richtungen transportiert werden können. Die Menge der Larven wird daher gleichmäßig in zwei Teile geteilt und unabhängig voneinander auf ihre zufällige Reise geschickt. Dabei kann es natürlich vorkommen, daß beide Teile zufällig auch wieder in die gleiche Richtung transportiert werden.

Der Prozeß, die Menge der Larven aufzuteilen und zu den Nachbarzellen zu transportieren, wird im Modell ein Verteilungsschritt genannt. Ein solcher Verteilungsschritt darf nicht verwechselt werden mit einem Zeitschritt, in dem alle anderen, zuvor beschriebenen Prozesse aktualisiert werden. Denn während die Variablen D und K nur „einmal im Jahr" aktualisiert werden müssen, um die Anzahl der neu reproduzierten Larven zu bestimmen, verändert sich die Anzahl der Larven an einem Riff während des etwa „zweiwöchigen" Transports durch die Meeresströmungen immer wieder. Daher können zwischen zwei Zeitschritten, während der sich alle übrigen Variablen einmal verändern, tatsächlich mehrere solcher Verteilungsschritte der Larven ablaufen. Erst nach dem letzten wird an jeder Zelle Bilanz gezogen über die tatsächlich angekommenen Larven.

Damit in den Simulationen die Geschwindigkeit der Strömung nicht von der Anzahl der Verteilungsschritte abhängt, wenden van der Laan und Hogeweg einen Trick an: Sie führen in der Situation einer weniger variablen Strömung „Wanderungsschritte" ein, in denen die Larven von einem Riff zum nächsten transportiert werden, ohne sich aufzuteilen. Durch diese Wanderungsschritte wird eine unterschiedliche Anzahl der Verteilungsschritte in verschiedenen Simulationsläufen ausgeglichen, und die Larven legen so von einem auf den nächsten Zeitschritt die gleiche Distanz zurück.

Je mehr die Larven sich zwischen zwei Zeitschritten über das Gittermeer verteilen können, desto höhere Variabilität in den Strömungsmustern wird damit simuliert. Bedenkt man, daß sich die Strömungsmuster innerhalb von Stunden oder zumindest Tagen verändern können, die Larven aber mehrere Wochen auf ihrer Reise durch die Riffwelt unterwegs sind, erscheint eine höhere Variabilität in den Strömungsmustern ein realistisches Szenario zu sein.

Ergebnisse der Simulation

Für die Simulation eines solchen künstlichen Riffs sind nur noch zwei Parameter zu wählen, bevor man den Lebenszyklus der Seesterne und Korallen in der Computerwelt beobachten kann: der für einen Ausbruch notwendige Grenzwert g, und die Anzahl der Verteilungsschritte der Larven, die wir v nennen wollen.

Erlaubt man den Larven hervorragende Bedingungen zum Überleben, setzt also den Grenzwert g mit einem niedrigen Wert an, können neue Ausbrüche sehr leicht starten und sich im Gittermeer ausbreiten. Fast überall in der zellulären Riffwelt starten gleichzeitig die Bevölkerungsexplosionen. Die Folge davon ist ein globales Muster, in dem solche Ausbrüche zyklisch mit einer Periode von etwa 16-18 Zeitschritten regelmäßig wiederkehren. Alle Riffe müssen nach einem Ausbruch so lange warten, bis sich die durch ihn vernichteten Korallen wieder erholt haben, sind aber dann sofort zu einer neuen Bevölkerungsexplosion bereit. Unter dem anderen Extrem, in dem durch einen sehr hohen Schwellwert g das Überleben fast unmöglich ist, treten entsprechend wenige bis gar keine Ausbrüche auf.

Der interessante Bereich liegt genau in der Mitte zwischen diesen Extremen. Für solche Schwellwerte g zeigt Bild 10.5 die Entwicklung

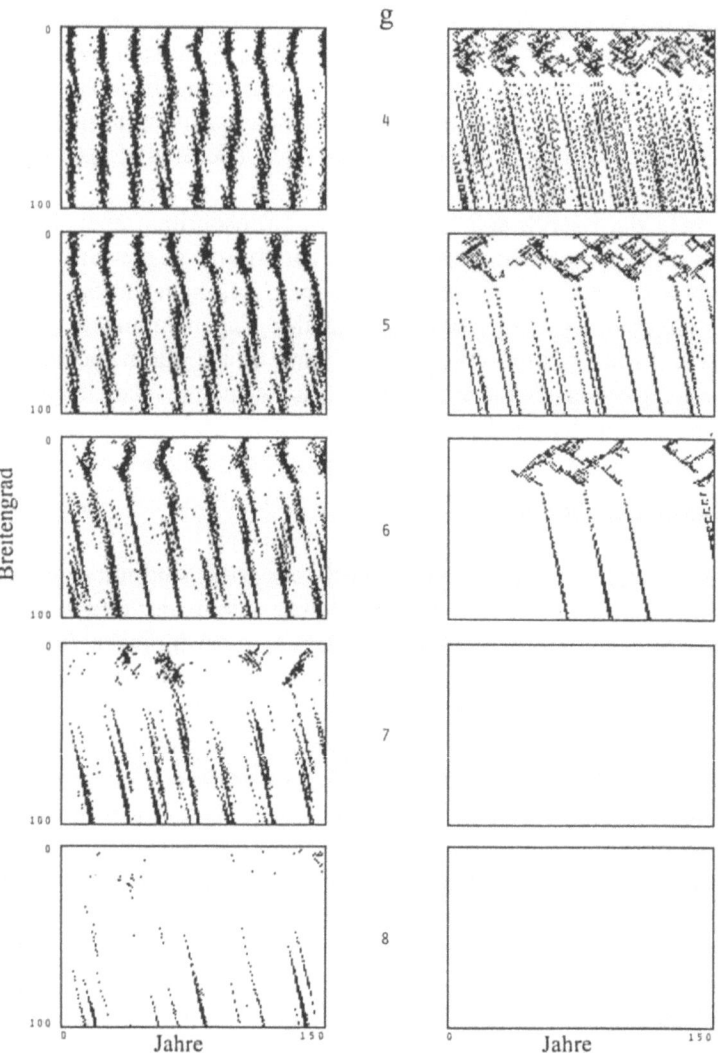

Bild 10.5: Simulationen eines zellulären Automaten zur Populationsentwicklung der Dornenkronen am Great Barrier Reef. Die Parameter der Simulationen sind im Text beschrieben. In der links gezeigten Entwicklung wird ein Verteilungsschritt zwischen zwei Zeitschritten durchgeführt, rechts sind es fünf.

des Gittermeers sowohl bei einer hohen Variabilität der Strömung (5 Verteilungsschritte zwischen zwei Zeitschritten) als auch bei einer sehr niedrigen (1 Verteilungsschritt). In jedem dieser Zustandsbilder ist die Entwicklung über einen längeren Zeitraum dargestellt. Zu jedem „Breitengrad" des 100 Zellen langen Gitters signalisiert ein schwarzer Punkt, daß zu diesem Zeitpunkt in mindestens einem der 16 Riffe dieses „Breitengrads" ein Ausbruch der Dornenkronenpopulation stattgefunden hat. Denken wir daran, daß ein Zeitschritt des zellulären Automaten etwa mit einem Jahr in der Entwicklung des wirklichen Ökosystems des Korallenriffs gleichgesetzt werden kann, spiegelt sich in diesen Ausschnitten das Leben der künstlichen Riffwelt in einem Zeitraum von etwa 150 Jahren wider.

Unter den hier simulierten Bedingungen wandern die Populationsausbrüche wellenartig über das Gittermeer hinweg. Man erkennt dies an den schräg verlaufenden schwarzen Streifen, die zeigen, daß sich ein Ausbruch in der künstlichen Riffwelt von einem „Breitengrad" zum nächsten fortpflanzt. Verteilen sich die Larven häufiger zwischen den einzelnen Zeitschritten ($v = 5$), ist auch die Wahrscheinlichkeit der Ausbrüche an einem Riff größer, was man durch bloßes Nachzählen der von einem Ausbruch betroffenen Riffe überprüfen kann.

Die Variabilität im Transport der Larven, die im Automaten durch die Anzahl der Verteilungsschritte zwischen zwei Zeitschritten ausgedrückt ist, spielt eine zentrale Rolle für die eigentliche Frage des Modells nach einem möglichen Ausbruchsherd im Norden. In dem variableren System ($v = 5$) starten alle Ausbruchswellen in dem südlichen Teil des Gitters, während es im nördlichen Teil insgesamt weniger Ausbrüche zu verzeichnen gibt. Ganz anders ist die Situation in dem nur wenig variablen System, in dem die Larven zwischen zwei Zeitschritten nur einmal verteilt werden. Hier ereignen sich im Norden viel mehr Ausbrüche als im Süden, und fast alle Ausbruchswellen scheinen aus diesem nördlichen Gebiet heraus zu starten. Sobald also die Variabilität der Larvenverteilung in dem simulierten System anwächst (was der wirklichen Situation eher entspricht), kommt dem nördlichen Gebiet des Gitters mit den zufälligen Strömungsmustern immer weniger Bedeutung zu.

Die Verfechter einfacher Kontrollprogramme hatten hier sicherlich auf ein anderes Ergebnis gehofft. Die von vielen mit Sympathie betrachtete These, daß die Ausbruchswellen bevorzugt im nördlichen Gebiet des Great Barrier Reef starten und sich damit in einem geographisch kleinen Gebiet kontrollieren ließen, bekommt durch die Simulationen dieses Automaten kaum Unterstützung. Im Gegenteil, alles deutet darauf hin, daß die zufälligen Strömungsmuster am nördlichen Küstenabschnitt kein notwendiger Faktor in der Erklärung der Ausbruchswellen der Dornenkronenpopulation sein müssen. Jan van der Laan hat dies durch eine ganze Reihe weiterer Simulationen bestätigt. So konnte er beispielsweise auch in einem Gittermeer, das ausschließlich von einer südlichen Strömungstendenz beherrscht ist, die gleichen Wellenmuster beobachten. Diese Art der Ausbreitungswellen sind offensichtlich eine dem System innewohnende Eigenschaft, die allein von dem grundsätzlichen Mechanismus seines Lebenszyklus herrührt. Kontrollprogramme, die sich nur auf ein kleines Gebietes des riesigen Riffgürtels an der australischen Küste konzentrierten, wären dann von vornherein zum Scheitern verurteilt. Die nächsten Ausbruchswellen werden hier weitere Klarheit bringen!

Kapitel 11
Leben ist Miteinander – Simulationen zum sozialen Kontakt

11.1 Kooperation oder Nicht-Kooperation: ein soziales Dilemma

Auf unseren bisherigen Streifzügen durch die zellulären Welten sind wir ausschließlich auf Anwendungsbeispiele der zellulären Automaten in den verschiedensten Naturwissenschaften gestoßen – der Physik und Chemie und auch der Biologie. In diesen Bereichen liegt ohne Frage das Hauptbetätigungsfeld für die Automatenanwender, wie auch für alle übrigen „Modellierer". Wir wollen jedoch die Welt der zellulären Automaten nicht verlassen, ohne noch einen Blick auf eine ganz andere Klasse von Anwendungsbeispielen geworfen zu haben: auf die Modellierung sozialer Systeme und ihrer Dynamiken, die auf allen Ebenen – von der Familie bis zu komplexen politischen Gesellschaften – zum täglichen Leben von uns Menschen gehören. Sozialwissenschaftler haben zunehmend die Möglichkeiten der einfachen zellulären Automaten als Modelle zur Simulation auch sozialer Interaktionen unter Menschen entdeckt.

Vielen von uns erscheint schon der Versuch, menschliches Handeln in den formalen Rahmen eines starren mathematischen Modells zu zwängen, als hoffnungslos zum Scheitern verurteilt. Anders als Atome und Moleküle, die bekannten Naturgesetzen in berechenbarer Weise folgen, ist unser Denken und Handeln zum großen Teil von scheinbar „unberechenbaren" Motiven – Gefühlen, Hoffnungen und Erwartungen – geleitet. Dies gilt sicherlich um so mehr, je intimer und privater unser sozialer Kontakt zu einem Mitmenschen ist. Dennoch läßt sich nicht abstreiten, daß in vielen Bereichen unseres Lebens Entscheidungen und Handlungen auf rationalen Prinzipien basieren, etwa indem wir allein nach dem Ziel des für uns höchsten Nutzens entscheiden. Ein solcher „rationaler" Bereich des menschlichen Handelns ist beispielsweise das Wirtschaftsleben. Entscheidungen im Geschäftsleben, wie Preisabsprachen, Marketingstrategien oder mögliche Kooperationen mit Konkurrenten, werden in der Regel allein auf der Grundlage rationaler Argumente diskutiert (auch wenn hinter den so sachlichen Diskussionen immer eine Menge Emotionen mitschwingen). Es ist daher nicht überraschend, daß der Gebrauch mathematischer Modelle im Feld der Wirtschaftswissenschaften auch zur Simulation von geschäftlichen und politischen Entscheidungen auf eine lange Tradition zurückblickt.

Einen besonderen Stellenwert in diesem Zusammenhang hat sich die mathematische Spieltheorie erobert, was nicht zuletzt durch die Vergabe des Nobelpreises für Wirtschaftswissenschaften 1994 für Beiträge zu dieser Theorie deutlich wird. In ihrem Rahmen werden zwischenmenschliche Interaktionen als ein Spiel aufgefaßt, in dem eine gewisse Anzahl an Mitspielern – im einfachsten Fall sind dies nur zwei – bestimmte Strategien verfolgen, die für sie mit einem ganz eigenen individuellen Nutzen verbunden sind. Das Ziel jedes Spielers ist es, die für ihn beste Strategie zu finden, die ihm den höchsten Gewinn garantiert.

Übertragen wir dieses Szenario etwa auf die Situation zweier Geschäftskonkurrenten, die sich über die Preissetzung ihrer Ware Gedanken machen, so gibt es für jeden dieser Spieler zwei grundlegende Verhaltensmöglichkeiten: Beide Konkurrenten können sich kooperativ verhalten und die stillschweigend auf dem Markt etablierten Preise beibehalten. Einer von ihnen kann aber auch diese Kooperation verlassen und mit einem Dumpingpreis versuchen, den Markt kurzfristig an sich zu reißen. Für den einzelnen ist es in dieser Situation verführerisch, sich unkooperativ zu verhalten. Denn wenn sein Konkurrent nicht gerade auf die gleiche unsolidarische Idee kommt, hat er die Chance, einen momentan hohen Gewinn zu erzielen. Spielt der Gegenspieler aber ebenfalls ein unkooperatives Spiel, zahlt sich der resultierende Preiskrieg für keinen von beiden aus. Die unter dem Strich beste Alternative für beide Spieler ist sicherlich die der gegenseitigen Kooperation. Der mögliche Gewinn des einzelnen erreicht dann zwar nicht das Optimum, aber das Risiko eines möglichen Verlustes bleibt ebenfalls abgewendet.

Eine solche Entscheidungssituation ist das typische Beispiel für das, was die Sozialwissenschaftler ein „soziales Dilemma" nennen: Beidseitige Kooperation von zwei Partnern ist insgesamt, für das Kollektiv gesehen, die beste Möglichkeit. Doch noch besser und gewinnträchtiger für den einzelnen ist ein einseitiges unkooperatives Verhalten. Sucht jeder der Beteiligten also nur nach seinem individuellen Vorteil, dürfte Kooperation, und damit ein solidarisches Gefüge unter den Partnern, keine Chance zum Überleben haben.

Solche Dilemmasituationen gibt es längst nicht nur in der Welt des Wirtschaftslebens, wir begegnen ihnen genauso in unserem alltäglichen Leben. Wer etwa in einem Mehrfamilienhaus lebt, in dem der Wasserverbrauch aller Parteien über einen gemeinsamen Zähler abgerechnet wird, wird sich vielleicht schon manches Mal gefragt haben, ob sich der eigene freiwillige Verzicht auf das ausgiebige Duschvergnügen am Morgen eigentlich lohnt angesichts des zweifelhaften Sparbewußtseins des lieben Nachbarn.

Soziale Dilemmata sind ein zentrales Problem für das Überleben und Funktionieren jeder Gruppe, da diese als Ganzes nur existieren kann, wenn sich ihre einzelnen Mitglieder in einem gewissen Maße solidarisch und kooperativ verhalten. Wie aber kann sich in einer Gruppe von „Egoisten" Kooperation und Solidarität entwickeln? Ist sie vielleicht nur möglich durch massive, regulierende Eingriffe einer leitenden Hand, die durch politische Maßnahmen, Gesetze oder starke moralische Werte das Verhalten der Gemeinschaft lenkt? Klassische Theorien aus den Sozialwissenschaften, insbesondere der Volkswirtschaftslehre, prognostizieren das Gegenteil. Sie glauben an das Paradigma der sogenannten „invisible hand", nach der sich die für das Kollektiv positiven Resultate von selbst einstellen, wenn jeder einzelne seinen individuellen Vorteil sucht. Dieser Gedanke der selbstordnenden, unsichtbaren Hand, die sich allein aus der Vernunft jedes Gruppenmitglieds ergibt, geht zurück auf den englischen Ökonom und Moralphilosophen Adam Smith, der vor zwei Jahrhunderten die Grundlagen der klassischen Volkswirtschaftslehre legte. Soziale Dilemmasituationen sind ein gewaltiger Prüfstein für dieses Paradigma und daher ein zentrales Thema für die Sozial- und Wirtschaftswissenschaftler.

Soziale Dilemmata gibt es nicht nur unter Menschen. Auf allen Ebenen des Lebens ist die Frage von Kooperation oder Nicht-Kooperation oftmals eine Überlebensfrage. Moleküle kooperieren miteinander, um Zellen zu formen; Zellen kooperieren, um Pflanzen oder Tiere zu bilden; Tiere schließen sich in Familien oder Rudeln zusammen, um in gegenseitiger Kooperation ihre Jungen aufzuziehen oder sich auf die Jagd nach Futter zu begeben. Das Problem der Entstehung des „altruistischen" Hyperzyklus, das wir in Kapitel 8 diskutiert haben, ist hierfür nur ein weiteres Beispiel. Und gerade an jenem Beispiel konnten wir sehen, daß die Evolution altruistischen Verhaltens einer besonderen Erklärung bedarf. Das Prinzip der natürlichen Selektion macht aus allen Organismen einer Population – von Molekülen über Zellen bis hin zu Tieren und uns Menschen – eigennützige Egoisten, die nur auf ihren eigenen Vorteil bedacht sind und sich aus diesem Grunde eigentlich gegen eine Kooperation mit ihren Artgenossen entscheiden müßten. Sozialwissenschaftler und Biologen treffen sich bei der Betrachtung sozialer Dilemmata also an exakt der gleichen Fragestellung, wenn es darum geht, kooperative Phänomene zu erklären.

11.2 Das Gefangenendilemma

Die mathematische Spieltheorie hat eine ganze Menge zur Aufhellung der Dilemmasituationen beigetragen. Ihr klassisches Paradebeispiel für eine solche „Entscheidungs-Zwickmühle" ist das sogenannte Gefangenendilemma. Die Geschichte um dieses klassische Spiel herum ist die folgende: Zwei Einbrecher werden bei einem versuchten Einbruch auf frischer Tat erwischt. Eine Verurteilung für diese, eher geringfügige Tat steht außer Frage, doch die Polizei ist fest davon überzeugt, daß die beiden für eine ganze Serie von noch sehr viel schwerwiegenderen Diebstählen verantwortlich sind. Beweisen allerdings können sie dies den beiden Verbrechern nicht. Die beiden Gefangenen werden daher getrennt voneinander eingehend verhört, und man hofft, von einem ein Geständnis zu bekommen. Die Staatsanwaltschaft ist sogar zu einem

Handel bereit: Derjenige, der gesteht und seinen Komplizen damit verrät, kommt als Kronzeuge straffrei davon. Die Optionen sind also klar: Jeder kann sich dem anderen gegenüber kooperativ verhalten und jede Aussage verweigern. Beide würden dann für den offensichtlichen Einbruchsversuch mit einer kleinen Strafe zu rechnen haben. Jeden von ihnen lockt aber die Aussicht, durch den Verrat des anderen ohne jegliche Strafe davonzukommen. Entscheiden sich beide für die unkooperative Strategie, haben sie Pech und werden zur Höchststrafe verurteilt.

Die Spieltheoretiker fassen diese Spieloptionen und ihre möglichen Ausgänge durch eine sogenannte Auszahlungsmatrix folgendermaßen zusammen:

Spieler 1 \ Spieler 2	KOOPERATIV	UNKOOPERATIV
KOOPERATIV	R R	S T
UNKOOPERATIV	T S	P P

Verhält sich Spieler 1 kooperativ, sein Gegenspieler 2 aber unkooperativ, erhält Spieler 1 die Auszahlung S, Spieler 2 die Auszahlung T. Wählen beide die gleiche Strategie, erhalten auch beide die gleiche Auszahlung, nämlich R im Falle der Kooperation und sonst P.

Typisch für das Gefangenendilemma und jede andere Dilemmasituation ist, daß einseitig unkooperatives Verhalten die beste Strategie ist. Es gilt allgemein: $T > R > P > S$. Für die beiden Gefangenen könnte dies etwa so aussehen, daß sie als Kronzeuge der Anklage straffrei aus der ganzen Sache hervorgehen, also $T = 0$. Wenn beide „dichthalten" und nur für ihren versuchten Einbruch bestraft werden, winkt jedem beispielsweise eine Strafe von einem Jahr, also $R = -1$. Die Maximalstrafe von vielleicht fünf Jahren droht demjenigen, der von seinem Partner verraten wird, also $S = -5$. Sind beide geständig und verraten sich gegenseitig, wird ihnen aufgrund ihrer Geständnisbereitschaft etwas von der Höchststrafe erlassen, also etwa $P = -4$.

Am Beispiel des Gefangenendilemmas können die unterschiedlichsten Entwicklungsmöglichkeiten einer solchen sozialen Zwickmühle abstrakt simuliert werden. Bleibt man allerdings auf der einfachsten

Ebene eines solchen Spiels stehen, in dem nur zwei Personen ein einziges Mal miteinander spielen, ist der Spielausgang eindeutig. Die beste Möglichkeit für jeden ist die des unkooperativen Verhaltens: Hat man Glück und der andere wählt die Kooperation, erreicht man den optimalen Nutzen des Spiels. Hat der andere sich ebenfalls für die unkooperative Strategie entschieden, so sichert das eigene unkooperative Verhalten immer noch den höheren Gewinn. Was immer der Gegenspieler für eine Strategie wählt, Unkooperativität ist die einzig beste Antwort darauf.

Ist die Vernunft des Individuums also doch nicht stark genug, um die insgesamt beste Möglichkeit der beidseitigen Kooperation zu motivieren? In der Situation der beiden Gefangenen sicherlich nicht, doch ist ihre Situation eine ganz spezielle, die sich von den meisten zwischenmenschlichen Beziehungen unterscheidet. Die beiden Gefangenen spielen nämlich wirklich nur ein einziges Spiel miteinander. Ganz anders sähe die Sache aus, wenn sie am nächsten Tag erneut in derselben Entscheidungssituation stünden. Jeder Spieler könnte nun die Unkooperativität des anderen im nächsten Spiel bestrafen. Bei häufigen Begegnungen der Spielpartner ist dann fraglich, ob ständiges unkooperatives Verhalten noch den größten Gewinn verspricht. Im Gegenteil zeigen die Untersuchungen der Spieltheoretiker, daß unter diesen Bedingungen die Kooperation eine hervorragende Chance hat, sich als erfolgreiche Strategie durchzusetzen.

Diese Erkenntnis ist weniger das Resultat mathematischer Analysen und Beweise als vielmehr das Ergebnis umfassender Simulationen solcher oft wiederholten Spiele, sogenannter Superspiele. Eine der bekanntesten und umfangreichsten Simulationen hierzu ist ein von dem Politologen Robert Axelrod in der Mitte der achtziger Jahre ins Leben gerufenes Turnier. Axelrod forderte Forscher und Interessierte aus aller Welt auf, sich eine möglichst erfolgreiche Strategie für ein solches iteriertes Gefangenendilemma-Spiel auszudenken. Diese Superspielstrategien traten dann in einer Computersimulation paarweise gegeneinander an. Der jeweilige Sieger war die Strategie, die am meisten Punkte gewann.

Die erfolgreichste Strategie dieses Turniers war die sogenannte Tit-for-Tat-Strategie, was übersetzt so viel bedeutet wie das uns wohlbekannte Sprichwort „Wie du mir, so ich dir". Tit-for-Tat ist eine kooperative Strategie, die jedoch auch bestrafen kann, wenn der Partner auf die Kooperation nicht eingeht: Sie beginnt jedes Spiel zunächst kooperativ, antwortet aber dann in jedem Spielzug mit genau dem Verhalten, das der Gegenspieler zuletzt gewählt hat. Läßt sich der Mitspieler also auf die Kooperation ein, können beide friedlich in einer erfolgreichen Solidargemeinschaft überleben. Versucht der Gegenspieler aber einen Verrat durch einen plötzlichen unkooperativen Schachzug, wird dies im nächsten Moment sofort bestraft. Sobald der andere aber wieder Bereitschaft zur Kooperation signalisiert, trägt der Tit-for-Tat-Spieler nichts nach und geht sofort auf die angebotene Kooperation ein.

Das wiederholte Durchspielen des Gefangenendilemmas kommt tatsächlichen sozialen Kontakten schon sehr viel näher als das einmalige Spiel. Dennoch bleibt die große Einschränkung, daß an diesem Spiel nur zwei Personen beteiligt sind. Realistischerweise aber agieren in einer Gemeinschaft zahlreiche Personen miteinander, wodurch die Tür für ganz neue Dynamiken geöffnet wird. Hier können die zellulären Automaten ihren Beitrag zu den Simulationen der Spieltheorie beitragen. Denn mit ihnen läßt sich leicht eine Art „Supersuperspiel" auf die Beine stellen, in dem zahlreiche Spielpartner wiederholt ein solches Dilemmaspiel miteinander spielen. Die Zellen eines Automaten können mit möglichen Strategien versehen werden und in jedem Zeitschritt entsprechende „Spiele" mit ihren Nachbarn spielen.

11.3 Zellen spielen um Kooperation

Axelrod selbst hat in seinem Buch „Die Evolution der Kooperation" bereits einfache zelluläre Automaten diskutiert, um die Dynamik eines aus vielen Spielen bestehenden Kooperationsspiels zu simulieren. Er identifizierte dazu die verschiedenen Spieler mit den Zellen eines zellulären Automaten. Ihr Zustandswert kennzeichnet die von ihnen gespielte Strategie. In jedem Zeitschritt spielt jede Zelle mit jedem ihrer unmittelbaren Nachbarn ein Spiel, das ihrer momentan gewählten Strategie folgt – sie verhält sich auf Grundlage ihrer Strategie also entweder kooperativ oder nicht. (Als Nachbarn ließ Axelrod die vier direkt benachbarten Zellen der von-Neumann-Nachbarschaft zu.) Aus jeder dieser Interaktionen erhält die Zelle nach den Regeln des Gefangenendilemmas eine gewisse Auszahlung. Ist die Spielrunde vollständig abgeschlossen, wird Bilanz gezogen: Jede Zelle vergleicht ihre erhaltene Auszahlung mit der ihrer Nachbarzellen. War einer ihrer Nachbarn erfolgreicher als sie selbst, wechselt die Zelle im nächsten Zeitschritt zur Strategie dieses Nachbarn über. Erfolgreichere Strategien gewinnen also auf diese Weise allmählich die Oberhand auf dem gesamten Spielfeld.

Schon die ersten Simulationen mit einem solchen Spiel überzeugten Axelrod, daß ein räumlich verteiltes Superspiel eine ganz neue Dynamik in die optimale Strategiewahl bringt. So ließ er beispielsweise alle 63 eingereichten Strategien seines Computerturniers in einer zufälligen räumlichen Anordnung gegeneinander antreten. Jede Strategie schickte die gleiche Anzahl von Spielern ins Feld. Nach kurzer Zeit starben – wie erwartet – etliche erfolglose Strategien auf dem Zellgitter aus. Doch es überlebten längst nicht nur die Bestplazierten des Turniers. Tit-for-Tat, der Sieger des Superspiel-Turniers, konnte sich zwar deutlich in der Gitterwelt vermehren, doch fünf andere Strategien, die im iterierten Zwei-Personen-Spiel viel schlechter abgeschnitten hatten, setzten sich noch erfolgreicher durch. Da jeder Spieler im räumlich verteilten Kooperationsspiel versucht, die momentan erfolgreichste Strategie zu imitieren, entscheidet nicht der durchschnittliche Auszahlungserfolg über Sieg oder Niederlage. Ein momentaner hoher Gewinn einer Strategie, der sich im iterierten Zwei-Personen-Spiel mit entsprechenden Verlusten mittelt, bringt ihr im nächsten Moment viele Gefolgsleute hinzu. Die Gewinnchancen einer Strategie im räumlich verteilten Spiel sind daher ganz anderer Art.

Einen noch einfacheren Ansatz eines solchen räumlichen Spiels um Kooperation haben Anfang der 90er Jahre zwei Biologen aus Oxford vorgeschlagen, Martin Novak und Robert May, einer der Pioniere der Chaosforschung in der Biologie. Statt die einzelnen Spieler der zellulären Welt mit komplexen Strategien auszustatten, kannten ihre Spieler nur zwei Verhaltensweisen: kooperativ oder unkooperativ zu spielen. Zwei Spieler, die aufeinander trafen, erhielten folgende Auszahlungen für ihr Verhalten:

Spieler 1 \ Spieler 2	KOOPERATIV	UNKOOPERATIV
KOOPERATIV	1 \ 1	0 \ b
UNKOOPERATIV	b \ 0	0 \ 0

Solange der frei wählbare Parameter b größer ist als 1, beschreibt auch dieses Spiel die typische Situation eines sozialen Dilemmas.[*] Ganz analog zu Axelrods Modell, übernimmt in diesem Automaten jede Zelle die „Strategie" (kooperativ oder unkooperativ zu spielen), die sich im letzten Zeitschritt in ihrer Nachbarschaft am erfolgreichsten behauptete. Novak und May betrachteten dabei nicht nur die vier nächsten Nachbarn, sondern ließen auch in einigen Simulationen die größere Moore-Nachbarschaft zu. Die Regeln dieses einfachen Spiels sind im Kasten 11A zusammengefaßt.

Wer dieses Spiel auf einem Computer programmiert, kann ein regelrechtes Kaleidoskop faszinierender bunter Muster über den Bildschirm rauschen sehen.[†] In den Regeln dieses Automaten verstecken sich sogar wandernde Strukturen, die an die Gleiter von LIFE erinnern, oder rotierende Muster, die sich nur um ihre eigene Achse drehen. Bild 11.1 zeigt hierfür Beispiele. Beginnt man dieses Kooperationsspiel mit einer zufälligen Verteilung der beiden möglichen Strategien, so beginnt ein farbenprächtiger Kampf beider Strategien um die Vorherrschaft in der Gitterwelt. Um die Dynamik ihres Spiels sichtbar zu machen, wählten seine Erfinder nicht nur zwei verschiedene Farbwerte, um die kooperativ spielenden Zellen (1) von den unkooperativen (0) zu unterscheiden. Sie zogen auch noch mögliche Pendler zwischen den Strategien in ihr

---

[*] Im Gegensatz zu dem klassischen Gefangenendilemma (vgl. Seite 239) haben Novak und May die Bedingungen des Spiels zusätzlich vereinfacht, indem sie $P = S = 0$ zulassen.

[†] Als Novak und May ihre Ergebnisse in der wissenschaftlichen Zeitschrift *The International Journal of Bifurcation and Chaos* veröffentlichten, gerieten sowohl die Autoren als auch die Herausgeber der Zeitschrift in einen wahren „Musterrausch": Von den insgesamt 43 Seiten des wissenschaftlichen Artikels nahmen über 500 (!) farbige Zustandsbilder des Automaten allein etwa 30 Seiten ein.

**Kasten 11A
Das Kooperationsspiel**

Zellraum: zweidimensionales, rechteckiges $n \times m$-Gitter.

Nachbarschaft: Moore-Nachbarschaft.

Randbedingungen: beliebig.

Zustandsmenge: $\{0,1\}$,
wobei der Zustand 1 eine kooperativ spielende Zelle und der Zustand 0 eine unkooperativ spielende Zelle kennzeichnet.

Zustandsentwicklung: $z_{ij}(t+1) = z_{pq}(t)$, wobei (p,q) die Zelle aus der Nachbarschaft N_{ij} ist, die den höchstmöglichen Auszahlungsgewinn G erzielt hat, für die also gilt

$$G_{pq}(t) = \max\{G_{kl}(t) | (k,l) \in N_{ij}\}.$$

Der Auszahlungsgewinn $G_{ij}(t)$ der Zelle (i,j) zum Zeitpunkt t ist wie folgt definiert:

$$G_{ij}(t) = \begin{cases} \sum_{(k,l) \in N_{ij}} z_{kl}(t), & \text{wenn } z_{ij}(t) = 1 \\ b \cdot \sum_{(k,l) \in N_{ij}} z_{kl}(t), & \text{wenn } z_{ij}(t) = 0. \end{cases}$$

b ist der Auszahlungsgewinn für einseitige Kooperation und kann beliebig gewählt werden (siehe Text).

Farbenspiel mit ein und definierten vier mögliche Farbwerte einer Zelle, nämlich für:
        eine 1-Zelle, die im vorigen Zeitschritt 1 war,
        eine 1-Zelle, die im vorigen Zeitschritt 0 war,
        eine 0-Zelle, die im vorigen Zeitschritt 0 war,
        eine 0-Zelle, die im vorigen Zeitschritt 1 war.

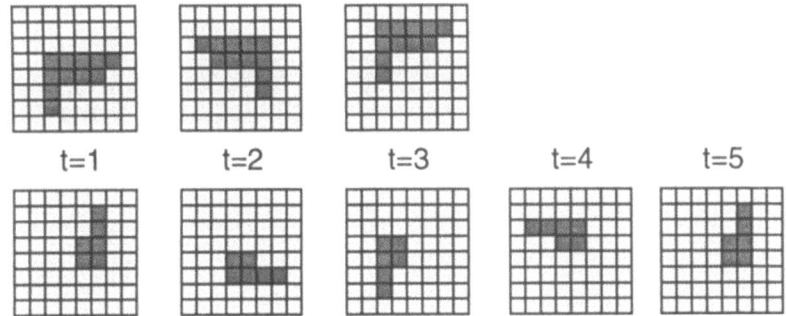

Bild 11.1: Im zellulären Kooperationsspiel können sich Gruppen von kooperierenden Spielern (dunkelgrau) durch eine unkooperative Welt (hellgrau) bewegen: In jedem Zeitschritt wandert der „Gleiter" (oben) um eine Zelle nach oben, während sich der „Rotor" (unten) um jeweils 90° im Uhrzeigersinn dreht.

Welche der beiden Strategien sich letztlich auf dem Gitter der Zellen durchsetzt, hängt entscheidend von der Höhe der „Belohnung" eines unkooperativen Verhaltens, also dem Wert des Parameters b, ab. Bild 11.2 zeigt das Ergebnis verschiedener Simulationen ausgehend von einer zufälligen Strategieverteilung: Große Werte von b ($b \geq 2$) machen unkooperatives Verhalten so lohnenswert, daß es von fast der gesamten Population im Laufe der Zeit übernommen wird. Für kleine Werte ($b < 1{,}8$) bietet dagegen eine unkooperative Strategie viel zu wenig Anreiz, um die Ausbreitung einer fast vollständigen Kooperation auf dem Gitter zu verhindern. Für Werte von b zwischen diesen Grenzen sind räumliche Bereiche kooperativ spielender Spieler im ständigen Wettstreit mit ihren unkooperativen Gegenspielern. Kooperierende Spieler ziehen sich in zunächst kleinen Gruppen zusammen, die allmählich in ihrer Größe wachsen. Doch wenn sich zwei solcher kooperierenden Gruppen zu nahe kommen, profitieren ihre eigennützigen Gegenspieler davon. Sie beginnen ihrerseits zu wachsen und drängen die kooperativen Spieler wieder in kleine Grüppchen zusammen – eine Art dynamisches Gleichgewicht von wachsenden und wieder schrumpfenden Gruppen kooperierender Spieler stellt sich so ein.

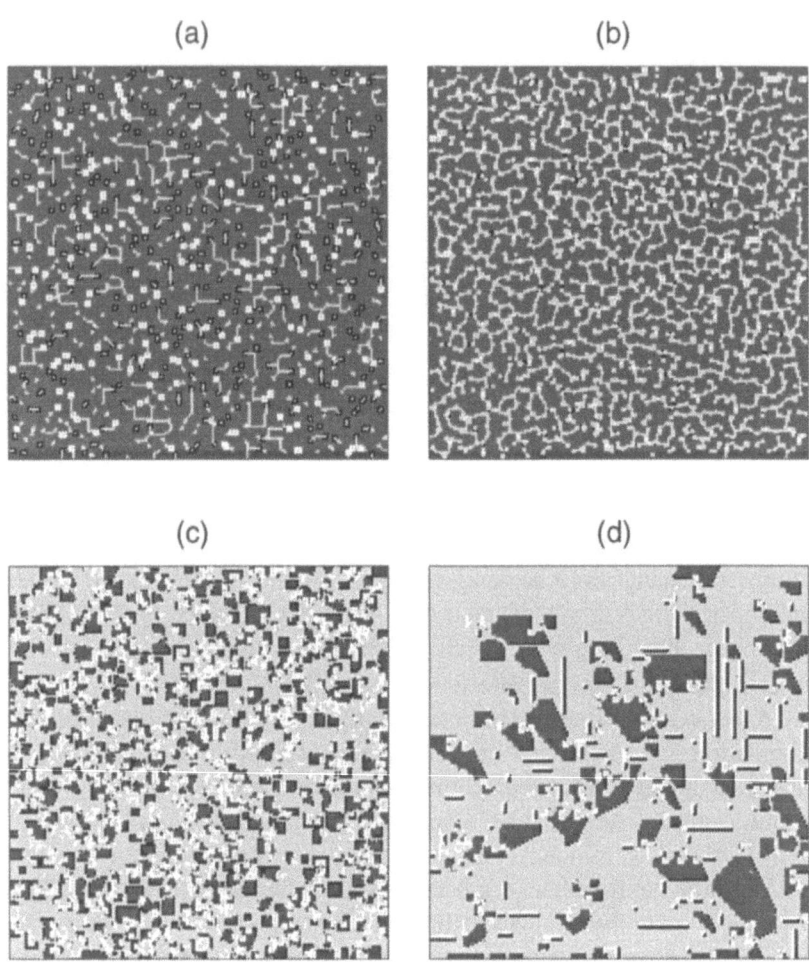

Bild 11.2: Der Gewinn b, den eine einseitige Kooperation im zellulären Kooperationsspiel verspricht, entscheidet über die räumliche Verteilung kooperierender und nicht-kooperierender Zellen. Die Werte von b sind hier: a) 1,35, b) 1,75, c) 1,9 und d) 2,0. Dauernd kooperierende (unkooperierende) Zellen sind dunkelgrau (hellgrau) angefärbt. Wechsler hin zu einer Kooperation (Nicht-Kooperation) sind durch einen schwarzen (weißen) Farbwert gekennzeichnet.

In diesem Parameterbereich beobachtet man besonders faszinierende Wachstumsmuster, wenn man einen einzelnen unkooperativen Eindringling in eine Welt von nur kooperativen Spielern pflanzt. Die entstehenden Muster wachsen zu fraktalen Strukturen heran, die alle 2^j Zeitschritte ein vollständiges Quadrat ausfüllen. Bild 11.3 zeigt den Beginn einer solchen Entwicklung, in der in die Mitte des Gitters eine einzelne Zelle auf den Wert 0 gesetzt wurde. Die ganze Farbenpracht dieses fraktalen Musters eröffnet sich aber erst in einem Blick auf die Farbtafel 7. Angesichts dieses Musterspektakels kann man nachvollziehen, warum die Autoren ihre wissenschaftliche Veröffentlichung dieser Simulationen mit dem Gedanken ausklingen lassen, das Kaleidoskop ihrer zellulären Spiele könne zur Grundlage eines neuen Designs für Teppiche, Fliesen, T-Shirts, Spitzendeckchen oder Fensterrosetten werden.

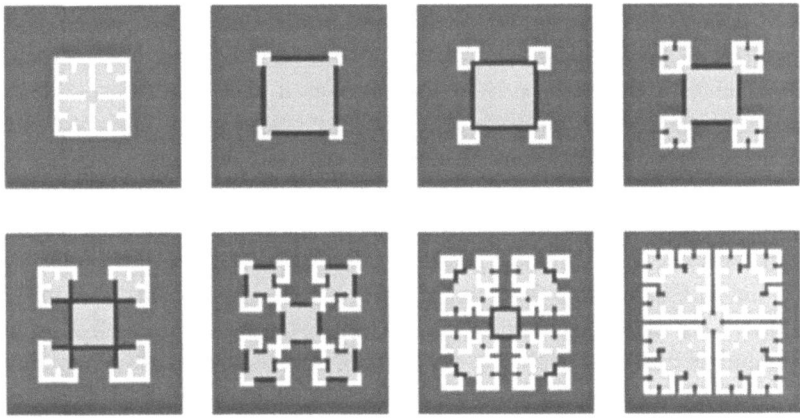

Bild 11.3: Von einer einzelnen unkooperativen Zelle in einem ansonsten kooperativ spielenden Gitter breitet sich die Unkooperation fraktalförmig aus.

Neben aller Farbenpracht hat dieses einfache Modell für die beiden britischen Biologen aber auch noch eine wissenschaftliche Relevanz. Es zeigt in einem sehr einfachen Szenario auf, daß Kooperation und Altruismus tatsächlich „stabile Eigenschaften" einer Population sein können.

Hat kooperatives Verhalten überhaupt eine Chance, sich zu entwickeln – ist also etwa die Verlockung eines hohen Gewinnes durch unkooperatives Verhalten nicht zu groß –, so erweist es sich auch als ausgesprochen überlebensfähig. Es kann durch unkooperativ spielende Eindringlinge kaum noch aus der Population verdrängt werden.

11.4 Das Solidaritätsspiel

Ein noch realistischeres Spiel um kooperatives und unkooperatives Verhalten hat der Moralphilosoph Rainer Hegselmann von der Universität Bremen erfunden. Er studiert nicht nur ein Spiel, in dem zahlreiche Individuen mit kooperativen und unkooperativen Verhaltensstrategien miteinander wetteifern, sondern er stattet sie außerdem noch mit ganz unterschiedlichen Eigenschaften aus.

In einer realistischen sozialen Gemeinschaft sind Stärken und Schwächen der einzelnen Mitglieder verschieden. Der eine benötigt nur sehr selten die Hilfe anderer, während ein Schwächerer häufiger auf Unterstützung angewiesen ist. Jedes der Wesen in dem Solidaritätsspiel ist daher mit einer ihm eigenen Risikoklasse ausgestattet. Dies bedeutet nichts anderes, als daß jeder Spieler eine gewisse Wahrscheinlichkeit p_i zugewiesen bekommt, mit der er in einem Spielzug hilfsbedürftig wird. Ein Spieler, der selbst Hilfe bedarf, kann nicht im selben Moment einem anderen Unterstützung gewähren. Jemand, der nicht hilfsbedürftig ist und auf bedürftige Mitspieler trifft, hat die freie Wahl, diesen zu helfen oder nicht. Jede Spielentscheidung ist mit Nutzen und Kosten verbunden, die man sich am einfachsten für den übersichtlichen Fall eines Zwei-Personen-Spiels zusammenstellt, wie es im Bild 11.4 geschehen ist:

Wer Hilfe benötigt und sie auch bekommt, erhält die Auszahlung G (Gerettet). Wem sie verweigert wird, bekommt die Auszahlung E (Ertrinken) zugeschrieben. Da es natürlich besser ist, Hilfe zu bekommen als sie nicht zu bekommen, gilt $G > E$. Der Spieler, der seinem Mitspieler hilft, bekommt eine Auszahlung H (Helfen). Könnte er helfen, tut es aber nicht, ist sein Gewinn aus dem Spiel W (Weitergehen). Da Hilfe zu geben mit Kosten verbunden ist, ist $W > H$. In welcher

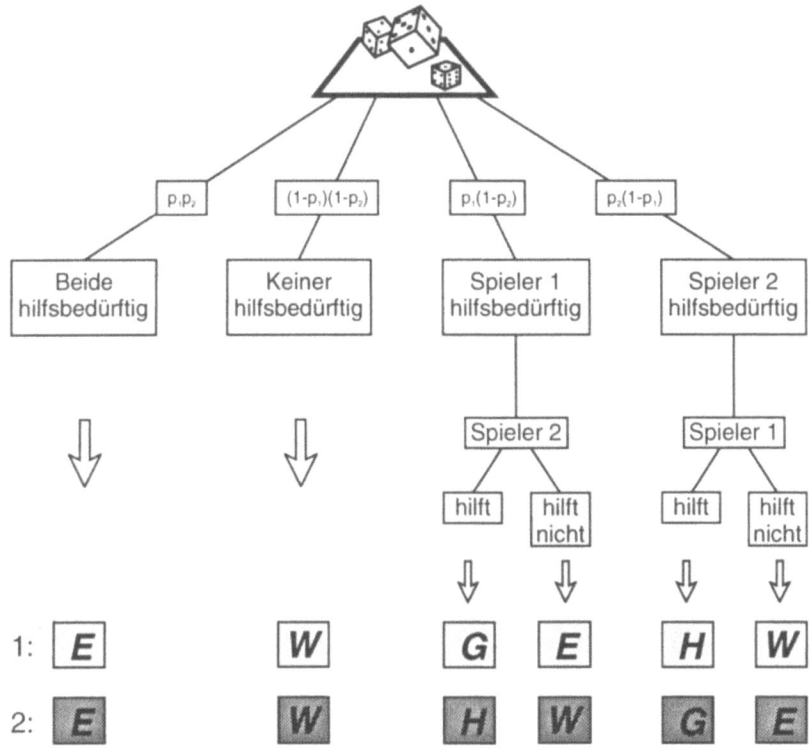

Bild 11.4: Abhängig von der durch Zufall bestimmten Spielsituation erhält jeder Spieler eine gewisse Auszahlung: Die für Spieler 1 ist hellgrau markiert, die für Spieler 2 dunkelgrau (zur Erläuterung s. Text).

Spielsituation sich beide Spieler befinden, wer von ihnen also hilfsbedürftig ist, hängt allein vom Zufall ab. Die möglichen Spielsituationen, die in Bild 11.4 aufgeführt sind, treten dabei mit unterschiedlicher Wahrscheinlichkeit auf, die man der Darstellung entnehmen kann.

Welche Strategie für einen Spieler in einem Solidaritätsspiel die beste ist, hängt von den erwarteten Gewinnen und Kosten ab, zu denen diese Strategie führt. Jeder Beteiligte im Spiel kennt die genaue Ausgangslage, also die Wahrscheinlichkeiten, mit denen man selbst und seine Partner hilfsbedürftig werden, sowie die entstehenden Gewinne und Kosten einer Solidarität. Das Solidaritätsspiel wird genau dann zu einem sozialen Dilemma, wenn die zu erwartenden Gewinne aus einem solidarischen Verhalten die der möglichen Kosten übersteigen. Wenn für einen der Spieler der Nutzen, den er aus einem solidarischen Verhalten erreicht, geringer ist als sein Aufwand, stellt sich keine Dilemmasituation ein. Dann nämlich gibt es keinerlei Anreiz für diesen Spieler, sich jemals solidarisch zu verhalten.

Ist ein solcher Anreiz zur Solidarität jedoch gegeben, wird die Frage nach solidarischem und unsolidarischem Verhalten zur gleichen Entscheidungssituation wie für die beiden Gefangenen in unserem einleitenden Beispiel: In einer einmaligen Begegnung beider Spieler gibt es nur eine sinnvolle Strategie, die des unsolidarischen Verhaltens. Erst wenn beide Partner mit genügender Sicherheit mit einer weiteren Begegnung zwischen ihnen rechnen können, öffnet sich ein Raum für neue und auch solidarische Strategien. Je stabiler also die soziale Interaktion zweier Partner ist, desto eher kann eine solidarische Beziehung zwischen ihnen entstehen.

Hegselmann interessierte an seinem Solidaritätsspiel vor allem eine Frage: Können Solidarnetzwerke in einer Welt entstehen, die nur aus rationalen Egoisten bevölkert ist, die alle mit verschiedenen Eigenschaften (einem unterschiedlichen Grad an Hilfsbedürftigkeit) ausgestattet sind und die außerdem noch die Möglichkeit haben, bestehende soziale Beziehungen zu verlassen, um neue, vorteilhaftere zu knüpfen? Um ein solches Szenario zu simulieren, ließ er Hunderte von Spielern in der zellulären Welt eines Automaten miteinander agieren. Die Zellen eines zweidimensionalen, toroidalen Gitters übernehmen die Rolle der einzelnen Spieler. Mit ihren unmittelbaren vier Nachbarn an jeder Seite – der von-Neumann-Nachbarschaft – spielen sie in jedem Zeitschritt das Solidaritätsspiel. Die Hilfsbedürftigkeit des einzelnen Spielers hängt von seiner ihm eigenen Risikoklasse ab.

An ihre Nachbarschaft – die weniger für eine räumliche Nähe der Individuen als für das Netzwerk der sozialen Beziehungen steht – sind die einzelnen Spieler nicht für alle Zeiten gebunden. Sie können sich in der Umgebung der Nachbarplätze im Gitter umschauen und eventuell eine vorteilhafte Partnerschaft suchen. Dazu erhält jeder Spieler in jedem Spielzug mit einer bestimmten Wahrscheinlichkeit eine *Wande-*

rungsoption zugeteilt. Wer eine solche Option erhält, kann von seiner momentanen Position abwandern, muß es aber nicht. Jeder Spieler macht seine Entscheidung für die Nutzung einer solchen Wanderungsoption von seiner momentanen „Zufriedenheit" abhängig, das heißt davon, ob er mit einem gewissen Mindestgewinn aus den sozialen Interaktionen mit seinen Nachbarn rechnen kann. Ein in diesem Sinne zufriedener Spieler wird eine Wanderungsoption ungenutzt verstreichen lassen, der unzufriedene wird sie dagegen viel eher in Betracht ziehen – auch dann, wenn er sich momentan sogar verschlechtert, kann ihn das Ziel reizen, von einem neuen Ort einen besseren sozialen Standort zu finden. Grundsätzlich können Wanderungsoptionen nur genutzt werden, um freie Plätze der Welt zu erreichen; es kann also niemand von seinem Standort verdrängt werden.

In alle sozialen Beziehungen, die wir in unserer wirklichen Welt erleben, fließt stets auch unser Wissen über uns selbst und andere und unsere Erfahrungen aus zuvor erlebten Interaktionen mit ein. Es ist daher für eine anspruchsvolle Simulation solcher Beziehungen nur konsequent, auch den Wesen der zellulären Welt ein solches Wissen um ihre eigenen Chancen mit auf den Weg zu geben. Jeder Spieler weiß daher um die entstehenden Solidaritätskosten und -gewinne, und er kennt die Risikoklassen seiner Nachbarn ebenso wie die Wahrscheinlichkeit, mit der man in einer Periode eine Wanderungsoption erhält. Diese Informationen sind nicht nur jedem bekannt, sondern jeder kann sie auch zu seinem Vorteil verwerten und sich dadurch etwa die Stabilität seiner sozialen Beziehungen ausrechnen oder die für ihn vorteilhaftesten Partner aussuchen.

Es ist also kein Geheimnis, mit welchen Partnern wechselseitige Solidarität einen möglichst hohen Gewinn verspricht und mit welchen nicht. Die Wahl der eigenen Strategie ist aus diesen Informationen heraus eine logische Konsequenz des Prinzips, den eigenen Nutzen zu maximieren. Einseitige Solidarität kann sich nicht als die dauerhafte Interaktionsstrategie zweier Partner entwickeln. Denn die eigene Solidarität lohnt sich immer nur dann, wenn sie von dem Spielpartner erwidert wird.

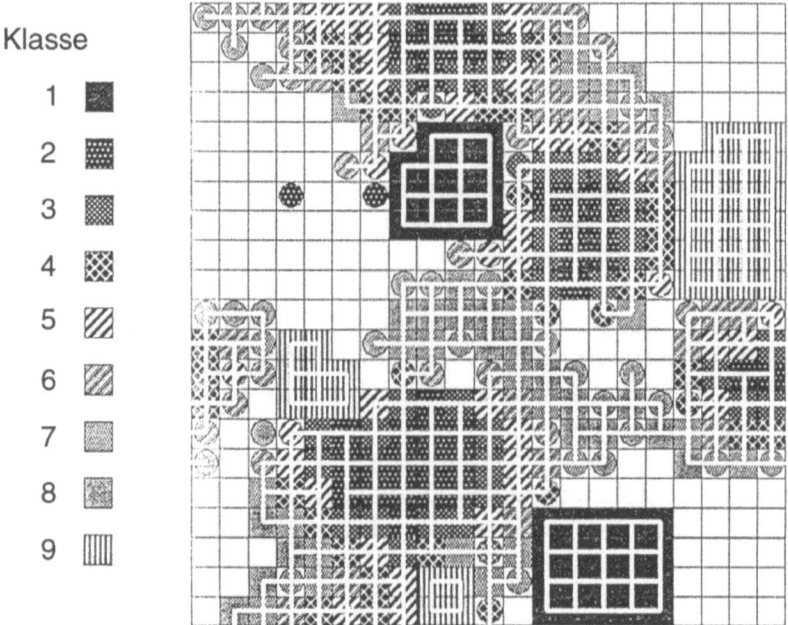

Bild 11.5: Ein Computerexperiment zum Solidaritätsspiel

Wollen wir das Spiel um die Solidarität wirklich im Computer ablaufen lassen, müssen wir noch eine ganze Reihe von Details mit Leben füllen, die wir hier nur kurz angedeutet haben. Wer sich für diese Einzelheiten interessiert, sei auf die Originalartikel von Rainer Hegselmann verwiesen. Uns soll hier die grobe Idee des Spiels genügen, um einige der Ergebnisse seiner Simulationen zu verstehen und einzuordnen. Die Bilder 11.5 und 11.6 zeigen zwei typische Momentaufnahmen aus verschiedenen Spielsituationen nach jeweils 1 000 Spielperioden (vgl. auch Farbtafel 8). Beide Simulationen basieren auf einem Gitter von 21×21 Zellen, das an den Rändern zu einem Torus geschlossen ist. Es gibt neun verschiedene Risikoklassen für die Spieler mit jeweils eigenen Wahrscheinlichkeiten, hilfsbedürftig zu werden. Die verschiedenen Klassen werden zu Beginn des Spiels zufällig auf die Zellen verteilt und sind im Bild durch unterschiedliche Grautöne dargestellt. Dunklere

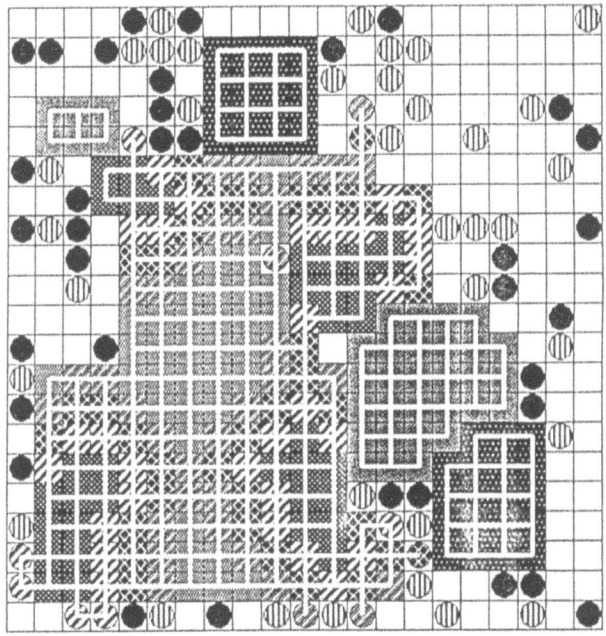

Bild 11.6: Ein zweites Experiment mit, gegenüber Bild 11.5, veränderten Wanderungsoptionen (Farbwahl wie zuvor)

Farben symbolisieren die stärksten Spieler, die am seltensten auf Hilfe angewiesen sind, weiße Felder kennzeichnen unbesetzte Gitterplätze. Die ganz ausgefüllten Kästchen repräsentieren solche Spieler, die mit ihrer sozialen Situation zufrieden sind, die also augenblicklich in einer Umgebung leben, die ihnen einen gewissen Mindestgewinn aus einer wechselseitigen Solidarität mit ihren Partnern verspricht. Kreise stehen dagegen für unzufriedene Individuen, die zum jetzigen Zeitpunkt diesen Mindestgewinn nicht erreichen. Sind zwei Zellen durch eine weiße Linie verbunden, bestehen zwischen diesen Spielern Solidarbeziehungen.

Die in den Bildern 11.5 und 11.6 gezeigten Experimente unterscheiden sich hinsichtlich der Wanderungsmöglichkeiten der einzelnen Individuen. In Bild 11.5 bekommt eine Zelle durchschnittlich alle 20 Zeitschritte eine Wanderungsoption angeboten, in Bild 11.6 doppelt so häufig.

Auf den ersten Blick fällt in beiden Simulationen auf, daß sich die Angehörigen unterschiedlicher Risikoklassen umeinander scharen: Um die Mitglieder der Klasse 2 gruppieren sich die der Klasse 3, darum die der Klasse 4 und so weiter. Innerhalb dieser Cluster entwickeln sich offensichtlich ausgeprägte solidarische Netzwerke zwischen den verschieden ausgestatteten Partnern. Die stärksten Individuen suchen sich im ersten Experiment (Bild 11.5) für ihre Solidarbeziehungen nur Partner aus ihrer eigenen Klasse oder der Risikoklasse 2. Die schwächsten Mitglieder der Klasse 9 hingegen finden ausschließlich Hilfe bei Angehörigen ihrer eigenen Klasse oder der ihnen nächsten Klasse 8. In den übrigen Risikoklassen geht die solidarische Hilfe aber auch weit über Klassengrenzen hinweg, so haben etwa in Bild 11.5 auch Mitglieder der Klassen 2 und 5 Solidarbeziehungen untereinander und sind dabei ganz zufrieden.

Bieten sich den Spielern häufiger Wanderungsoptionen, wie im zweiten Experiment (Bild 11.6), so gehen die stärksten und schwächsten Mitglieder nur noch Solidarbeziehungen mit Partnern ihrer eigenen Klasse ein. Vor allem die stärkeren Individuen ziehen ihren Nutzen aus der angebotenen größeren Mobilität und suchen sich gewinnträchtigere soziale Standorte. Sie konzentrieren sich dabei vor allem auf die starken Partner ihrer eigenen Klassen und drängen die schwächsten Elemente ganz an den Rand des sozialen Netzwerks. Nicht nur die schwächsten, sondern auch die stärksten Bewohner dieser künstlichen Gitterwelt werden auf diese Weise von der übrigen Solidargemeinschaft vollständig abgetrennt. Erhöht man die Wanderungshäufigkeit übrigens noch weiter, verstärkt sich diese Tendenz noch. Mitglieder der stärksten und schwächsten Risikoklassen können dann überhaupt keine Solidarpartner mehr finden, nicht einmal mehr innerhalb der eigenen Klasse.

Wer mit wem Solidarbeziehungen eingeht, so zeigen die Simulationen, wird wesentlich dadurch bestimmt, mit welcher Wahrscheinlichkeit die Individuen eine bestehende Beziehung verlassen können. Dieses Resultat ist auch nur allzu verständlich, wenn man bedenkt, daß ein entscheidender Faktor für den möglichen Solidaritätsgewinn eines Spielers die Stabilität der jeweiligen solidarischen Verbindung ist. Gerade ein stärkerer Spieler wird sich nur dann auf ein solidarisches Spiel einlassen, wenn die soziale Beziehung zu seinem Partner so stabil ist, daß er darauf bauen kann, seine „investierte Solidarität" von dem anderen zu einem späteren Zeitpunkt, wenn er selbst Hilfe benötigt, zurückzubekommen. Je wahrscheinlicher eine Abwanderung eines Spielers wird, desto instabiler wirkt aber auf jeden Beteiligten das geknüpfte soziale Netz.

Für die Mitglieder der stärksten Risikoklassen ist die Solidarität überhaupt nur dann ein lohnender Versuch, wenn ihre Spielpartner ähnlich stark sind wie sie selbst. Andernfalls würden sie, die ja selten in eine hilfsbedürftige Lage kommen, den alleinigen Preis der Solidarbeziehung zahlen. In den mittleren Klassen dagegen kann es sich durchaus auszahlen, auch mit Mitgliedern anderer Klassen gegenseitige Unterstützung zu üben, da jeder selbst häufig genug in die Situation gelangt, Hilfe zu fordern.

Zu den Stärksten zu gehören, bedeutet also – so zeigen zumindest die Ergebnisse dieser Computerexperimente – noch lange nicht, auch zu den Attraktivsten zu zählen. Ganz im Gegenteil: In einer berechnenden Gesellschaft, in der jeder seinen eigenen Vorteil sucht, sind die Stärksten keine zuverlässigen Partner. Sie werden die erstbeste Gelegenheit ergreifen, um aus der Beziehung zu fliehen. Für jedes schwächere Individuum gibt es daher von vornherein nur eine sinnvolle Möglichkeit ihnen zu begegnen, nämlich mit der „kalten Schulter des unsolidarischen Handelns". Aus diesem Prinzip heraus isolieren sich die stärksten Elemente einer Gemeinschaft ebenso aus dem solidarischen Netz der breiten Mehrheit ab wie die allerschwächsten Mitglieder. Festzuhalten bleibt aus diesen Simulationen aber vor allem auch eines: Selbst in einer egoistischen Gesellschaft bilden sich solidarische Beziehungen zwischen den einzelnen Individuen aus. Denn letztlich ist es nur zum Vorteil eines jeden, Solidarität zu üben, wenn man selbst vielleicht auch einmal in eine hilfsbedürftige Situation geraten kann.

Jeder kann sich leicht ausmalen, daß man die Individuen der zellulären Welt mit ganz unterschiedlichen Merkmalen ausstatten und ihre Spiele nach anderen Prinzipien gestalten kann. Ähnlich wie wir es im Umfeld der Simulationen zum künstlichen Leben kennengelernt haben, bieten damit die zellulären Automaten als leicht handhabbare Modelle komplexer Interaktionen eine hervorragende Plattform, auch soziale Prozesse unter verschiedensten Bedingungen in einer abstrakten Welt durchzuspielen und damit neue Erfahrungen und Erkenntnisse zu gewinnen.

Wir haben uns in diesem Kapitel auf solche Simulationen beschränkt, die sich mit der Entstehung von kooperativem Verhalten in einer sozialen Dilemmasituation beschäftigen. Dies sind aber längst nicht die einzigen Versuche, zelluläre Automaten in sozialwissenschaftlichen Zusammenhängen erfolgreich einzusetzen. Die Ausbildung von Meinungen und Überzeugungen in einer Gruppe sind beispielsweise ebenso Thema solcher Simulationen wie auch die Frage der Ghettobildung und Klassensegregation, die Thomas Schelling schon in den siebziger Jahren mittels zellulärer Automaten untersuchte. Wer mehr über diese Ansätze wissen möchte, findet in den Literaturhinweisen am Ende des Buches weitere Hinweise.

Kapitel 12
Modell und Wirklichkeit

12.1 Qualität statt Quantität?

Bereits am Anfang dieses Buches haben wir die Rolle abstrakter Modelle für das Erforschen der Natur und ihrer Rätsel betont. Überall dort, wo uns die Natur als eine „black box" gegenübertritt, die wir nicht in ihre Einzelteile zerlegen und mit unserem analytischen Verstand verstehen können, sind wir darauf angewiesen, uns ein Modell von der Welt zu machen. Wir entwickeln eine Vorstellung davon, „wie es gehen könnte", und überprüfen, ob Modell und Wirklichkeit übereinstimmen. Erst an einem solchen Vergleich zwischen Modell und Wirklichkeit können die zellulären Automaten, wie auch jedes andere abstrakte Modell, ihren Wert als erfolgreiche Instrumente der Wissenschaft unter Beweis stellen.

Inzwischen haben wir ausgiebige Ausflüge in die zellulären Welten unternommen und die verschiedensten Beispiele kennengelernt, in denen sich die zellulären Automaten als solche Abbilder der Wirklichkeit ins Spiel gebracht haben. Wenn Sie dabei auch das eine Modell mehr überzeugt haben mag als ein anderes, so halten doch alle hier vorgestellten Automaten dem Vergleich zur Wirklichkeit – soweit man diesen überhaupt ziehen kann – stand. Dies galt für die zellulären Gittergase oder die Misch-Masch-Maschine als Simulationsinstrument einer chemischen Reaktion ebenso wie für die zellulären Mustermacher der Tierfellzeichnungen oder der ökologischen Räuber-Beute-Modelle. Doch die Übereinstimmung zwischen Modell und Wirklichkeit gilt in all diesen Fällen zunächst ausschließlich in *qualitativer* Hinsicht. Dies heißt nichts anderes, als daß all diese Modelle wesentliche Charakteristika der wirklichen Systeme widerspiegeln, sie aber nicht in allen Details exakt reproduzieren. Für die Fragestellungen, in deren Zusammenhängen diese Automaten diskutiert wurden, mußte man auch nichts anderes von ihnen verlangen. Stets ging es nur um die Frage, ob die vermuteten lokalen Interaktionen kleiner elementarer Einheiten den beobachteten Strukturreichtum des jeweiligen Systems zu erklären vermochten. Solange man in erster Linie wissen möchte, wie und nach welchen Mechanismen das System funktioniert, genügt eine qualitative Übereinstimmung zwischen Modell und Wirklichkeit vollkommen.

Wissenschaft begnügt sich aber nicht allein damit, Dinge zu erklären. Wir wollen unsere Welt nicht nur verstehen, sondern sie auch, wo immer es möglich ist, kontrollieren, steuern und vorhersagen, was in der Zukunft passiert. Um auf diese Weise in einen natürlichen Prozeß eingreifen zu können, gilt es, auch alle Details seines Verhaltens zu verstehen. Denken wir als Beispiel an die oszillierenden chemischen Reaktionen, die wir im Kapitel 6 diskutiert haben. Um die zeitlichen Musterbildungen der auf- und abschwingenden CO_2-Produktion an den metallenen Katalysatoren zu erklären, bietet die Misch-Masch-Maschine ein intuitiv leicht nachvollziehbares Modell. Ihre Möglichkeiten zur Simulation enden aber dort, wo der Anwender dieser Reaktion genaue Anweisungen für den Bau technischer Reaktoren, der Einstellung aller relevanten Kontrollgrößen wie Gasdrucke, -konzentrationen, und Temperatur erwartet, mit denen er das unerwünschte Erscheinen solcher Instabilitäten verhindert. Parameter dieser Art finden in diesem einfachen zellulären Modell keinerlei Entsprechung. Die simulierten Kurven der CO_2-Produktion verhalten sich zwar „im Groben" so wie das chemische Experiment, jedoch übergeht die Simulation die Details – die Übereinstimmung zwischen den Simulationen der Misch-Masch-Maschine und der experimentell beobachteten CO-Oxidation ist eine qualitative und keine quantitative!

In den Augen vieler erreichen die zellulären Automaten bei der Suche nach einer quantitativen Übereinstimmung zwischen Modell und Wirklichkeit ihre Grenze. Zwar kann man versuchen, immer mehr Details in die Regeln eines zellulären Automaten einzubauen, doch damit läuft man schnell Gefahr, das Regelwerk so kompliziert zu machen, daß die eigentlichen Vorzüge dieser Modelle – intuitive Einsicht in die Mechanismen und leichte Implementation im Computer – auf der

Strecke bleiben. Dann, so sagen viele, gibt es keinen Grund mehr, nicht von vornherein andere Modelle, wie etwa die partiellen Differentialgleichungen, einzusetzen. Dieses Argument wird noch dadurch verstärkt, daß die kontinuierlichen Modelle eine viel größere Vertrauensbasis besitzen als ihre diskreten Gegenspieler. Dies ist nicht nur angesichts ihrer jahrhundertealten Tradition allzu verständlich, sondern auch durch unseren unerschütterlichen Glauben erklärbar, daß Raum und Zeit ein Kontinuum sind.

Mathematische Gleichungen nützen einem nur dort etwas, wo man sie lösen oder zumindest das Verhalten ihrer Lösungen genau charakterisieren kann. Dies ist aber für die partiellen Differentialgleichungen ein ausgesprochen schwieriges Unterfangen. Gerade dort, wo solche Gleichungen interessante Phänomene und Strukturbildungen beschreiben, sind sie hochgradig nichtlinear und damit in der Regel weit davon entfernt, mit mathematischen Methoden exakt lösbar zu sein. Auch sie können nur im Computer berechnet werden. Da unsere Rechenmaschinen aber nicht mit kontinuierlichen Veränderungen umgehen können, müssen sie in Raum und Zeit diskretisiert werden: Der kontinuierliche Raum wird in einer solchen Diskretisierung durch ein Punktgitter angenähert, und statt eines lückenlosen Zeitverlaufs wird die Dynamik des Prozesses nur zu genau getakteten Zeitpunkten verfolgt. Wie man das optimale Netzwerk von diskreten Stützstellen findet, ist eine mathematische Kunst für sich – die Bücher über effiziente und zulässige Diskretisierungsverfahren für die numerische Lösung einer solchen Gleichung können ganze Bibliotheken füllen.

In ihrer diskretisierten Form sind sich die partiellen Differentialgleichungen und die zellulären Automaten auf den ersten Blick einander gar nicht mehr so unähnlich. Beide geben Regeln für die schrittweise Entwicklung eines Punktgitters an. Und dennoch gibt es einen bedeutenden Unterschied zwischen dem diskreten Modell und seinem kontinuierlichen Gegenstück. Da die diskretisierte Differentialgleichung aus einem kontinuierlichen Raum/Zeit-Modell abgeleitet wurde, läßt sich von ihr sofort auf die tatsächlichen Raum- und Zeitgrößen zurückschließen. Je nach gewählter Diskretisierung weiß man exakt, wieviel Millimeter zwei benachbarte Gitterpunkte auseinander liegen und wieviel Sekunden zwei aufeinanderfolgende Zeitschritte trennen. Alle relevanten Größen der wirklichen Welt, etwa die Geschwindigkeiten der ablaufenden Veränderungen, lassen sich aus der Simulation in die ursprünglichen Raum- und Zeitskalen übersetzen und so mit der Wirklichkeit vergleichen. Man hat sogar die Möglichkeit, diese Raum- und Zeitskalen völlig unabhängig voneinander zu variieren und auf diese Weise das gewünschte System so genau wie möglich und so fein wie nötig anzunähern. Im zellulären Automaten ist die Situation eine völlig andere. Da ein solches Modell von vornherein auf diskreten Größen aufbaut, hat man in der Regel keinerlei Anhaltspunkte dafür, wie groß eine Zelle des Gitters oder wie lang ein Zeitschritt des Automaten in Wirklichkeit ist. Exakte quantitative Vergleiche zwischen Simulation und Realität werden schon allein dadurch fast zu einem Ding der Unmöglichkeit.

Aus all diesen Gründen scheint der Platz für die zellulären Automaten als Modelle der wissenschaftlichen Simulation genau umrissen zu sein: Solange es darum geht, Mechanismen einer komplexen Strukturbildung in Raum und Zeit zu verstehen, sind die zellulären Automaten als qualitative Modelle bestens geeignete Kandidaten. Will man jedoch einen Schritt weiter gehen und zunehmend mehr Details des untersuchten Systems durchdringen und simulieren, stoßen die zellulären Modelle an ihre Grenzen und sollten ihren ausgereifteren kontinuierlichen Partnern das Feld überlassen. Doch dies ist eine Schwarz-Weiß-Malerei, die ein zu simples Bild für die Einsatzmöglichkeiten zellulärer Automaten zeichnet. Wir wollen Ihnen in diesem letzten Kapitel ein Beispiel vorführen, wo die Suche nach „quantitativ getreuen" Automaten der theoretischen Modellbildung ganz neue Möglichkeiten eröffnet hat. Es geht dabei um die schon im Zusammenhang der chemischen Oszillationen erwähnten erregbaren Medien, dessen Paradebeispiel die schon in Kapitel 6 beschriebene Belousov-Zhabotinsky-Reaktion ist.

Die Modellbildung zu erregbaren Medien ist in diesem Zusammenhang in vielfacher Hinsicht ein besonders gutes Beispiel. Die Strukturbildungen in diesen Systemen sind von so zentraler Bedeutung, daß hinter dem Ziel ihrer möglichst genauen Simulation wesentlich mehr steht als ein rein akademisches Interesse. Das für unser Überleben wohl wichtigste erregbare Medium ist der Herzmuskel. Elektrochemische Wellen, die durch den Muskel wandern, zwingen die Herzzellen dazu, sich zusammenzuziehen und damit das Blut durch unseren Körper zu pumpen. Wird das normale Musterspiel dieser Wellen gestört, kann dies dramatische Auswirkungen haben, ja sogar zum Tode führen. Schon seit Jahrzehnten drängt es viele Wissenschaftler zu erfahren, welche Mechanismen diesen Wellen zugrunde liegen, was sie aus dem Takt bringen kann und wodurch sie wieder zur Ordnung zurückgerufen werden können.

Um solchen Fragen mit einem Computermodell auf die Spur zu kommen, ist tatsächlich eine hohe Detailtreue notwendig. Ein qualitatives Modell, daß den ungefähren Musterverlauf vorführt, reicht hierzu nicht aus. Kontinuierliche Modelle bilden daher die Standardausrüstung eines jeden Theoretikers in diesem Gebiet. Doch je mehr man wissen will und je anspruchsvoller die Fragen an eine Simulation werden, desto größer wird der numerische Aufwand zur Berechnung der komplizierten Gleichungen – selbst leistungsstarke Computer stoßen dabei schnell an ihre Grenzen.

Modellierungsversuche erregbarer Medien mit einfachen Ansätzen wie den zellulären Automaten ziehen sich seit Jahrzehnten wie ein roter Faden durch die Wissenschaft. Doch bis vor wenigen Jahren kam keines dieser Modelle auch nur annähernd an die wirkliche Komplexität der beobachteten Strukturbildungen heran. Inzwischen hat sich dieses Bild jedoch gewandelt. Die Theorie der Wellenausbreitung in erregbaren Medien ist heute ein Musterbeispiel dafür, wie sich die einfachen diskreten Modelle der zellulären Automaten an ihre kontinuierlichen Mitstreiter der ausgereiften Differentialgleichungen annähern, sie sich gegenseitig befruchten und ergänzen können.

12.2 Vom Schleimpilz bis zum Herzschlag: Erregbare Medien

Erregbare Medien können alles mögliche sein: Nerven, Zellkulturen, Muskelgewebe, chemische Flüssigkeiten und vieles mehr. All diesen Systemen gemeinsam ist ihr ähnliches Verhalten: In ihrem „Normalzustand" (dem nicht erregten Zustand) leben sie in einem schläfrigen Gleichgewicht, das keinerlei Überraschungen erwarten läßt. Doch werden sie an irgendeiner Stelle einmal aus ihrer Lethargie herausgerissen und durch einen Reiz erregt, erwacht das ganze System und zeigt eine lebhafte Aktivität. Schon von einem winzigen „gereizten" Zentrum aus, pflanzen sich sichtbare Erregungswellen durch das Medium fort und erfassen im Laufe der Zeit jede Zelle oder jedes Molekül – ähnlich wie ein Steppenbrand.

Tatsächlich ist ein solcher Steppenbrand eines der besten Beispiele für das, was in einem erregbaren Medium passiert. Das nicht-erregte Gleichgewicht des Mediums ist der Normalzustand der Grassteppe, in dem alles am Wachsen und nichts am Brennen ist. Eine kleine Erregung – ein winziges lokales Feuer, ausgelöst durch einen Blitzschlag oder eine Zigarettenkippe – kann sich im Nu über die gesamte Steppe ausbreiten. Hinter dieser Feuerwelle bleibt die ausgebrannte Asche zurück. In ihr verborgen sind Wurzeln und Samen für neu heranwachsendes Gras. Im Laufe der Zeit erholt sich die Steppe wieder von ihrer abrupten Auslöschung. Hat die Natur aber den alten Zustand wiederhergestellt, ist auch gleichzeitig die Gefahr da, durch eine erneute Feuersbrunst zerstört zu werden.

Die notwendige Phase der Erholung nach einer Anregung ist für alle erregbaren Medien charakteristisch. Man nennt diese Periode die Refraktärzeit des Systems. Es ist der Moment, in dem seine Komponenten durch einen erneuten Reiz um nichts in der Welt wieder in den erregten Zustand versetzt werden können. Die Refraktärzeit kann in den verschiedenen erregbaren Medien ganz unterschiedlich sein. Bei einem Steppenbrand oder auch einem Waldbrand kann es Jahre dauern, bis sich das System so weit erholt hat, daß es erneut „erregt" werden kann. Betrachten wir dagegen die Reizleitung in unseren Nerven, durch die elektrochemische Erregungswellen fließen, so benötigen die einmal erregten Zellen hier nur Bruchteile einer Sekunde, um auf einen erneuten Reiz zu reagieren.

Die Refraktärzeit dieser Medien sorgt für ein ganz ungewöhnliches Verhalten der Erregungswellen – ungewöhnlich zumindest, wenn man sie mit uns bekannten und vertrauten Wellen auf dem Wasser vergleicht. Werfen wir einen Stein in einen Teich, so können wir die sich von ihm ausbreitenden Kreiswellen so lange beobachten, bis sie ans Ufer stoßen. Werfen wir einen zweiten Stein an einer anderen Stelle des

Teichs ins Wasser, löst dieser genauso Wellenkaskaden aus. Treffen sich die Wellen der beiden Zentren, so durchdringen sie einander, überlagern sich und setzen ihre jeweilige Reise ungestört fort (Bild 12.1a).

Etwas ganz anderes geschieht mit Wellen in erregbaren Medien. Hier zieht eine Wellenfront unweigerlich einen Bereich „ausgebrannter Asche" hinter sich her – eine Region, die völlig resistent gegen jeden erneuten Erregungsversuch ist. Die Konsequenz ist zwangsläufig: Zwei sich begegnende Wellen in einem erregbaren Medium löschen sich gegenseitig aus (Bild 12.1b). Jede der Wellen versucht, in den von der anderen Welle zurückgelassenen Raum einzudringen. Solange sich aber die Nachhut der Wellen als refraktär widersetzt, ist dieser Versuch zum Scheitern verurteilt.

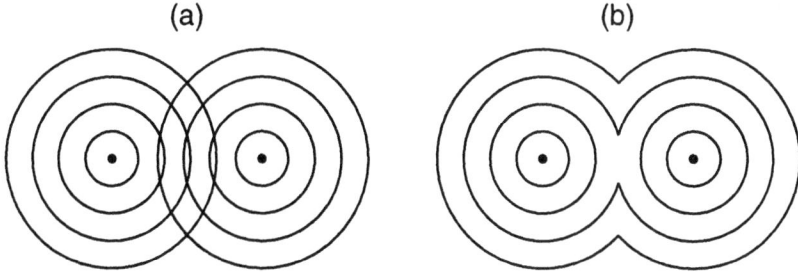

Bild 12.1: Diese schematische Darstellung zeigt die Unterschiede zwischen Wellen im Wasser (a), die sich überlagern und durchdringen, und den Wellen in einem erregbaren Medium (b), die sich gegenseitig auslöschen.

Die Immunität des Mediums gegen eine sofortige Neuerregung spielt eine Schlüsselrolle für die bizarren Musterbildungen dieser Systeme. Beispiele dafür haben wir im Bild 6.2 im Zusammenhang der Belousov-Zhabotinsky-Reaktion bereits kennengelernt. Neben den typischen Kreiswellen üben die in diesen Mustern immer wieder beobachteten Spiralstrukturen eine besondere Anziehungskraft aus. Spiralen sind ein wahrhaft universelles Muster der Natur, wir finden sie auf allen Größenskalen wieder: von der Helixstruktur der DNS über die Blattstellungen vieler Pflanzen oder den Formen unzähliger Schneckenhäuser bis hin zu den Spiralnebeln ferner Galaxien. Ihre Formen haben immer schon die Neugier aller Naturbeobachter gefesselt, von Archimedes bis zu Goethe. Kein Wunder also, daß diese perfekte und schöne Form auch die Chemiker begeisterte, als sie sie im Zusammenhang der erregbaren BZ-Reaktion entdeckten. Das Studium von Musterbildungen in erregbaren Medien ist heute fast ausschließlich ein Studium ihrer möglichen Spiralwellen.

Es ist längst nicht nur die BZ-Reaktion, die zum Künstler einer solchen Musterpracht wird. All diese Medien sind grundsätzlich in der Lage, mit ihren Erregungsmechanismen Spiralen zu erzeugen. Bild 12.2 zeigt ein ganz anderes Beispiel. Obwohl es dem Bild der BZ-Reaktion zum Verwechseln ähnlich sieht, handelt es sich um ein vollkommen unterschiedliches Medium: Es sind die Amöben eines Schleimpilzes, die sich hier auf ihrem Lebensweg zu Spiralen zusammentun.

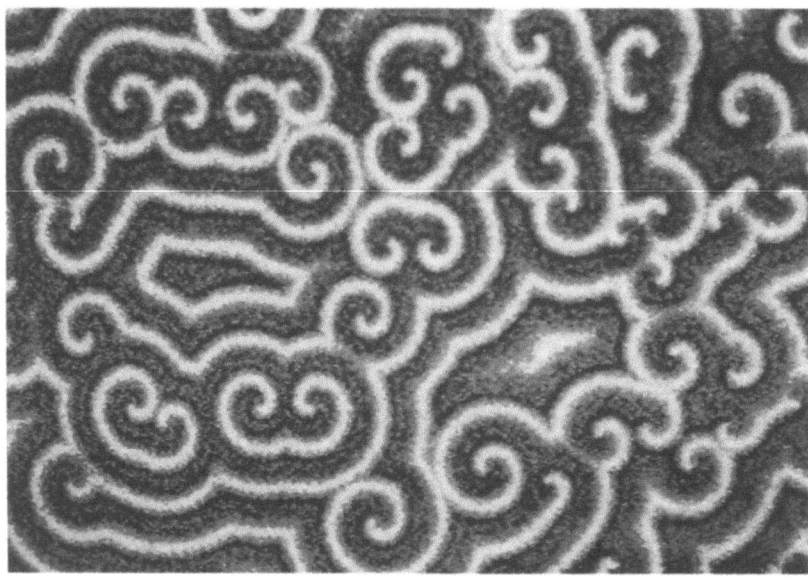

Bild 12.2: Die Amöben des Schleimpilzes *Dictyostelium discoideum* organisieren sich während ihrer Aggregationsphase zu Spiralmustern.

Dictyostelium discoideum, so der Name dieses Pilzes, ist sicherlich kein besonders attraktives Ausstellungsstück der Natur. Dennoch ist er unter Wissenschaftlern sehr populär geworden. Der Grund dafür liegt in seinem eigentümlichen Lebenszyklus. Er beginnt sein Dasein aus den Sporen eines Mutterpilzes als ein Haufen einzelner, auf sich selbst gestellter Zellen. Solange diese Zellen genug zum Fressen haben – sie ernähren sich von bestimmten Bakterien – sind sie mit ihrem Einzellerleben zufrieden. Geht ihr Nahrungsvorrat aber zur Neige, werden andere „Instinkte" in ihnen wach. Sie produzieren nun ein Hormon, zyklisches Adenosinmonophosphat (cAMP), das zu einer Art Botenstoff wird, mit dem sie zu den anderen Amöben Kontakt aufnehmen können. Läßt nämlich eine der Zellen plötzlich „Dampf" ab und schickt ihren Botenstoff mit einer einzigen kräftigen Entladung aus, animiert dies die benachbarten Amöben, ihrerseits cAMP auszuschicken und sich gleichzeitig in Richtung der Quelle dieser Botschaft zu bewegen. Auf diese Art aggregieren die ursprünglichen Einzeller zu einen noch undifferenzierten Zellhaufen, aus dem sich dann, wie von Zauberhand geleitet, ein vielzelliges, differenziertes Lebewesen entwickelt – ein neuer Pilz.

Die plötzliche Freigabe des cAMP ist die Erregungswelle, die durch das Medium zieht. Sehen kann man diese Wellen wie in Bild 12.2 deshalb, weil die Zellen einen kleinen Moment ihre Gestalt verändern, wenn sie sich auf den Weg zur Quelle ihrer Erregung machen und sich dabei auf bestimmte Weise ihre Lichtbrechungseigenschaften ändern. Einmal ihres Botenstoffes entledigt, sind auch die Zellen des Schleimpilzes immun gegen eine Neuerregung, zumindest solange, bis sie wieder genügende Mengen dieses Hormons produziert haben.

Wir könnten noch eine ganze Reihe weiterer Perlen auf der Kette erregbarer Medien auffädeln: In der Retina unseres Auges können elektrochemische Reaktionen die gleichen Wellenphänomene auslösen, mitsamt den typischen Spiralwellen, die übrigens hier im engen Zusammenhang mit Migräneanfällen zu stehen scheinen. Und selbst in so fernen Dimensionen der Weite des Universums scheint das Wechselspiel von Erregung und Refraktion zum Mustermacher von spiralförmigen Galaxien zu werden. Wir wollen hier nur noch auf ein weiteres Beispiel für diese Erregungswellen eingehen, nämlich auf die schon zu Beginn des Kapitels erwähnten elektrochemischen Wellen, die in jeder

Sekunde über unseren Herzmuskel laufen. Sie sind ein dramatisches Beispiel dafür, wie die Form der Muster (Kreise oder Spiralen) über Leben und Tod entscheiden können.

Um das Herz überhaupt als ein erregbares Medium zu identifizieren, war eine Menge Forschungsarbeit nötig, die zugrundeliegenden Mechanismen der Reizleitung durch unsere Nerven und Muskeln aufzudecken. Schon vor über 200 Jahren beobachtete Luigi Galvani, daß ein kleiner Stromfluß durch den Nerv eines Froschbeins seine Muskeln zum Zucken bringt. Nervenreizleitung mußte also etwas mit Elektrizität zu tun haben. Bis man jedoch verstand, daß Nerven etwa anderes sind als leitfähige Drähte, durch die ein Strom fließt, mußte man bis in die zweite Hälfte unseres Jahrhunderts warten. Ein spezielles Opfer dieser Bemühungen war übrigens der Tintenfisch, der immer wieder zu Experimenten für die Nervenreizleitung herhalten mußte. Sein zweifelhafter Vorteil ist es nämlich, über besonders lange und dicke Nervenstränge von einfacher Architektur zu verfügen, die vom Gehirn bis in seine gewaltigen Tentakeln hinein reichen. Alan Hodgkin und Andrew Huxley, die 1963 mit dem Nobelpreis für Medizin ausgezeichnet wurden, gehören mit zu den größten Pionieren auf dem Gebiet der Nervenreizleitung. Sie haben als erste ihre Dynamik in einer klaren und präzisen Sprache aufgeschrieben – in der Form mathematischer Differentialgleichungen. Eigentlich beschreiben diese Gleichungen nur das, was im riesigen Nerv des Tintenfischs vor sich geht, wenn ihm das Gehirn den Befehl gibt, Tinte zu verspritzen und sich aus dem Staub zu machen. Doch tatsächlich ist der Nerv des Tintenfisches ein Analogon auch für uns Menschen und unsere Nervenreizleitung.

Ein Reiz, der durch unsere Nerven transportiert wird, wird im Grunde in gleicher Form von einer Nervenzelle – einem Neuron – zur nächsten weitergegeben. Deshalb kommt ein Nervenimpuls am Ende auch in der gleichen Stärke an, mit der er losgeschickt wurde. Hat der Nerv nichts zu tun, sind die Nervenzellen in ihrem Innern negativ geladen, dies ist die Phase des sogenannten Ruhepotentials. Wird ein Reiz losgeschickt, dreht sich die Ladung der Neuronen um; ein Aktionspotential wird auf die Reise geschickt. Die unterschiedliche elektrische Ladung wird durch die Diffusion von Ionen von einer Zelle zur nächsten weitergegeben. Erst wenn das Aktionspotential wieder genügend abgeklungen ist, ist das Neuron für eine erneute Reizverarbeitung bereit. Wir haben also auch hier alle Ingredienzen eines erregbaren Systems: eine Ruhephase, aus der heraus die räumlich verteilten Komponenten erregt werden können, und eine notwendige Erholungsphase, in der sie für eine neue Reizung immun sind.

Auch unser Herzschlag wird von solchen elektrochemischen Wellen regiert, die durch den Herzmuskel wandern. Bild 12.3 veranschaulicht in einer einfachen Darstellung die verschiedenen Komponenten des Herzens: Das Herz ist ein in zwei Hälften geteilter Hohlmuskel aus speziellem Muskelgewebe, dem Myocard. An den Vorhöfen (Atria) ist diese Muskelschicht sehr dünn, erreicht aber an der linken Kammer (Ventrikel) eine Dicke von etwa 1 cm. Im Normalfall des gesunden Herzens ist sein Schrittmacher der Sinusknoten in der Herzvorderwand. (Nur wenn dieser ausfällt, gibt der Vorhofknoten mit einer niedrigeren Pulszahl den Takt an.) Über spezielle nervenähnliche Muskelfasern, den Purkinje-Fasern, die den Herzmuskel auf seiner Innenseite durchziehen, schickt der Sinusknoten regelmäßig elektrische Impulse aus. Die elektrischen Ströme ziehen so schnell durch diese Fasern, daß die

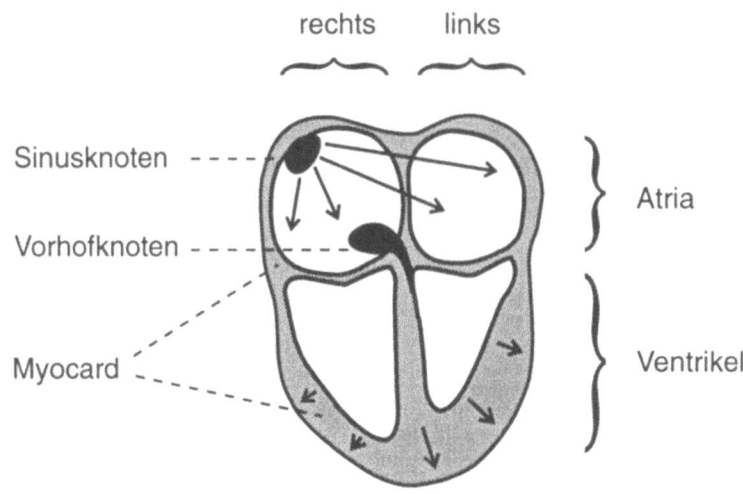

Bild 12.3: Schematische Darstellung des Herzens

gesamte Innenseite des Muskels quasi simultan erregt wird. Diese Erregung pflanzt sich dann in Form einer Welle von der Innenseite des Muskels nach außen fort. Alle Zellen, die von der Welle erfaßt werden, ziehen sich zusammen und bewirken so die Kontraktion und damit die Pumpleistung des gesamten Herzens.

Genau wie in allen anderen erregbaren Medien, können diese (normalerweise) geordneten Wellen aufreißen – beispielsweise wenn sie nach einem Infarkt auf abgestorbenes Gewebe stoßen – und zu Spiralwellen führen. Spiralwellen erregen die Zellen aber mit der höchstmöglichen Frequenz: Sobald die Zellen sich nach ihrer Refraktärzeit erholt haben, werden sie sofort wieder von der Erregungswelle erfaßt. Eine Spiralwelle im Herzmuskel zieht daher einen extrem schnellen Herzschlag nach sich, der die Vorstufe des lebensgefährlichen Zustands der Fibrillation darstellen kann. Der Sinusknoten als normaler Taktgeber spielt keine Rolle mehr, die Spirale übernimmt die alleinige Herrschaft über den Herzschlag. Alle Zellen arbeiten auf ihrer höchsten Leistungsstufe. Gleichzeitig aber laufen, da sich die einzelnen Muskelschichten nicht mehr simultan zusammenziehen, die Kontraktionen des Herzens völlig unkoordiniert und damit nicht mehr effizient ab. Gerät das Organ nicht innerhalb weniger Minuten wieder in Takt, führt dies unmittelbar zum Tod. Etwa 10 % aller Todesfälle sind auf diesen „plötzlichen Herztod" zurückzuführen, er ist damit eine der häufigsten Todesursachen unserer Zeit.

Bild 12.4 zeigt die möglichen dramatischen Konsequenzen anhand eines EKGs, das die Kurve des immer mehr aus dem Takt geratenen Herzschlags eines Patienten in den letzten Minuten seines Lebens aufgezeichnet hatte: Der normale Herzschlag wird plötzlich durch eine sehr hochfrequente Schwingung (Tachycardia) abgelöst, die nach wenigen Minuten in eine völlig irreguläre und kaum noch meßbare Herzaktivität (Fibrillation) übergeht. Ein Arzt, der einem fibrillierenden Patienten gegenübersteht, wird alles tun, um die dramatische Störung zu beseitigen, beispielsweise durch einen kontrollierten Stromschlag aus einem Defibrillator. Dieser wirkt auf den gesamten Herzmuskel in dem Moment wie das „Drücken eines Resetknopfs", der die ungewollten Wellenstrukturen zerstört und Platz für die normalen Strukturbildungen schafft.

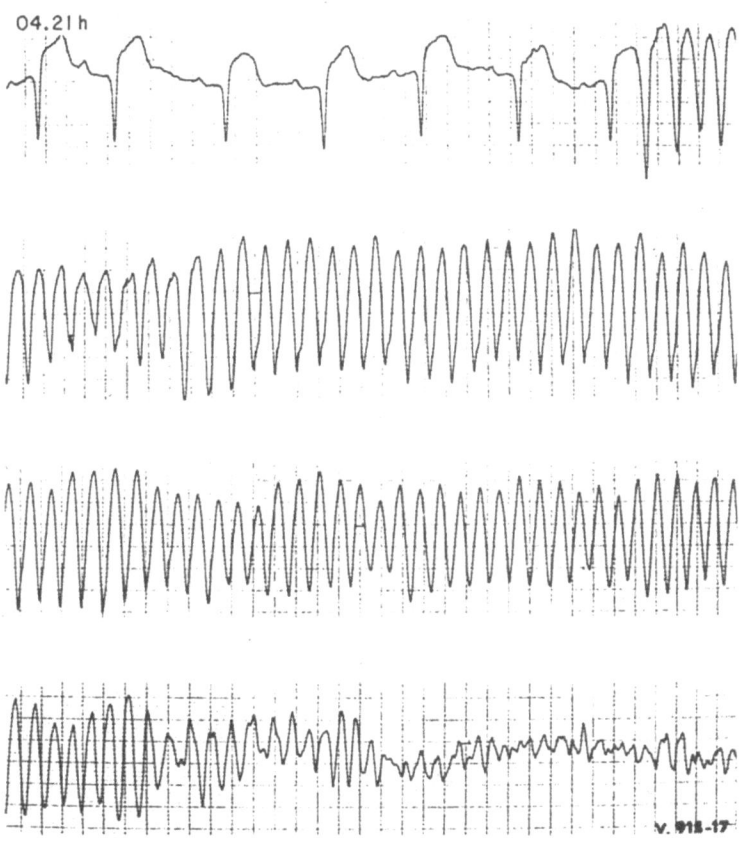

Bild 12.4: Ein tragbares EKG zeichnete die Herzaktivität eines Patienten während seines plötzlichen Herztodes auf.

Die Theorie der erregbaren Medien hat übrigens dieses mögliche Zusammenkommen von dramatischen Rhythmusstörungen des Herzens mit der Ausbildung spiralförmiger Muster schon früh proklamiert. Überzeugende experimentelle Bestätigung fand diese kühne Hypothese allerdings erst in den letzten Jahren, wie beispielsweise durch Arbeiten von Forschern aus dem Labor von José Jalife an der Universität von Syracuse (Bild 12.5).

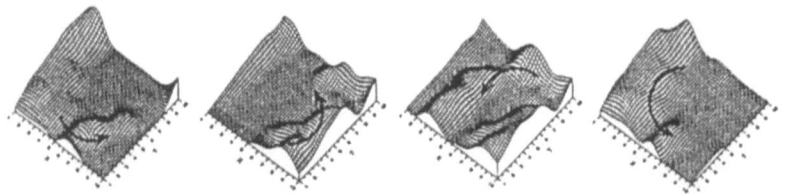

Bild 12.5: In einer speziell präparierten Gewebeschicht eines Schafherzens läßt sich im Experiment eine spiralförmig rotierende Welle beobachten. x und y kennzeichnen die räumlichen Koordinaten des Gewebeausschnitts, die Höhenkoordinate korrespondiert zu unterschiedlichen Werten der elektrischen Spannung. Die Zahlen unter den Bildausschnitten geben die Zeit in Millisekunden an.

Was bringt das Herz so unerwartet aus seinem gewohnten Takt? Wie kommen Spiralen auf dem Herzmuskel spontan zustande? Und wie können sie wieder aufgelöst werden, damit das Herz zu seiner normalen Funktion zurückfindet? Lassen sich Medikamente designen, die die Ausbildung solcher lebensgefährlichen Muster verhindern? Dies sind wichtige Fragen, im wahrsten Sinne des Wortes lebenswichtige. Von endgültigen Antworten sind wir dabei immer noch weit entfernt. Doch angesichts ihrer Bedeutung ist es kein Wunder, wenn sich überall auf der Welt zahlreiche Forscher noch Jahrzehnte nach der Entdeckung der BZ-Reaktion auf die Spuren der Musterbildung in erregbaren Medien begeben.

12.3 Wettlauf um die beste Theorie

Auf der Suche nach Antworten zu einer solch umfangreichen Fragenliste, wie wir sie hier beschrieben haben, ist die Theoriebildung ein entscheidender Wegweiser. Sie kann versuchen, Hypothesen über die grundlegenden Mechanismen aufzustellen, die die beobachteten Musterbildungen initiieren und kontrollieren. Die von Hodgkin und Huxley entworfenen Differentialgleichungen waren eine der ersten mathematisch exakt formulierten Gleichungen zur Beschreibung solcher Erregungsphänomene. Ähnliche Gleichungen für die in der Belousov-

Zhabotinsky-Lösung ablaufenden Reaktionen und Wechselwirkungen oder die des Schleimpilzes *Dictyostelium* folgten ihnen Jahre später.

Die Komponenten eines erregbaren Systems werden von verschiedenen Kräften angetrieben. Zum einen hat jede einzelne von ihnen ein ganz eigenes Aktionsrepertoire, das ihr vorgibt, wie sie auf einen bestimmten Reiz reagiert – dies sind die Reaktionskräfte des Systems. Zum anderen werden in einem erregbaren Medium Signale – ein Aktionspotential, Ionen oder chemische Stoffe – von einer Komponente zur anderen transportiert, dies geschieht etwa über die zufällige Bewegung von Molekülen, also über Diffusion. Das Wechselspiel typischer Reaktions- und Diffusionskräfte findet sich in allen erregbaren Medien wieder. Die Reaktionskräfte lassen sich durch die zeitliche Veränderung gewisser Konzentrationen oder elektrischer Spannungen beschreiben, also über zeitliche Ableitungen entsprechender Variablen. Hingegen kann die Diffusion nur über eine räumliche Veränderung der Variablen ausgedrückt werden. Die notwendigen mathematischen Gleichungen erregbarer Medien enthalten also notgedrungen sowohl zeitliche als auch räumliche Ableitungen und sind damit partielle Differentialgleichungen.

Auf den ersten Blick sehen all diese theoretischen Konstrukte sehr verschieden aus. Im Zusammenhang der Nervenreizleitung übernehmen die Variablen und Funktionen die Rolle von Ionenkanälen und elektrischen Potentialen. Für die BZ-Reaktion dagegen fassen zahlreiche Gleichungen die detaillierten Reaktionsschritte der beteiligten Stoffe zusammen. Doch inzwischen ist es den Forschern gelungen, die Gemeinsamkeiten der verschiedenen Modelle herauszufiltern. Fast jedes dieser individuellen und komplizierten Gleichungssysteme läßt sich durch eine allgemeine Differentialgleichung von nur zwei verschiedenen Variablen vereinfachen – was das Leben für die Theoretiker unter den Musterforschern natürlich ungeheuer erleichtert. Diese beiden Größen sind nichts anderes als eine sogenannte Erregungsvariable u und eine Erholungsvariable v. Der Kasten 12A zeigt, wie die genaue Form der Reaktions- und Diffusionsgleichungen in erregbaren Medien aussieht.

Wir wollen uns hier nicht in der harten Mathematik verlieren, die man anstellen muß, um aus diesen Gleichungen auch nur irgendeine

Kasten 12A
Die kontinuierlichen Gleichungen erregbarer Medien

Zwei Größen – eine Erregungsvariable u und eine Erholungsvariable v – regieren die Wellenausbreitung in erregbaren Medien gemäß folgenden allgemeinen Gleichungen:

$$\frac{\partial u}{\partial t} = D_u \nabla^2 u + f(u,v)$$

$$\frac{\partial v}{\partial t} = D_v \nabla^2 v + \varepsilon \cdot g(u,v).$$

D_u und D_v geben die Diffusionsgeschwindigkeiten der jeweiligen Variablen an ($D_u \neq 0$, D_v kann auch den Wert 0 haben). Je nach betrachtetem Medium haben diese Konstanten unterschiedliche Werte. Das grundlegende Reaktionsgeschehen in einem erregbaren Medium wird in den Gleichungen über die zwei Funktionen f und g beschrieben. Auch diese Funktionen sehen in verschiedenen Systemen unterschiedlich aus. Ihren typischen Verlauf zeigt Bild 12.8a.

Das mathematische Symbol ∇^2 steht für den sogenannten Laplace-Operator, in den die räumlichen Ableitungen der Variablen eingehen und der die Diffusion beschreibt. In einem zweidimensionalen Raum ist der Laplace-Operator nichts anderes als die Summe der zweiten partiellen Ableitungen (bezüglich der Raumkoordinaten x und y), also

$$\nabla^2 u = \frac{\partial^2 u}{\partial x^2} + \frac{\partial^2 u}{\partial y^2}.$$

Eine wichtige Rolle in den obigen Gleichungen nimmt der Parameter ε ($\varepsilon > 0$) ein. Er steht für einen sehr kleinen Wert und drückt damit aus, daß sich die Erholungsvariable v zeitlich sehr viel langsamer verändert als die Erregungsvariable u.

nützliche Information herauszubekommen. Eine exakte Lösung ist in den meisten Fällen selbst mit den kunstvollsten mathematischen Tricks nicht zu bekommen. Um ihr Verhalten kennenzulernen und ihrer Lösung auf die Spur zu kommen, hilft nur ihre Diskretisierung und anschließende numerische Berechnung mit dem Computer.

Solche Computersimulationen zeigen tatsächlich die gewünschten Wellenmuster, die man in der Realität beobachtet. In einem Punkt aber läßt die hohe Schule dieser Theorie ihren Betrachter völlig im Regen stehen: Sie gibt ihm auch nicht das leiseste intuitive Verständnis dafür, was wirklich passiert. Der Mathematiker kann beweisen, daß Spiralen tatsächlich eine Lösung dieser Gleichungen darstellen, er kann uns mit Computersimulationen überschütten, die eine nach der anderen Spiralen erzeugt – doch ein wirkliches Gefühl, warum diese merkwürdigen Formen entstehen, bekommen wir dadurch noch lange nicht. Die Mathematik konfrontiert uns mit einer mächtigen und sicherlich eleganten Technik, die aber – gerade bei ihren nicht so glühenden Anhängern – eher ein gewisses Unbehagen wachruft. Um etwas tief in unserem Innern zu verstehen, brauchen die meisten von uns mehr als einen formalen mathematischen Beweis, unser gesunder Menschenverstand muß ebenfalls überzeugt werden.

Genau an dieser Stelle mischten sich schon frühzeitig die zellulären Automaten in das Geschehen um die Wellenausbreitung in erregbaren Medien ein. Mit einem fast schon frechen Selbstbewußtsein stellten sie sich mit einfachsten Regeln den komplizierten mathematischen Gleichungen gegenüber. Ihre Erfinder vergaßen einfach alle Details um chemische Konzentrationen, Diffusionskonstanten und die Gesetze des Ionenaustausches an der Zellmembram. Für sie gab es nur drei wirklich interessante Zustände der erregbaren Medien: Sie konnten in ihrem inaktiven Ruhezustand sein oder erregt werden, um danach zwangsläufig refraktär zu werden. Damit erschien für die ersten Erfinder einfacher zellulärer Automaten alles Notwendige für diese Medien gesagt zu sein.

Eines der bekanntesten Modelle von Greenberg, Hassard und Hastings stieß Ende der siebziger Jahre in der wissenschaftlichen Öffentlichkeit auf viel Interesse. Sie waren jedoch längst nicht die einzigen, die mit solchen Konstrukten experimentierten. Es gab schon Jahrzehnte vorher ähnlich einfache Modelle im Zusammenhang der Reizleitung im

Gehirn und auch im Herzen. Der berühmte Mathematiker Norbert Wiener hatte schon 1945 zusammen mit dem mexikanischen Kardiologen Arturo Rosenblueth die Möglichkeit rotierender Spiralen mit einem ähnlich einfachen Modell vorgeführt.

Greenberg und seine Kollegen beschrieben ihr erregbares Medium durch ein simples zweidimensionales, rechteckiges Gitter von Zellen. Andere bevorzugten ein hexagonales Gitter, in dem jede Zelle sechs mögliche Nachbarn hat. In der einfachsten Version dieses Automaten kann sich jede Zelle nur in einem von drei verschiedenen Zuständen befinden: Der Wert 0 steht für den Ruhezustand der Zelle, der Wert 1 für den erregten und der Wert 2 für den refraktären Zustand. Die Spielregeln des Automaten leiten sich direkt aus der intuitiven Vorstellung über den Ablauf der Erregungswellen ab: Eine 0-Zelle kann angeregt werden, wenn einer ihrer Nachbarn selbst erregt ist. Hat sie so den Wert 1 erreicht, wird sie zwangsläufig im nächsten Zeitschritt refraktär, nimmt also den Zustand 2 an. Von diesem Zustand erholt sie sich innerhalb eines Zeitschritts, kehrt zum Ruhezustand (0) zurück und wartet auf eine mögliche Neuerregung. Für eine etwas komplexere Wiedergabe des Reaktionsgeschehens erregbarer Medien kann die Anzahl der refraktären Zustände ohne Probleme erhöht werden. Der Kasten 12B stellt die Regeln für diese erweiterte Version des sogenannten Greenberg-Hastings-Automaten vor.

Angesichts der komplexen Dynamik der erregbaren Medien sind diese Regeln wahrlich ungeheuer einfach – doch sie bringen es tatsächlich fertig, Wellen zu erzeugen. Startet man mit nur einer erregten Zelle in der Gittermitte, so muß man nicht einmal einen Computer bemühen, um einzusehen, daß sich von diesem Zentrum eine Erregungswelle gleichmäßig nach außen ausbreitet. Was aber ist mit Spiralen? Die typische Ausgangssituation einer Spirale im Experiment ist eine auseinandergerissene Wellenfront. Bild 12.6 zeigt, was aus einer solchen Startbedingung heraus geschieht. Die erregte Front beginnt tatsächlich, sich um das offene Ende zu wickeln und nach einiger Zeit eine deutliche Spirale auszubilden. Diese Wellen haben allerdings nichts von der runden Form an sich, die in der Wirklichkeit beobachtet wird, sondern spiegeln direkt die geometrische Gestalt des Gitters und der Nachbarschaft einer Zelle – hier also ein Viereck – wider.

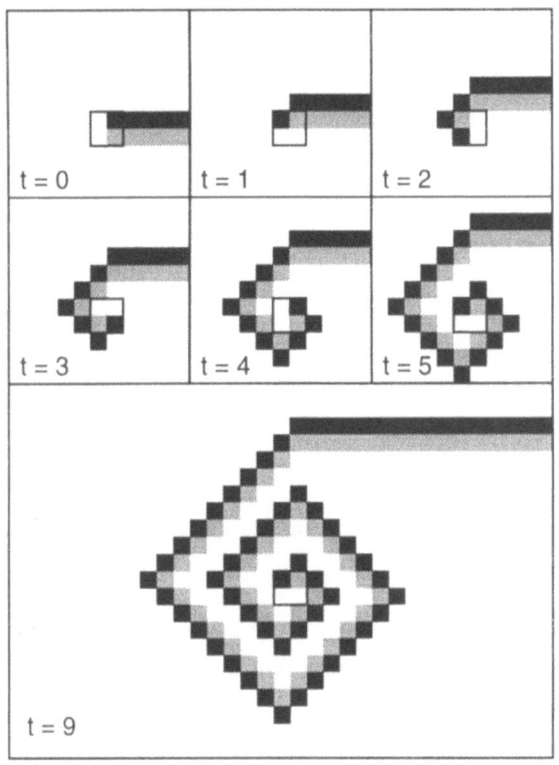

Bild 12.6:
Der Greenberg-Hastings-Automat führt schon mit einem einzigen refraktären Zustand zu den typischen Mustern erregbarer Medien: Aus einer abgebrochenen Wellenfront entstehen aus dem Wechselspiel zwischen erregten (schwarzen) und refraktären (grauen) Zellen Spiralen.

Dieses Modell ist so simpel, daß jeder Betrachter sofort nachvollziehen kann, warum es zu Spiralen kommt: Da das Medium um das offene Ende der Wellenfront herum erregt werden kann, muß sich die Erregungswelle zwangsläufig um diese Spitze wickeln. Da aber direkt an dieser Spitze ständig refraktäre Zellen im Weg sind, kann sich ihr offenes Ende dort niemals wieder mit dem Rest der erregten Front zusammenschließen. Übrig bleibt nur die Möglichkeit der ewig kreisenden Spirale.

Solche einfache Automaten boten ihrem wissenschaftlichen Publikum eine überzeugende, intuitive Einsicht, warum Spiralen entstehen und was die absoluten Grundessenzen für ihre eigentümliche Geburt sind, nämlich nichts anderes als das Wechselspiel zwischen einem

> **Kasten 12B**
> **Der Greenberg-Hastings-Automat**
>
> **Zellraum:** zweidimensionales, rechteckiges $n \times m$-Gitter.
>
> **Nachbarschaft:** von-Neumann-Nachbarschaft.
>
> **Randbedingungen:** periodisch.
>
> **Zustandsmenge:** $\{0,1,2,...,R\}$,
> wobei 0 den Ruhezustand, 1 den erregten und die Werte 2 bis R einen refraktären Zustand der Zellen des erregbaren Mediums darstellen.
>
> **Zustandsentwicklung:**
>
> $$z_{ij}(t+1) = \begin{cases} 0, & \text{wenn } z_{ij}(t) = 0 \text{ und } S_{ij}(t) = 0 \\ 0, & \text{wenn } z_{ij}(t) = R \\ z_{ij}(t) + 1, & \text{sonst.} \end{cases}$$
>
> $S_{ij}(t)$ gibt die Anzahl aller Zellen mit dem Zustandswert 1 in der Nachbarschaft der Zelle (i,j) zum Zeitpunkt t an, d.h.
>
> $$S_{ij}(t) = \#\{(k,l) \in N_{ij} \mid z_{kl}(t) = 1\}.$$

erregten und einem refraktären Bereich. Natürlich ist der gleiche Mechanismus auch hinter den komplizierten Differentialgleichungen verborgen, jedoch sehr viel versteckter. Legt man die Meßlatte für ein gutes Modell allein auf die intuitive Überzeugungskraft, so gingen die zellulären Automaten in den Augen vieler als klarer Punktsieger aus dem Rennen.

Doch dieser Anspruch ist längst nicht der einzige, den die erregbaren Medien an die Wissenschaft stellen – es ist tatsächlich nur ein winziger Teil des Anforderungskatalogs. Man will die Wellen der erregbaren Medien schließlich nicht nur bewundern, sondern sie beeinflussen und kontrollieren – um beispielsweise ein außer Takt geratenes Herz wieder zur Ordnung zu rufen. Hierzu genügt es nicht, zu verstehen, daß die Muster zustande kommen, sondern man will auch die Gesetze kennen, nach denen sie sich durch das Medium bewegen. Aus zahlreichen Experimenten wußten die Forscher, daß die Wellen in diesen Medien eine große Individualität an den Tag legen können: Unterschiedliche erregbare Medien führen beispielsweise auch zu unterschiedlichen Spiralwellen, die sich etwa in ihrer Geschwindigkeit und Umlaufzeit voneinander unterscheiden – die Eigenschaften einer Spirale hängen wesentlich von dem Medium selbst ab. Außerdem umkreist jede dieser Spiralen ein Zentrum gewisser kritischer Größe, in dessen Inneres die Spiralwelle nie eintreten kann. Auch die Größe dieses „Spiralkerns" scheint typisch für ein spezielles Medium zu sein. Ein weiteres seltsames Phänomen, das die Experimente zeigten und die Theorie erklären sollte, war das der sogenannten mäandernden Wellen: Spiralen, die nicht fest an ihrem Dreh- und Angelpunkt verwachsen sind, sondern auf eigentümlichen Bahnen durch das Medium wandern.

Um diese Charakteristika der Wellen erregbarer Medien widerzuspiegeln, bieten die einfachen zellulären Automaten keinerlei Angriffspunkt. Für diese Automaten gilt schlicht und ergreifend „Welle ist gleich Welle" – wenn man von dem grundsätzlichen Unterschied zwischen Spiral- und Kreiswellen einmal absieht. Jede Spirale dreht sich in diesen Zellgittern mit gleicher Geschwindigkeit um sich selbst – egal ob das Modell den Herzmuskel, die BZ-Reaktion oder die Zellaggregation des Schleimpilzes beschreibt – und sie bleibt auch für alle Zeit fest an ihren Ort gebunden. Die Lösungen der komplizierten Differentialgleichungen zeigten dagegen nicht nur all die gewünschten Feinheiten im Verhalten verschiedener Wellen, sondern sie deckten darüber hinaus auch tatsächlich die entscheidenden Grundlagen für diesen Variantenreichtum auf.

Eine der tragenden Rollen der Musterbildungen nehmen, so zeigte es die kontinuierliche Theoriebildung, zwei Schlüsselbegriffe ein: Krümmung und Dispersion. Vor allem in zweidimensionalen Medien konnte die Theorie mit diesen beiden Elementen zwei der wichtigsten Eigenschaften der Erregungswellen formulieren. Die Ausbreitungsgeschwindigkeit einer Welle in einem erregbaren Medium hängt unmittelbar vom

Grad ihrer lokalen Krümmung ab. Eine konvexe (negativ gekrümmte) Front breitet sich langsamer aus als eine konkave (positiv gekrümmte). Maß aller Dinge ist hierbei die Geschwindigkeit c der ungekrümmten, planaren Wellenfront in dem Medium. Eine beliebige Welle, die irgendwie gekrümmt ist, hat an jedem Ort der Wellenfront eine eigene Normalgeschwindigkeit N (das ist genau die Geschwindigkeit in senkrechter Richtung), und diese hängt auf einfache Weise mit der planaren Geschwindigkeit zusammen. Es gilt nämlich in erster Näherung:

$$N = c + D_u \cdot K,$$

wobei D_u der Diffusionskoeffizient der Erregungsvariablen u ist (dessen Wert von den speziellen Eigenschaften des jeweils untersuchten Mediums bestimmt wird) und K die Krümmung der Welle beschreibt. Mit raffinierten mathematischen Methoden, die Mathematiker und Physiker unter dem Namen singuläre Störungstheorie kennen, kann man diese „Krümmungsgleichung" herleiten (die in dieser Form natürlich nur für zweidimensionale Medien gültig ist).

Eigentlich aber formalisiert diese mathematische Gleichung nur etwas, was auch intuitiv einleuchtet (Bild 12.7): Eine positiv gekrümmte Wellenfront kann von mehreren Seiten die vor ihr liegenden Teilchen erreichen. Daher kann sich eine solche Erregungswelle schneller ausbreiten als eine planare Front. Ist eine Welle negativ gekrümmt, wie etwa alle Kreiswellen, bekommt das Medium vor ihr nur ein Bruchteil

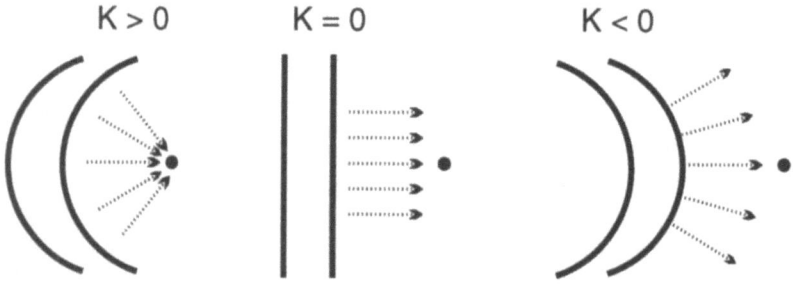

Bild 12.7: Unterschiedlich gekrümmte Wellenfronten beeinflussen das vor ihnen liegende Medium auf verschiedene Weise.

dieser Erregung ab, weil es insgesamt von der Front weniger gut erreicht wird. Die Kreiswelle wird im Vergleich zur planaren Welle langsamer. Die Krümmungsgleichung erklärt auch auf elegante Weise, warum sich kleinere Kreise langsamer ausbreiten als größere und warum überhaupt die Ausbreitungsgeschwindigkeit der Wellen von einem Medium zum anderen völlig unterschiedlich sein kann, da sie vom Diffusionskoeffizienten des Mediums kontrolliert wird. Die Krümmungsbeziehung wurde zuallererst durch die Theorie geliefert, spätere Experimente konnten sie bestätigen.

Die zweite magische Größe im Verhalten der Erregungswellen ist die Dispersionsbeziehung. Sie kann man sowohl aus den theoretischen Gleichungen herleiten, als auch experimentell messen. Der Grundgedanke dabei ist der folgende: Regt man ein Medium in bestimmten Zeitabständen immer wieder künstlich an, so hängt die Ausbreitungsgeschwindigkeit der Wellen empfindlich von der Pause zwischen den aufeinanderfolgenden Reizen ab. Je schneller die Wellen „getriggert" werden, wie Wissenschaftler diese Art der Reizung nennen, desto langsamer können sie sich durch das Medium fortsetzen. Auch dieser Zusammenhang leuchtet sofort ein: Je schneller eine Neuerregung folgt, desto mehr erwischt die neue Welle noch von der refraktären Nachhut ihrer Vorgängerin. Sie kann also den vor ihr liegenden Bereich nur sehr viel mühsamer erregen, als wenn sie etwas später gestartet wäre.

Eine Spiralwelle, die ständig um ihr Zentrum rotiert, triggert sich gewissermaßen selbst – ihre „Triggerperiode" ist nichts anderes als ihre eigene Umlaufzeit. Die Spirale muß sich daher mit genau der Geschwindigkeit bewegen, die die Dispersionsbeziehung ihr für diese spezielle Triggerperiode erlaubt. Da jede Spiralwelle außerdem eine gekrümmte Wellenfront darstellt, wird ihr Verhalten nicht nur von der Dispersion, sondern ebenso von der Krümmungsbeziehung beeinflußt und kontrolliert.

Eine ernsthafte Theorie für die Anregungswellen ist ohne diese grundlegenden Gesetze nicht vorstellbar. In den einfachen zellulären Automaten kann man von solchen Beziehungen nur träumen. Ihre simplen Regeln sind nicht in der Lage, solche Abhängigkeiten widerzuspiegeln. Für die Theoretiker war aus diesen und anderen Argumenten (beispielsweise dem Fehlen mäandernder Wellen) das Urteil klar: Einfache zelluläre Modelle taugen nicht für die Theoriebildung der Wellenausbreitung in erregbaren Medien. Am allerdeutlichsten brachte dies Arthur Winfree, einer der renommiertesten Biomathematiker in diesem Feld, in seinem Buch „When Time Breaks Down" 1986 in einem Plädoyer für kontinuierliche Modelle zum Ausdruck. Er listete sechs klare Argumente wie die oben genannten auf, die eindeutig dafür sprachen, kontinuierliche Modelle zu benutzen. Die einfachen zellulären Automaten schienen ihre Schuldigkeit getan zu haben – sie hatten jeden mit einer überzeugenden Intuition versorgt. Doch nun konnten sie abtreten von der Theoriebühne und ihren reiferen und mächtigen Kollegen, den partiellen Differentialgleichungen, das Feld überlassen.

Die Sache hat nur einen Haken: So schön und elegant, so reif und mächtig die kontinuierlichen Gleichungen auch sind, ist es unmöglich, sie exakt zu lösen. Um das ganze Verhaltensrepertoire dieser Modelle kennenzulernen, ist man daher auf ihre numerischen Simulationen angewiesen, die sich aber auch als sehr aufwendig und schwierig darstellen. Es gibt einen besonderen Grund, warum sich die Differentialgleichungen der erregbaren Medien so widerspenstig gegenüber ihrer „numerischen Zähmung" erweisen: Da sich die Erregungsvariable (u) im Verhältnis zu der zweiten Variablen extrem schnell ändert (Mathematiker nennen dieses Phänomen die „Steifheit der Differentialgleichung"), muß jede Diskretisierung ungeheuer fein sein, um richtige Ergebnisse zu produzieren. Die Rechenzeiten auf den Computern sind entsprechend lang. Außerdem wußten die Theoretiker genau, daß sie nicht nur mit zweidimensionalen Modellen experimentieren durften. Fast alle betrachteten Medien – insbesondere auch der Herzmuskel – breiten sich tatsächlich über einen dreidimensionalen Raum aus. Aufwendige Diskretisierungen partieller Differentialgleichungen in einem dreidimensionalen Raum sind aber selbst für modernste Supercomputer eine wahre Sisyphusarbeit und nur in Teilen von Erfolg gekrönt.

Die ganze Theoriebildung um die erregbaren Medien schien in eine Sackgasse zu geraten: Realistische Simulationen mit den komplizierten Differentialgleichungen zeigten nur einen begrenzten Erfolg – vor allem im dreidimensionalen Raum. Die zellulären Automaten waren zu einfach, um einen relevanten Beitrag leisten zu können. Doch in all seiner Kritik an den zellulären Modellen hatte Winfree selbst bereits die mögliche Alternative angedeutet: Das Hauptproblem für die mangelnde Detailtreue der zellulären Automaten im Bereich erregbarer Medien lag allein daran, daß ihr Regelsystem das tatsächliche Geschehen der Systeme viel zu vereinfacht darstellte. Konnten also realistischere Entwicklungsregeln eine Wiedergeburt der Automaten in diesem aktuellen Forschungsfeld einläuten?

In genau dieses wissenschaftliche Klima fielen gegen Ende der achtziger Jahre zelluläre Automaten, die für ganz andere Anwendungsbeispiele entwickelt worden waren und die dort mit subtilen Regelsystemen überraschend natürliche Muster präsentierten, denen man ihren Ursprung aus einer vollkommen eckigen Gitterwelt kaum noch ansah. Nicht zuletzt die Misch-Masch-Maschine erregte in diesem Zusammenhang einiges Aufsehen. Wie wir bereits bei ihrer Vorstellung im Kapitel 6 erwähnten, war die Ähnlichkeit ihrer Muster zu denen der BZ-Reaktion frappierend. Ihre Wellen und Spiralen hatten, wie ein Blick auf die Farbtafel 5 beweist, nichts mehr mit den eckigen Formen der Automaten von Greenberg, Hastings & Co zu tun. Die Misch-Masch-Maschine imitierte etwas, wofür sie ursprünglich gar nicht gemacht war. Allerdings war die Parallelität zwischen ihrer grundlegenden Idee eines Infektionsprozesses und der sich ausbreitenden Anregung in den erregbaren Medien für jeden ersichtlich. Vielleicht ließ sich also mit Regeln ähnlich zu denen der Misch-Masch-Maschine das Verhalten dieser Medien so weit abbilden, daß auch die zellulären Automaten wieder etwas zur ernsthaften Theoriebildung beitragen konnten.

Einen der engagiertesten Theoretiker im Bereich der erregbaren Medien, John Tyson aus den USA, ließ diese Idee nicht mehr los. Er lud uns zu einem einjährigen Forschungsaufenthalt an seine Universität ein, um mit vereinten Kräften gemeinsam das Ziel zu verfolgen, einen Automaten als Modell der erregbaren Medien zu präsentieren, der nicht nur von den Wissenschaftlern ernst genommen, sondern der auch wirkliche Impulse zur Theoriebildung geben sollte. Mit Sack und Pack siedelten wir also in die Blue Ridge Mountains von Virginia um. Neben Square-Dance und dem Schnitzen perfekter Halloween-Kürbisse lernten wir eine Menge über die seltsamen Musterbildungen in erregbaren Medien und ihre Mechanismen. In enger Anlehnung an die kontinuierlichen Modelle entstand während dieser Zeit ein zellulärer Automat, der es tatsächlich aufnehmen konnte mit den so etablierten kontinuierlichen Modellen der partiellen Differentialgleichungen.

12.4 Ein Modell für ein Modell

Eine leicht modifizierte Kopie der Misch-Masch-Maschine oder gar sie selbst konnte nicht genügen, um die Skepsis der Theoretiker gegenüber den Automaten zu überwinden. Im Regelwerk der Misch-Masch-Maschine fehlten zu viele Details der für die erregbaren Medien typischen Mechanismen. Die so wichtige Refraktärzeit beispielsweise konnte dieser Automat selbst bei gutwilliger Interpretation nur durch einen einzigen Zeitschritt – der Dauer der Krankheitsphase der Zellen – wiedergeben. Ein fein abgestimmtes Wechselspiel von Erregung und Immunität, wie es in der Dispersionsbeziehung der erregbaren Medien zum Ausdruck kommt, ist mit solchen Entwicklungsgesetzen einfach ausgeschlossen. Für die Neuauflage eines „erregbaren Automaten" mußten auch neue Regeln her.

Entgegen des üblichen Weges der Modellierung eines natürlichen Systems suchten wir den Startpunkt des zellulären Automaten diesmal nicht in den erregbaren Medien selbst. Warum sollten wir uns erst bemühen, die Essenz der wichtigsten Mechanismen aus all diesen verschiedenen Systemen herauszuziehen, um sie dann durch ein einheitliches Regelwerk in den Rahmen eines allgemeinen zellulären Automaten zu stecken? Diese Arbeit hatten etliche Theoretiker bereits erfolgreich geleistet und aus den vielen mathematischen Modellen dieser Systeme ein Paar partieller Differentialgleichungen extrahiert, die die Ausbreitung der Erregungswellen befriedigend simulierten. Wenn ein zellulärer Automat dieses mathematische Modell nachbildete, hätte er auch alles Wesentliche der erregbaren Medien selbst erfaßt, und jeder Theoretiker würde anstandslos seine Qualitäten anerkennen. Unser Ziel war es also, ein Modell von einem Modell zu machen.

In Ermangelung eines phantasievollen Namens nannten wir den Automaten, den wir entwickelten „GST-Automat" – nach den Initialen unseres Dreierteams. Sein Zellgitter und seine Nachbarschaftsstruktur sind gegenüber der Misch-Masch-Maschine unverändert. Aber schon die Zustandsmenge einer Zelle ist im GST-Automaten komplizierter. Die partiellen Differentialgleichungen der erregbaren Medien bauen auf dem Wechselspiel zweier Variablen auf: der Erregungsvariablen u und der Erholungsvariablen v. Auch jede Zelle des Automaten rechnet mit diesen zwei Variablen. Da die Variable v eine längere Erholungsphase erlauben muß, wird sie durch viele Zustandswerte repräsentiert. Die Erregung einer einzelnen Zelle geht dagegen so blitzschnell, daß eine Unterscheidung zwischen vielen Werten völlig überflüssig erscheint. Die Variable u kann im zellulären Automaten nur den Wert 0 (nichterregt) oder 1 (erregt) annehmen.

Die Zustandsentwicklung beider Variablen sollte den gleichen Prinzipien folgen, die auch den partiellen Differentialgleichungen zugrunde liegen. Eine anschauliche Vorstellung von der Dynamik solcher Gleichungen erhält man durch einen Blick auf das, vor allem von Physikern und Mathematikern geliebte, Phasenraumporträt. Der Phasenraum ist der Raum aller möglichen Zustände eines Systems. Um sich etwas Ordnung und Überblick in einem solchen Phasenraum zu verschaffen, unterteilt man ihn durch die sogenannten Null-Isoklinen. Jede der möglichen Variablen hat eine eigene Null-Isokline, auf ihr verschwindet ihre zeitliche Ableitung, sie ändert sich also an diesem Punkt nicht. Da sich im Gleichgewichtspunkt jedes System im völligen Ruhezustand befindet, liegt ein solches Gleichgewicht zwangsläufig genau im Schnittpunkt der Isoklinen aller Variablen.

Für die Gleichungen der erregbaren Medien sieht ein typisches Phasenraumporträt mit den Null-Isoklinen der Variablen u und v wie im Bild 12.8a aus. Beide Isoklinen schneiden sich in nur einem Punkt, dem einzig möglichen Gleichgewicht des Systems. Wird dieses Gleichgewicht gestört, so durchlaufen die Zustände des Systems – wenn die Störung groß genug ist – einen typischen Zyklus. Im Bild 12.8a haben wir eine solche Bahn (Trajektorie) durch die gestrichelte Linie angedeutet. Jedesmal, wenn sie auf einen Ast der Null-Isoklinen trifft, ändert sie ihre ursprüngliche Richtung, bis sie schließlich wieder in ihren Gleichgewichtszustand zurückkehrt.

Diesen Zyklus muß die Zustandsentwicklung des zellulären Automaten imitieren. Bild 12.8b stellt die diskrete Version dieses Phasenraumporträts vor, die die Grundlage des Automaten darstellt: Der

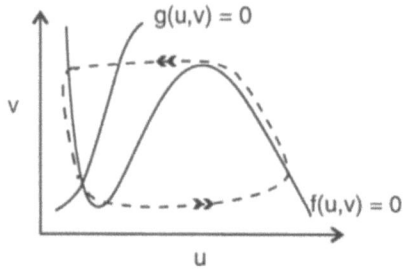 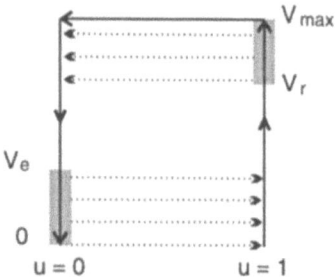

Bild 12.8: Das Phasenraumporträt des kontinuierlichen Modells (links) und seine „diskrete Version" im GST-Automaten (rechts)

Punkt $u = 0$, $v = 0$ übernimmt die Rolle des einzigen Gleichgewichtszustands. Wird eine Zelle erregt, springt ihre u-Variable sofort auf den Wert 1. Von hier aus arbeitet sich die v-Variable langsam auf ihren maximalen Zustandswert V_{max} vor, indem sie in jedem Zeitschritt linear um einen gewissen Betrag wächst. Spätestens bei Erreichen des Maximums fällt die u-Variable auf 0 zurück. Die Zelle beginnt sich zu erholen und baut in jedem Zeitschritt, ebenfalls linear, einen Teil ihrer v-Variablen ab, bis sie wieder ihr Gleichgewicht erreicht.

Analog zu den partiellen Differentialgleichungen sind die sprunghaften Veränderungen der u-Variablen nicht nur bei Erreichen der Grenzwerte 0 und V_{max} möglich. Sobald der v-Wert einer Zelle genügend nahe bei 0 liegt ($v < V_e$), kann sie bei entsprechend starkem Anreiz auf die andere Seite des Phasenraums springen. Der Sprung von $u = 0$ nach $u = 1$ geschieht – genau wie in der Misch-Masch-Maschine – immer dann, wenn die Anzahl der erregten Nachbarn einen Schwellwert überschreitet. Je weiter entfernt sich die Zelle von ihrem Gleichgewicht (also von $v = 0$) befindet, desto größer ist dieser Schwellwert.

So wie eine Zelle durch ihre Nachbarn erregt werden kann, können diese sie aber auch „ent"regen. Ist eine erregte Zelle bereits nahe an ihrem Maximalwert ($v > V_r$) und hat sie in ihrer Nachbarschaft genügend viele nicht-erregte Zellen, so kann sie sich schon vor Erreichen von V_{max} erholen. Auch hier gilt: Je weiter die Zelle von dem Maximum entfernt ist, desto höher ist die Hürde für eine verfrühte Erholung. In die Regeln fließen etliche Details ein, die erst das systematische Studium der Differentialgleichungen ans Licht gebracht haben. Die Möglichkeit der vorzeitigen Erregung und Erholung ist hierfür ein Beispiel. Ohne diese Elemente wäre beispielsweise eine Dispersionsbeziehung zwischen Geschwindigkeit und Periode einer Welle nicht zu bekommen.

Ein realistisches Modell erregbarer Medien sollte sicherlich die typischen Wellenstrukturen dieser Systeme zeigen, das heißt vor allem die charakteristischen Spiralwellen. Wie Bild 12.9 dokumentiert, erledigte der GST-Automat diese Aufgabe überzeugend. Da bereits die Misch-Masch-Maschine solche Spiralen nachgebildet hatte, war dies jedoch kein überraschendes Ergebnis. Um als ein brauchbares Werkzeug der Simulation ernst genommen zu werden, mußte eine Fülle anderer Prüfsteine aus dem Weg geräumt werden.

Bild 12.9:
Eine typische Spirale des GST-Automaten. Unterschiedliche Werte der v-Variablen sind durch verschiedene Graustufen dargestellt.

12.5 Prüfsteine der Simulation

Ein wichtiger Posten im Anforderungskatalog der Theorie ist die Krümmungsbeziehung. Sie ist nicht explizit durch einen geschickten Schachzug in die Regeln des GST-Automaten eingebaut. Schon die Misch-Masch-Maschine hatte uns aber gelehrt, wie sich eckige Wellenfronten, die die Gittergeometrie widerspiegeln, vermeiden lassen und sich wahrnehmbare Krümmungseffekte einstellen. Der Trick hierzu lag in der Vergrößerung der Nachbarschaft einer Zelle. Statt der gewöhnlichen Moore-Nachbarschaft, erweiterten wir diese zu höheren Radien (vgl. Bild 2.2) bis hin zu $r = 6$. Doch ob „rundere Wellenfronten" tatsächlich die für die erregbaren Medien typische Beziehung zwischen Ausbreitungsgeschwindigkeit und Krümmung der Erregungswellen garantierte, konnten nur die Simulationen zeigen.

In unzähligen Simulationsläufen mußte der Computer unterschiedlich stark gekrümmte Wellenfronten berechnen, sie sich entwickeln lassen und in jedem Moment Daten dazu sammeln, mit welcher Geschwindigkeit sich die Front abhängig von ihrer Krümmung durch den Zellraum bewegt. Als wir all diese Daten in ein Diagramm zeichneten, waren wir selbst überrascht angesichts der Präzision, mit der das diskrete Modell die von der Theorie proklamierte lineare Krümmungsbeziehung imitierte. Die Werte der gesammelten Daten wichen in allen simulierten Fällen kaum von einer Geraden ab, wie sie die Krümmungsgleichung aufstellt (Bild 12.10). Je nach dem gewählten Radius zeigte diese Gerade eine unterschiedliche Steigung, die aber von keinen weiteren Parametern abhing. Damit bot sich gleichzeitig eine elegante Möglichkeit, den Wert des Diffusionskoeffizienten im zellulären Modell

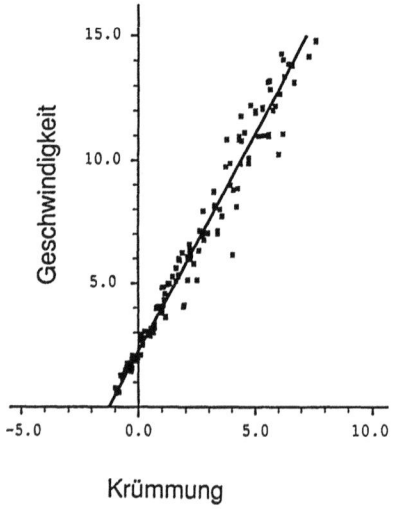

Bild 12.10:
Ein numerisches Experiment zeigt die Ausbreitungsgeschwindigkeiten der Wellen im GST-Automaten in Abhängigkeit von ihrer Krümmung.

abzuschätzen, da ja die Steigung der Krümmungsgeraden genau dem realen Diffusionskoeffizienten der Erregungsvariablen entspricht.

Die Wahl der erweiterten Nachbarschaften erwies sich nicht nur für eine verläßliche Wiedergabe der Krümmungsbeziehung als der richtige Weg. Auch für die Dispersionsbeziehung war sie eine unverzichtbare Voraussetzung. Reicht die lokale Wechselwirkung der Zellen nur über einen Nachbarschaftsradius von $r = 1$, ist die Geschwindigkeit der Wellenausbreitung vorprogrammiert, sie kann maximal eine Zelle pro Zeitschritt betragen. Je größer der Wert von r ist, desto mehr Möglichkeiten hat eine Erregungswelle, ihre Geschwindigkeit durch vor ihr liegende refraktäre Zellen zu verändern. Erst durch die erweiterte Nachbarschaft kann der Automat eine ähnliche Beziehung zwischen Geschwindigkeit und Periode zeigen, wie sie die Dispersionsbeziehung der Theorie formuliert.

Genau wie von der Theorie gefordert, nimmt auch im GST-Automaten die Geschwindigkeit einer Wellenfront mit kürzer werdenden Triggerperioden ab: Betrachtet man im einfachsten Fall nur eine planare Wellenfront, die sich parallel zu den Gitterachsen ausbreitet, so kann sie bei einer großen Triggerperiode alle vor ihr liegenden Zellen im Radius ihrer Nachbarschaft erregen. Folgen die Erregungsreize aber schneller aufeinander, sind die weiter entfernten Zellen noch refraktär. Statt r Zellschichten neu zu erregen, werden nun nur noch $r - 1$, bei noch kleineren Triggerperioden $r - 2$ usw. angeregt. Bild 12.11 zeigt ein typisches Ergebnis einer solchen Simulation für $r = 3$.

Zahlreiche andere Phänomene, wie etwa das Mäandern der Spiralwellen, fanden sich in den Simulationen des GST-Automaten in ganz ähnlicher Form wie in der Wirklichkeit wieder. Der Kasten 12C zeigt an einigen Beispielen, wie weit die Übereinstimmung zwischen Modell und Wirklichkeit tatsächlich geht. Seine eigentliche Überzeugungskraft als ernsthaftes Simulationswerkzeug erhält der Automat aber weniger durch die Widerspiegelung der beobachteten Phänomene als vielmehr durch die Chance eines genauen quantitativen Vergleichs gegenüber den Experimenten: Alle relevanten Größen der Simulation, wie die Ausbreitungsgeschwindigkeit und Periode der Spiralen oder die Größe ihres Rotationszentrums, können genau mit denen der Experimente verglichen und in Übereinstimmung gebracht werden.

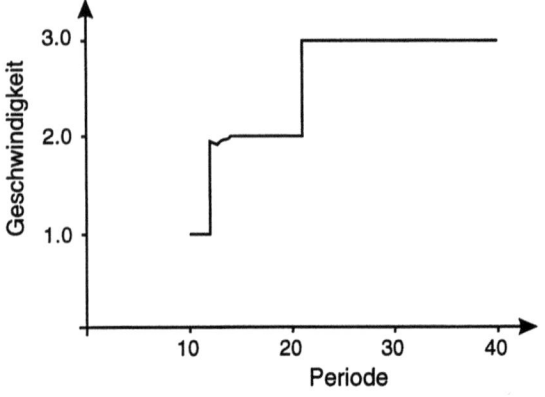

Bild 12.11:
Triggert man planare Wellenfronten, so zeigt auch der GST-Automat eine typische Dispersionsbeziehung.

Voraussetzung für einen solchen quantitativen Vergleich ist, daß man Raum- und Zeitskala des Modells unabhängig von einer konkreten Simulation ableiten kann. Diese Möglichkeit bietet der GST-Automat durch die lineare Krümmungsgleichung, die zwei unabhängige Raum- und Zeitgrößen liefert: die Geschwindigkeit der planaren Front und den Diffusionskoeffizienten. Durch einen Vergleich dieser beiden Werte mit denen der realen Systeme läßt sich genau ableiten, wieviel Millisekunden ein Zeitschritt und wieviel Mikrometer eine Zelle im Automaten in der Wirklichkeit entspricht. Alle frei wählbaren Parameter des Automaten können dann genau so eingestellt werden, daß sie die Details eines speziellen Experimentes – etwa der BZ-Reaktion – wiedergeben.

Die Raum- und Zeitskalen hängen im Automaten nur von der Größe des Nachbarschaftsradius ab: Je größer man den Radius wählt, desto feiner wird die räumliche Auflösung des Zellgitters. Alle räumlich skalierten Größen wachsen entsprechend ihrer Dimension mit dem Radius. So skaliert sich beispielsweise der aus der Krümmungsgeraden abgeleitete Diffusionskoeffizient – der in Fläche pro Zeit gemessen wird – linear mit der „Flächeneinheit" des Zellgitters, nämlich der Größe der Nachbarschaft, wie Bild 12.12 zeigt. Erst durch diese Beziehungen konnten wir über einen rein qualitativen Vergleich zwischen Modell und Wirklichkeit hinausgehen und damit einen Schritt unternehmen, der bis dahin nur den kontinuierlichen Modellen vorbehalten war.

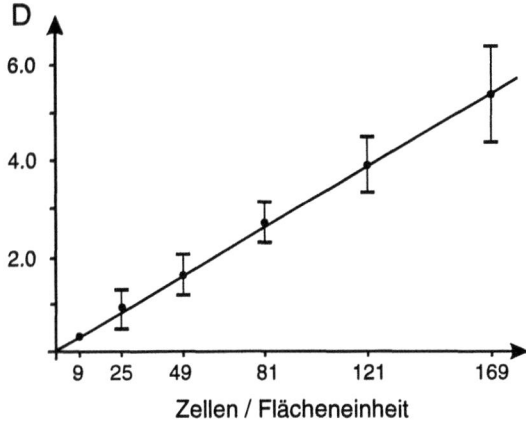

Bild 12.12:
Im GST-Automaten wächst der numerisch berechnete „Diffusionskoeffizient" linear mit der Fläche der Nachbarschaft (hier gezeigt für $r = 1$ bis $r = 6$).

Kasten 12C
Der GST-Automat im Vergleich

Die Wirklichkeit	**Das zelluläre Modell**
\multicolumn{2}{c}{**Das Zentrum der Spirale**}	
Jede Spirale eines erregbaren Mediums umkreist einen Bereich, der nie von der Erregungswelle erfaßt wird. Dieses „schwarze Loch" hat je nach experimentellen Bedingungen eine unterschiedliche Größe.	Auch die Spiralen des GST-Automaten rotieren um einen Bereich von Zellen, die nie von dieser Erregungswelle erfaßt werden. Je kleiner der Radius der Nachbarschaft ist, desto weniger Zellen enthält dieses „Sperrgebiet".
\multicolumn{2}{c}{**Mäandernde Wellen:**}	
Aus Experimenten zur BZ-Reaktion und auch aus Simulationen der Differentialgleichungen weiß man, daß die Spiralen unter bestimmten Bedingungen	Auch die Spiralen des GST-Automaten bleiben nicht immer an ihrem Platz fixiert. Bei einer gewissen Wahl der Konstanten des Modells wandert das (nie

im Medium herumwandern. Ihr Dreh- und Angelpunkt, um den sie in ihrer ewigen Rotation kreisen, beschreibt dabei charakteristische Bahnen. In ihrer Form erinnern diese an die Blütenblätter einer Blume, die die Spirale nach und nach umkreist. Einen Ausschnitt einer solchen Bewegung zeigt folgendes Bild:

erregte) Zentrum der Spirale in ganz ähnlichen Bahnen über das Gitter wie auch im Experiment. In dem folgenden Bild wurde zur Dokumentation dieses Verhaltens das Zentrum der Spirale in seiner Wanderung auf dem Gitter verfolgt. Die „blütenähnliche" Form des Pfades ist auch hier zu beobachten:

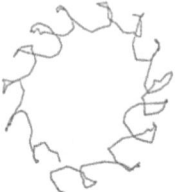

Spontanes Aufreißen der Wellenfront

In den Experimenten wurde ein Aufreißen der Wellenfront, das Voraussetzung zur Ausbildung neuer Spiralwellen ist, bisher nur durch äußere Störungen oder Inhomogenitäten des Mediums (wie Verunreinigungen) beobachtet. Neuere Simulationen der kontinuierlichen Gleichungen deuten aber darauf hin, daß auch ein spontanes Reißen der Front möglich ist.

Bei bestimmter Parameterwahl zeigen die Simulationen des GST-Automaten ein spontanes Aufbrechen der Wellenfront, ohne daß eine äußere Störung oder eine Unregelmäßigkeit im räumlichen Gitter vorliegt. Die in Bild 12.13 gezeigte Sequenz veranschaulicht diese Entwicklung. Aus einer Spiralwelle erwachsen so im Laufe der Zeit zahlreiche neue Spiralen.

Bild 12.13: Chaotische „Selbstreproduktion" von Spiralwellen im GST Automaten: In Bild c reißt in der unteren rechten Ecke eine Wellenfront auf. Im Laufe der zeitlichen Entwicklung geschieht dies immer wieder, so daß ein irreguläres, sich ständig veränderndes Muster entsteht. Die Entstehung solcher turbulenten Muster könnte mit dem Übergang von Tachycardia zu Fibrillation im Herzmuskel in Beziehung stehen.

12.6 Auf zu neuen Ufern

Es war von vornherein ein erklärtes Ziel des GST-Automaten, in etwa so „gut" zu sein wie seine kontinuierlichen Konkurrenten. Erst wenn diese Voraussetzung gegeben ist, können die Automaten ihren wirklichen Trumpf ausspielen, der in ihrer hohen numerischen Effizienz liegt. Der GST-Automat läßt sich im Vergleich zu den partiellen Differentialgleichungen etwa 100 bis 200mal schneller auf einem Computer berechnen. Er verbraucht außerdem nur einen Bruchteil des Speicherplatzes, da seine Variablen nicht als „Real-Größen" mit mehreren Bytes abgespeichert werden müssen. Mit annähernd dem Aufwand, den die partiellen Differentialgleichungen also bereits für die Simulation zweidimensionaler Medien benötigen, kann der Automat sich bereits dem viel aktuelleren Problem dreidimensionaler Medien zuwenden.

Hier liegt die eigentliche Herausforderung der Zukunft an die Wissenschaftler in diesem Bereich. Alle Theoriebildung in zweidimensionalen Medien, wie wir sie hier erörtert haben, ist letztlich nur ein Planspiel für die eigentlich wichtigen dreidimensionalen Simulationen. Die Ausbreitung einer Welle in einem solchen Raum ist aber von ganz anderen Faktoren beeinflußt als in der vereinfachten Situation einer flachen Ebene.

Eine dreidimensionale Spiralwelle kann man sich, wie es Bild 12.14 zeigt, wie eine Pergamentrolle vorstellen, die man spiralförmig aufwickelt. Eine solche „Scroll-Welle", wie sie genannt wird, dreht sich nun nicht mehr um einen Punkt, sondern um eine eindimensionale Kurve im Raum, die auch häufig durch das englische Wort *filament* beschrieben wird. Dieses *filament* kann eine komplizierte geometrische Gestalt haben: Es kann geschlossen sein oder auch nicht; es kann beliebig gekrümmt sein; es mag in sich verdreht sein, so daß sich die Scroll-Welle selbst wie eine Schraubenlinie darum herum windet; es kann in einer Ebene des Raumes liegen oder auch durch eine solche Ebene nicht beschreibbar sein.

Mathematiker kennzeichnen diese geometrischen Eigenschaften eines *filaments* durch drei verschiedene Größen: Krümmung, Torsion

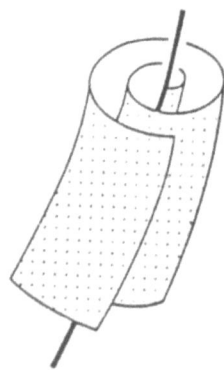

Bild 12.14:
So kann man sich eine dreidimensionale Scroll-Welle vorstellen, die um ein *filament* rotiert.

(ein Maß dafür, wie stark es von einer ebenen Kurve abweicht) und Twist (ein Maß für die Verdrehung der Scroll-Welle um das filament). Für einige einfache Fälle, etwa in denen die Torsion und der Twist Null sind, haben Simulationen der Differentialgleichungen und auch des GST-Automaten erste Zusammenhänge aufgedeckt, durch die die Dynamik dreidimensionaler Wellen bestimmt wird. Sind solche *filaments* beispielsweise einfache geschlossene Ringe, so können sie sich je nach ihrer Krümmung und den Eigenschaften des erregbaren Mediums immer weiter ausdehnen oder zusammenziehen, bis sie schließlich verschwinden; sie können aber auch im Laufe der Zeit eine stabile Ringgröße erreichen.

Kreisförmige Scroll-Wellen sind noch die einfachsten rotierenden Wellenstrukturen im Raum. Fast schon nicht mehr vorstellbar sind komplexere Formen, wie zu einer Helix verdrillte oder verknotete *filaments*. Doch solche räumlichen Spiralwellen muß man analysieren und verstehen, wenn man die allgemeinen Bewegungsgesetze aufdecken will, die hinter der Wellenausbreitung in drei Dimensionen verborgen sind. Noch steckt das Wissen um die Eigenschaften dreidimensionaler Erregungswellen in seinen Kinderschuhen. Ohne umfangreiche Simulationen realistischer Modelle wird man kaum eine Chance haben, neue Erkenntnisse zu gewinnen. Dazu aber sind effiziente Computermodelle eine unverzichtbare Voraussetzung. Daher ist es nicht überraschend, daß ein Modell wie der GST-Automat von den Wissenschaftlern, vor allem den Theoretikern im Bereich erregbarer Medien, mit offenen Armen empfangen wurde. Selbst so vehemente Kritiker der einfachen Automaten wie Arthur Winfree zogen ihr Mißtrauen gegen die diskreten Modelle zurück. Winfree selbst war der erste, der zugab, daß ein Modell wie der GST-Automat sämtliche Punkte seiner pointierten Kritik an den Automaten überholt hatte.

Ausgereiftere Regeln gegenüber den zellulären Automaten „der ersten Generation" und eine Vergrößerung der lokalen Nachbarschaft erweisen sich als die Schlüsselstellen für eine realistische Simulation. Der GST-Automat ist nicht der einzige Vertreter dieser neuen Generation erregbarer Automaten. Andere Wissenschaftler, wie etwa Mario Markus vom Max-Planck-Institut für Ernährungsphysiologie in Dortmund, wählten ähnliche Regeln, aber eine noch kompliziertere Form des Gitters und der Nachbarschaft: Auf einem rechteckigen Gitter sind die Zellen zufällig verteilt und können sich lokal austauschen mit allen Zellen innerhalb einer kreisrunden Nachbarschaft. Die größere Komplexität, die sich vor allem in „noch runderen" Wellenfronten zeigt, hat aber auch ihren Preis. Der numerische Aufwand zur Berechnung eines solchen Modells ist so groß, daß es kaum noch einen deutlichen Vorteil gegenüber den partiellen Differentialgleichungen bietet. Anders als im GST-Automaten wächst der Aufwand mit größerem Radius der Nachbarschaft sehr schnell an. Die rechteckigen Nachbarschaften im GST-Automaten lassen sich nämlich durch einen Trick, der aus der Bildverarbeitung stammt, durch nur wenige Rechenschritte auswerten, unabhängig davon, ob die räumliche Auflösung grob (r klein) oder sehr fein (r groß) gewählt wird. (Genauere Informationen hierzu finden sich im Anhang.) Für kreisförmige Nachbarschaften hingegen wächst der numerische Aufwand mit *jeder* zusätzlichen Nachbarzelle.

Einen noch gelungeneren Kompromiß zwischen den diskreten und den kontinuierlichen Modellen stellt das „Nachfolgemodell" des GST-Automaten dar, das von John Tyson zusammen mit Jörg Weimar und Layne Watson entwickelt wurde. Ihnen ist es gelungen, die Automatenregeln noch näher an die kontinuierlichen Gleichungen anzupassen und mit einer subtilen Nachbarschaftsform, in denen die Zellen einer eckigen Nachbarschaft unterschiedlich stark gewichtet sind, eine noch realistischere Beschreibung der zweidimensionalen Wellenausbreitung zu erreichen. Durch raffinierte Kunstgriffe bei der Implementation dieses Modells ist seine Berechnung für den Computer kaum aufwendiger als die des GST-Automaten.

Die zellulären Automaten haben sich dank ihrer Erfolge und Überzeugungskraft endgültig als ernsthaftes Simulationsinstrument der erregbaren Medien etabliert. Da sie ein so effizientes Werkzeug sind, kann man sie dort einsetzen, wo die partiellen Differentialgleichungen an die Grenzen der vorhanden Computerpower stoßen.

Die Theoriebildung zu erregbaren Medien ist ein Beispiel dafür, daß diskrete und kontinuierliche Modelle nicht mehr wie die Königskinder auf gegensätzlichen Ufern stehen müssen. Es gibt offensichtlich Brücken und Verbindungen zwischen ihnen. Jede Seite kann von der anderen profitieren: Die Automaten können von den kontinuierlichen Modellen viel abschauen über die detaillierten Mechanismen, die das Verhalten eines Systems regieren. Die partiellen Differentialgleichungen dagegen können den diskreten Modellen dort das Feld überlassen, wo sie selbst an die Grenze des numerisch Machbaren stoßen.

Was die Automaten zu einer fundierten Theorie dreidimensionaler Erregungswellen beitragen werden, wird die Zukunft zeigen. Zur Zeit gehören die Simulationen solcher Probleme sowohl mit kontinuierlichen als auch mit diskreten Modellen zur aktuellen Tagesordnung vieler Forschungsprogramme in diesem Feld. Aufbauend auf dem Nachfolgemodell des GST-Automaten betreiben zur Zeit beispielsweise John Tyson und sein Mitarbeiter Chris Henze umfassende Computerexperimente, in denen sie die besondere Dynamik der dreidimensionalen Wellen im Herzmuskel untersuchen. Ein erstes Ergebnis ihrer Arbeit ist auf Farbtafel 9 zu sehen, auf der eine Momentaufnahme einer Scroll-Welle, die sich um ein helixförmiges *filament* dreht, gezeigt ist. Wir, die wir die Geschichte der zellulären Automaten in diesem Bereich von Anfang an begleitet haben, sind selbst mehr als neugierig, welche weiteren Ergebnisse diese Simulationen noch ans Tageslicht bringen werden.

Anhang
Do it yourself – Zelluläre Kochrezepte

Wir haben in unseren Streifzügen durch zelluläre Welten die unterschiedlichsten Beispiele zellulärer Automaten kennengelernt, angefangen bei den sehr einfachen Konstruktionen wie LIFE und den eindimensionalen Automaten Wolframs. Schon diese Ansätze zeigten, wie einfach zelluläre Regeln aufgestellt werden können und welche Komplexität mit ihnen allein durch das Zusammenspiel vieler interagierender Komponenten erzielt wird. Mit dem Schritt zur Beschreibung natürlicher Systeme wurden die Automatenregeln umfangreicher und komplexer. Trotzdem bleiben die Regeln von der Misch-Masch-Maschine, WATOR & Co nicht nur einem ausgebildeten Mathematiker vorbehalten; mit etwas Intuition und ein wenig Spaß an logischen Regeln kann jeder selbst schnell neue Variationen bestehender Modelle durchführen oder auch ganz neue Ansätze aufstellen.

Die Einfachheit ihres Regelwerks macht die zellulären Automaten zu einem idealen Instrument, das mögliche Verhaltensrepertoire komplexer Systeme im Computer zu erkunden. Durch den ständigen Fortschritt in der Computertechnologie können solche Simulationen schon mit gewöhnlichen Heimcomputern ohne Probleme durchgeführt werden. Da sie auch von ihrem logischen Aufbau ohne fundierte Detailkenntnisse einer mathematischen Theorie entwickelt werden können, sind die zellulären Automaten wie kaum ein anderer Modellansatz für Wissenschaftler und Hobby-Programmierer gleichermaßen interessant.

Um von der Faszination zellulärer Welten wirklich in Bann gezogen zu werden, muß man die diskreten Mustermacher am besten in voller Aktion erleben. In allen in diesen Buch vorgestellten Modellen und ihren Ergebnissen konnten wir immer nur Schnappschüsse einer über viele Iterationen verlaufenden Entwicklung zeigen. Doch erst wenn man den bewegten Ablauf einer zellulären Entwicklung direkt auf dem Computerbildschirm verfolgt, erschließt sich einem die ganze Dynamik dieser künstlichen Welten: LIFE wird dann richtig lebendig, wenn die Gleiter über den Bildschirm flitzen, mit entfernten Konfigurationen kollidieren und sie zu ganz neuen Mustern anregen; und die Misch-Masch-Maschine zeigt erst ihre ganze Musterkraft, wenn sich aus dem völligen Durcheinander geordnete Spiralwellen abheben, sich mit Kreiswellen abwechseln und ständig neue Muster hervorbringen. Der Eindruck, den die bewegten Bilder der Simulation vermitteln, öffnet noch einmal eine ganz andere Ebene der Einsicht in die raum-zeitlichen Musterbildungen dieser Systeme.

Voraussetzung solcher Berechnungen ist die Implementation der zellulären Automaten im Rechner. Dabei sind die Regeln zellulärer Automaten geradezu ideal dafür geeignet, im Computer implementiert zu werden: Die endliche Zustandsmenge der Zellen entspricht den endlichen Speicherplätzen eines Rechners, ebenso wie die einfachen logischen Entwicklungsregeln eines Automaten direkt umsetzbar sind in die Maschineninstruktionen eines Rechners.

Es gibt bereits Hardwareplattformen, die speziell für die Implementierung von zellulären Automaten entwickelt wurden. Ein Beispiel hierzu ist die von Toffoli und Margolus geschaffene CAM (Cellular Automata Machines), eine Hardwareplatine, in der man mit einer eigens dafür entwickelten Sprache direkt zelluläre Anweisungen umsetzen kann. Wer über die CAM mehr wissen will, sei auf das gleichnamige Buch von Toffoli und Margolus verwiesen, das wir bereits in Kapitel 5 erwähnt haben.

Ideal geeignet für die zelluläre Implementation sind sogenannte SIMD- (Single Instruction Multiple Data) Parallelrechner. Diese Rechner bestehen aus vielen Prozessoren, die miteinander vernetzt sind. Identifiziert man eine Zelle (oder auch eine gewisse Menge an Zellen) mit einem Prozessor, so läßt sich das synchrone Updaten der Zellen innerhalb eines Iterationsschritts parallel durchführen. Jeder Prozessor entspricht einer Zelle, alle Prozessoren führen das gleiche Programm aus, ihre (lokale) Vernetzung entspricht genau der Nachbarschaft einer Zelle. Ein solcher SIMD-Rechner, der die exakte hardwaremäßige Entsprechung eines zellulären Automaten darstellt, ist beispielsweise die sogenannte Connection Machine CM2, die aus bis zu 65000 einfachen Prozessoren besteht. Gerade für numerisch sehr aufwendige Simulationen, wie etwa die Berechnung dreidimensionaler Erregungswellen (vgl. Kapitel 12), bietet diese Hardwareplattform eine ideale Voraussetzung.

Numerisch intensive Berechnungen mit zellulären Automaten lassen sich aber auch auf sogenannten MIMD- (Multiple Instruction Multiple Data) Parallelrechnern durchführen. Sie stellen die heute am meisten verbreitete Architektur von Parallelrechnern dar. Im Gegensatz zu SIMD-Rechnern, wie die Connection Machine, hat ein MIMD-Rechner weniger Prozessoren, die dafür aber einen bedeutend größeren Funktionsumfang besitzen. Jeder Prozessor kann verschiedene Programme durchführen, unterschiedliche Daten halten und diese mit den anderen Prozessoren austauschen. Auf einer solchen Plattform wird das Feld der Zellen in mehrere größere Unterbereiche geteilt, und jeder Parallelprozessor berechnet einen Ausschnitt des gesamten Feldes. Die Zustandswerte der überlappenden Ränder der Unterbereiche werden dann nach jedem Iterationsschritt zwischen den Prozessoren ausgetauscht. Die in Farbtafel 9 gezeigten Simulationen zu dreidimensionalen Erregungswellen sind auf genau einer solchen Plattform durchgeführt worden.

Die Benutzung von Parallelrechnern zu Simulationen von zellulären Automaten ist allerdings nur für sehr aufwendige Berechnungen erforderlich. Alle in diesem Buch vorgestellten Modelle lassen sich bereits leicht auf einem nach heutigen Ansprüchen durchschnittlich ausgestatteten PC (386er und aufwärts) berechnen. Hier kann jeder selbst schnell zum eigenen Schöpfer zellulärer Programme werden. Erforderlich zur zellulären Programmierung ist eine höhere Programmiersprache wie etwa C, C++ oder Pascal.

Der Ablauf der Automatenprogramme folgt dabei in der Regel immer dem gleichen Prinzip (vgl. Bild A.1, in dem wir den schematischen Programmablauf für LIFE dargestellt haben): Zunächst einmal werden zwei Felder NEU und ALT eingerichtet, in denen die Zustände der Zellen gespeichert werden. (In Automaten, in denen die einzelnen Zellen nicht nur über eine einzige Zustandsvariable beschrieben werden, wie etwa in WATOR, müssen für jede einzelne Variable solche Felder eingerichtet werden.) Zu Beginn der Simulation wird zunächst das Feld

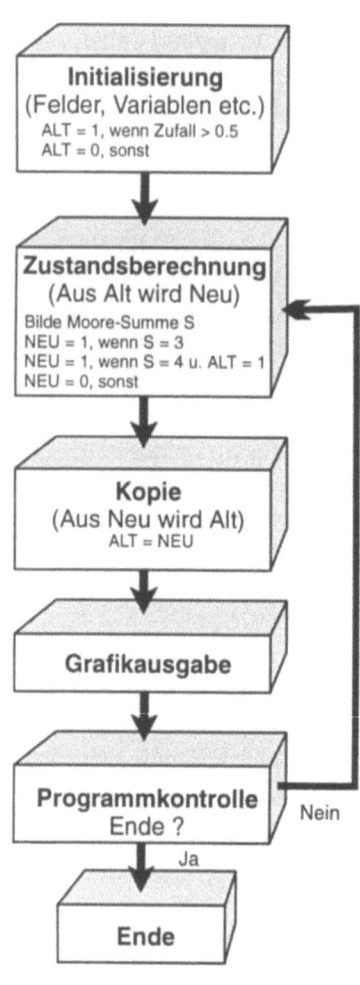

Bild A.1:
Schematischer Ablauf eines zellulären Programms am Beispiel von LIFE.

ALT initialisiert, zum Beispiel durch eine zufällige Verteilung der Zellen mit dem Zustandswert 1 auf dem Gitter. Nun kann auf der Grundlage des Felds ALT das Feld NEU berechnet werden. Dabei läuft das Programm in einer Schleife über alle Zellen des Feldes und ermittelt für jede Zelle von NEU ihren neuen Zustandswert auf der Grundlage der entsprechenden Zelle von ALT und deren Nachbarschaft.

Der neue Wert der Zelle von NEU ergibt sich durch die vorgegebene Automatenregel. Für LIFE wird beispielsweise zunächst die Summe aller 1-Zellen in der Nachbarschaft (inklusive der Kernzelle) ermittelt. Ist die Summe gleich 3, so ist der neue Zustandswert 1. Für eine 1-Zelle und einen Wert der Summe von 4 erhält die neue Zelle ebenfalls den Wert 1. In allen anderen Fällen wird die neue Zelle auf 0 gesetzt. Sind auf diese Weise alle Zellen von NEU belegt, so ist die Berechnung eines Iterationsschritts beendet. Nun wird das Feld NEU in das Feld ALT kopiert, und es ist an der Zeit, das Ergebnis der Iteration auf dem Bildschirm anzuzeigen. Danach kann der nächste Iterationsschritt durchgeführt werden.

Der hier kurz vorgestellte schematische Ablauf eines zellulären Programms kann beliebig umfangreich werden, wenn man die Steuerung, Kontrolle des Programms und die Grafikausgabe möglichst komfortabel und attraktiv gestalten will. Hier sind dann die Fähigkeiten des Programmierers gefragt, Interaktionen des Benutzers mit der Grafikoberfläche umzusetzen. Will man während des Programmlaufs die Möglichkeit haben, Variablen zu verändern, Zustände von Zellen auf dem Feld manuell mit der Maus zu setzen, Automatenregeln zu manipulieren, errechnete Zustände zu speichern oder an den Drucker auszugeben, sind Eventqueues auszuwerten. All dies sind Erweiterungsmöglichkeiten, mit denen man den Programmablauf immer weiter ausbauen und anspruchsvoller gestalten kann und die einen tief hinein in die Programmierung von grafischen Benutzerschnittstellen bringen.

Will man komplexere Automaten untersuchen wie beispielsweise dreidimensionale Zustandsräume, so ist man darauf angewiesen, die Computerressourcen möglichst effizient einzusetzen, um überhaupt vernünftige Resultate erzielen zu können. Effizienz bezieht sich hierbei zum einen auf die Rechengeschwindigkeit und zum anderen auf die Auslastung des benutzten Speichers. Es gibt eine Fülle von Techniken und Tricks mit denen man die Programmierung effizienter gestalten kann. Ist die Zustandsregel des Automaten zum Beispiel sehr kompliziert zu berechnen, so gibt es die Möglichkeit, die Zustandswerte einmal zu Beginn des Programms zu bestimmen und sie dann in einer Lookup-Tabelle zu speichern. Dann kann man den neuen Zustandswert einer Zelle direkt aus ihrem momentanen Zustand und den ihrer Nachbarzellen ablesen anstatt aufwendige Rechnungen durchführen zu müssen. Beispiele einer Lookup-Tabelle haben wir im Kapitel 7 im Zusammenhang mit den selbstreproduzierenden Schleifen und im Kapitel 9 beim Automaten für Zell-Zell-Interaktion kennengelernt.

Um Speicherplatz einzusparen, kann man darauf verzichten, die Informationen über die Zustände der Zellen in zwei verschiedenen Feldern ALT und NEU abzulegen. Letztlich sind für die Berechnung der Zustandswerte des neuen Feldes nur die Zellen in der Größe einer Nachbarschaft des alten Feldes relevant. Speichert man nur die Werte in der Breite eines Streifens in Größe der Nachbarschaft in einem temporären Feld, so kann man für die Berechnung des nächsten Zeitschritts diese „Nachbarschafts"-Maske über das Feld ziehen und nur das Feld ALT zur Speicherung benutzen.

Speicherplatz läßt sich auch reduzieren, wenn man den Platz, den die Zustandswerte belegen, optimal ausnutzt. Für binäre Automaten mit nur zwei Zustandswerten läßt sich beispielsweise jede Zelle in nur einem Bit speichern, anstatt die größeren Einheiten von Integer- oder Realzahlen dafür zu verwenden.

Wenn man mit erweiterten Nachbarschaften arbeitet, taucht schnell das Problem auf, daß sich die Rechenzeiten des Programms vervielfachen, da man bei der Auswertung der Nachbarschaft entsprechend mehr Zellen zu berücksichtigen hat. Um nicht für jede Zelle alle Nachbarzellen einzeln auswerten zu müssen, gibt es Tricks, mit denen man beispielsweise die Summenbildung in der Nachbarschaft einer Zelle durch eine Summenmaske durchführt. Betrachten wir als Beispiel einen eindimensionalen Automaten mit einem Nachbarschaftsradius r. Anstatt für jede Zelle in der Summenbildung alle $2r + 1$ Nachbarn aufzusummieren, führen wir eine Maske ein, die wir von links nach rechts über das eindimensionale Feld laufen lassen (vgl. Bild A.2). Diese Maske enthält die Summe von $2r + 1$ Zellen. Ist sie einmal initialisiert, so bildet man die Summe der nächsten Zelle, indem man die Maske einen Schritt nach rechts verschiebt: Das bedeutet, man addiert die nächste Zelle auf der rechten Seite der Maske und subtrahiert die linke freiwerdende Zelle. Auf diese Weise ist die Ermittlung der Summe unabhängig vom Radius der Nachbarschaft und läßt sich mit genau zwei Rechenoperationen durchführen. Diese Idee läßt sich analog erweitern

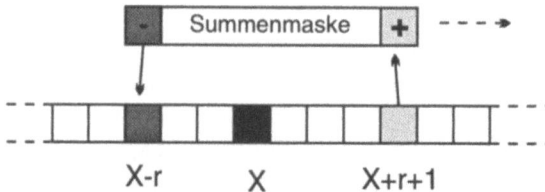

Bild A.2: So wandert die Summenmaske über das eindimensionale Feld, um mit nur zwei Rechenoperationen aus der Nachbarschaftssumme von X die von $X + 1$ zu bilden: Summe$(X + 1)$ = Summe(X) + Zustand$(X + r + 1)$ - Zustand$(X - r)$.

auf höhere räumliche Dimensionen. Durch diesen Trick ist beispielsweise die Berechnung der Misch-Masch-Maschine oder des GST-Automaten unabhängig von der Größe der erweiterten Moore-Nachbarschaft und läßt sich in zwei (drei) Dimensionen in nur 4 (6) Additionen pro Zelle durchführen. (Wer mehr Details über diese Programmiertricks erfahren möchte, findet hierzu in den Literaturhinweisen weitere Informationsquellen.)

Dies sind nur einige Beispiele, um die Effizienz der Automatenberechnungen zu steigern. Alle Verfahren lassen sich in einem Programm miteinander kombinieren, um bessere CPU-Zeiten oder optimalere Speicherplatzgrößen zu erzielen. Für den an Programmiertechniken interessierten Leser bieten die zellulären Automaten eine riesiges Experimentierfeld, weitere Ideen oder Tricks dieser Art zu entwickeln.

Wer aber nicht in die Tiefen der Programmierung vordringen möchte, wem die Implementierung eines periodischen Rands zu mühselig ist oder wer nicht die vielen Indizes der Zellen verwalten möchte, der kann auch auf Programme zurückgreifen, die eine spezielle Sprache zur zellulären Programmierung bieten. Ein solches Programm stellt das „Cellular Automaton Tool" (CAT) von der Gesellschaft für Mathematik und Datenverarbeitung in St. Augustin dar, das als Shareware über Internet erhältlich ist (s. Literaturhinweise). Mit Hilfe der Pascal-ähnlichen Sprache CARP erlaubt es die Programmierung auch komplexer Automaten, die sich der Anwender selbst ausdenken kann. Hierzu wird zu Beginn dem Programm mitgeteilt, auf welchen Feldern man rechnen will, welche Zustände eine Zelle haben darf und wie die Zustandsregel des Automaten aussehen soll. CARP stellt spezielle Befehle zur Verfügung, mit denen bestimmte Komponenten zellulärer Automaten wie die Moore- oder von-Neumann-Summe oder die Randbedingungen direkt abgerufen werden können. Nach Compilierung des eingegebenen Codes kann das Programm gestartet werden. CAT übernimmt dabei die vollständige Kontrolle über die Grafikausgabe und Menüsteuerung – ein einfacher Weg, um schnell und bequem eigene zelluläre Kreationen zu komponieren, ohne sich in den technischen Details einer Programmiersprache verlieren zu müssen.

Wer einfach nur schnell einen Eindruck der zellulären Welt bekommen möchte, ohne Regeln selbst zu entwickeln und zu programmieren, kann auch auf Programme zurückgreifen, in denen zelluläre Automaten bereits benutzerfreundlich umgesetzt sind. Ein Beispiel hierfür ist das Programm WINCA, das von David Griffeath und Robert Fisch entwikkelt wurde und ebenfalls von jedermann über Internet kostenlos bezogen werden kann. Hier sind verschiedene Regeln wie LIFE, Greenberg-Hastings oder die der in den Farbtafeln 3 und 4 gezeigten Automaten abrufbar. Man wählt die Regel und den Anfangszustand, und das Musterspiel der Zellen kann beginnen: Die verschiedenen Konfigurationen hüpfen mit musikalischer Begleitung über den Bildschirm. Konfigurationen von LIFE folgen einem Square-Dance. Spiralen des Greenberg-Hastings-Automaten legen einen ganz anderen Takt der Begleitmusik fest. Der Benutzer kann aber auch Parameter variieren, eigene Anfangszustände schaffen und die Regeln des Automaten verändern. Es macht Spaß, die bewegte Welt der Automaten derart amüsant und spielerisch kennenzulernen.

Welchen Weg Sie auch immer wählen, um sich Ihr eigenes „zelluläres Menü" zu kreieren – ob Sie auf ein „Fertiggericht" zurückgreifen oder Ihre eigenen „Kochkünste" einsetzen –, wir wünschen Ihnen ebenso viel Spaß bei der Erkundung zellulärer Welten, wir wir ihn auf unseren Entdeckungsreisen erlebt haben.

Literatur und andere Quellen

A) Allgemeine Informationen

... zum Lesen:

Die grundlegenden Ideen zu zellulären Automaten und viele einfache Anwendungsbeispiele finden sich in zahlreichen Heften der Zeitschrift „Spektrum der Wissenschaft", vor allem in der Spalte „Computer-Kurzweil" und den daraus zusammengefaßten Sonderheften, beispielsweise in:

Computer Kurzweil, Spektrum Akademischer Verlag, Reihe: Verständliche Forschung, Heidelberg 1988.

Computer Kurzweil 2, Spektrum Akademischer Verlag, Reihe: Verständliche Forschung, Heidelberg 1992.

Stephen Wolfram, „Software für Mathematik und Naturwissenschaften", Spektrum der Wissenschaft, November 1984.

Allgemeinverständliche Bücher über zelluläre Automaten gibt es bisher nur in englischer Sprache, wie etwa:

Tommaso Toffoli und Norman Margolus, „Cellular Automata Machines", MIT Press, Cambridge 1987.

W. Poundstone, „The Recursive Universe", Contemporary Books, Chicago 1985.

Wer einen tieferen Überblick über die unterschiedlichsten Anwendungen zellulärer Automaten als Modelle natürlicher Systeme bekommen möchte, wird in den folgenden Sammelbänden fündig:

Doyne Farmer, Tommaso Toffoli und Stephen Wolfram (Hrsg.), „Cellular Automata", Physica 10D, 1984.

Stephen Wolfram, „Theory and Applications of Cellular Automata", World Scientific, Singapore 1986.

Howard Gutowitz (Hrsg.), „Cellular Automata: Theory and Experiment", Physica 45D, 1990.

... und in dem bibliographischen Übersichtsartikel zu biologischen Anwendungen:

G. Bard Ermentrout und Leah Edelstein-Keshet, „Cellular Automata Approaches to Biological Modelling", J. Theor. Biology 160, 1993.

... zum eigenen Experimentieren und Zuschauen:

David Griffeath und Robert Fisch haben eine unterhaltsame Animation verschiedener zellulärer Automaten in dem Computerprogramm WINCA zusammengestellt, in dem die faszinierenden Musterszenarios nicht nur in ihrer Farbenpracht, sondern auch mit musikalischer Untermalung über den Bildschirm rauschen. Jeder, der einen Zugang zum Internet besitzt, kann dieses Programm kostenlos erhalten. Das Programmpaket (winca_b2.exe) ist durch Filetransfer (ftp) über folgende Internetadresse zu bekommen:
excite.math.wisc.edu *oder* cam8.math.wisc.edu

Ebenfalls als kostenlose Shareware über das Internet erhältlich ist ein Programm, das an der Gesellschaft für Mathematik und Datenverarbeitung in St. Augustin entwickelt wurde. Das „Cellular Automaton Tool (CAT)" stellt einen einfachen Werkzeugkasten zur Entwicklung eigener Simulationsprogramme zusammen. Mit Hilfe einer Pascal-ähnlichen Sprache erlaubt es die Programmierung auch komplexer Automaten, die sich der Anwender selbst ausdenken kann. CAT kann – ebenfalls via Filetransfer – über folgende Internetadresse bezogen werden:
gmd.de (im Verzeichnis gmd/cat)

Wer sich auf eine bildhafte Rundreise durch den zellulären Kosmos begeben möchte, kann dies durch einen Videofilm tun, den wir als die visuelle Fortführung dieses Buches planen. Er soll Ende 1995 erscheinen:
„Simulationen des Lebens", Spektrum Videothek.

B) Weiterführende Literatur zu den einzelnen Kapiteln:

Kapitel 1:

Zahlreiche Bücher und Monographien über das Chaos finden sich in fast jeder Buchhandlung und Bibliothek. Einen spannenden und verständlichen Einblick in das neuere Gebiet der Komplexitätsforschung geben:
M. Mitchell Waldrop, „Inseln im Chaos", Rowohlt, Reinbek 1993.
Roger Lewin, „Die Komplexitätstheorie: Wissenschaft nach der Chaosforschung",
    Hoffmann und Campe, Hamburg 1993.

Kapitel 3:

Die Regeln, Muster und Entwicklungen im Spiel des Lebens, sowie die mögliche Konstruktion von LIFE als universelle Turingmaschine beschreibt Conway mit zwei seiner Kollegen in dem folgenden Buch:
E. Berlekamp, J. Conway und R. Guy, „Gewinnen – Strategien für mathematische
    Spiele" (Bd. 4), Vieweg, Braunschweig 1985.

Eine Zusammenfassung all der Artikel und Veröffentlichungen, die in den 70er Jahren in der Kolumne Martin Gardners im Scientific American erschienen sind, findet sich in:
Martin Gardner, „Wheels, Life and Other Mathematical Amusements", W.H. Freemann, New York 1983.

Wer mehr über universelle Turingmaschinen erfahren möchte, kann dazu in den folgenden Quellen Informationen finden:
Alexander K. Dewdney, „The Turing Omnibus", in deutscher Übersetzung bei: Springer, Berlin 1995.
John E. Hopcroft, „Turingmaschinen", *Spektrum der Wissenschaft*, Juli 1985.

Kapitel 4:

Ein lebhaftes Bild von der Person Stephen Wolframs zeichnet Ed Regis in seinem Buch über die verschiedenen Wissenschaftler des Princeton Instiuts auf (unter anderem beschreibt er auch die schillernde Persönlichkeit John von Neumanns):
Ed Regis, „Gödel, Einstein & Co", Birkhäuser, Basel 1989.

Die Arbeit Stephen Wolframs zu eindimensionalen und – den zusammen mit Packard untersuchten – zweidimensionalen zellulären Automaten kann man nachlesen in:
Stephen Wolfram, „Universality and complexity in cellular automata", Physica 10D, 1984.
Norman H. Packard und Stephen Wolfram, „Two-dimensional cellular automata", Journal of Statistical Physics, Vol. 38, Nos. 5/6, 1985.

Christopher Langtons Entdeckung des Parameters λ und seines Zusammenhangs zu den vier Klassen beschreibt er in folgendem Artikel:
Christopher G. Langton, „Life at the Edge of Chaos", in: „Artificial Life II", hrsg. von C.G. Langton u.a., Addison-Wesley, Redwood City 1991.

Kapitel 5:

Eine Palette verschiedenster physikalischer Anwendungen zellulärer Automaten (neben den Gittergasen und dem Ising-Modell) beschreibt das in A) zitierte Buch von Toffoli und Margolus. Wer mehr Details über die wissenschaftliche Anwendung zellulärer Gittergase erfahren möchte, findet einen umfassenden Überblick in einer speziellen Ausgabe der Zeitschrift Physica D:
G. Doolen (Hrsg.), „Lattice Gas Methods for PDE's", Physica D 47, 1991.

Kapitel 6:

Die Geschichte um die Entdeckung der Belousov-Zhabotinsky-Reaktion und ihre Beschreibung findet sich in:
Arthur T. Winfree, „When Time Breaks Down", Princeton University Press, Princeton, 1987.
Arthur T. Winfree, „Rotating Chemical Reactions", Scientific American 230, 1974.
Stefan Müller, „Chemie der Musterbildung", in: A. Deutsch (Hrsg.), „Muster des Lebendigen", Vieweg, Braunschweig 1994.

Die genauen Einzelheiten der oszillierenden CO-Oxidation beschreibt:
N.I. Jaeger, K. Möller, P.J. Plath, „Cooperative effects in heterogeneous catalysis", Faraday Transactions 1, 82, 1986.

Die Beobachtung räumlicher Musterbildungen in der CO-Oxidation ist Thema in:
H.H. Rotermund, W. Engel, M. Kordesch, G. Ertl: „Imaging of Spatio-temporal Pattern Evolution during Carbon Monoxide Oxidation on Platinum", Nature 343, 1990.

Die Misch-Masch-Maschine wird vorgestellt in:
A.K. Dewdney, Computer Kurzweil, Spektrum der Wissenschaft, November 1988.

...und in größerem Detail in:
Martin Gerhardt und Heike Schuster, „A Cellular Automaton Describing the Formation of Spatially Ordered Structures in Chemical Systems", Physica D 36, 1989

Kapitel 7:

Einen hervorragenden Überblick über das Forschungsgebiet „künstliches Leben" gibt:
Stephen Levy, „Künstliches Leben aus dem Computer", Droemer Knaur, München 1993.

Zur Würdigung der Person von Neumanns und zur Vorstellung seiner unterschiedlichsten wissenschaftlichen Arbeiten hat die American Mathematical Society folgenden Sonderband herausgegeben:
J.C. Oxtoby, B.J. Peters, G.B. Price (Hrsg.), „John von Neumann 1903 - 1957", Bull. of the Am. Math. Soc. 64,1, 1958.

Die Arbeit John von Neumanns zu selbstreproduzierenden Automaten ist beschrieben in:
John von Neumann, „The Theory of Self-reproducing Automata", hrsg. von A.W. Burks, University of Illinois Press, Illinois 1966.
Arthur W. Burks, „Essays on Cellular Automata", University of Illinois Press, Illinois 1968.

Die Fortsetzung dieser Arbeit durch E.F. Codd kann man in dessen Dissertation nachlesen:
E.F. Codd, „Cellular Automata", Academic Press, New York 1968.

Eine detaillierte Darstellung der selbstreproduzierenden Schleifen Langtons findet sich in dem Artikel:
Christopher Langton, „Self-reproduction in Cellular Automata", Physica 10D, 1984.

Kapitel 8:

Eine allgemeine Einführung in die Fragen der präbiotischen Evolution gibt:
Christian de Duve, „Ursprung des Lebens – Präbiotische Evolution und die Entstehung der Zelle", Spektrum der Wissenschaft, Heidelberg 1994.

Wer mehr über die biologische und mathematische Theorie des Hyperzyklus erfahren möchte, kann dazu in folgenden Quellen nachlesen:
Manfred Eigen, „Self-Organization of matter and the evolution of biological macromolecules", Naturwissenschaften 10, 1971.
Manfred Eigen und Peter Schuster, „The Hypercycle: A Principle of Natural Self-Organization", Springer-Verlag 1979.
John Maynard Smith, „Hypercycles and the origin of life", Nature 280, 1979.
Der zelluläre Automat zum Modell des Hyperzyklus findet sich in:
Maarten Boerlijst und Pauline Hogeweg, „Spiral wave structure in prebiotic evolution: hypercycles stable against parasites", Physica D 48, 1984.
Maarten Boerlijst und Pauline Hogeweg, „Selfstructuring and selection: spiral waves as a substrate for prebiotic evolution", in „Artificial Life II", C.G. Langton et al. (Hrsg.), Addison-Wesley, 1992.

Kapitel 9:

Zur Beschreibung biologischer Musterbildungen und ihrer Theorie sind folgende Bücher und Artikel empfehlenswert:
Andreas Deutsch (Hrsg.), „Muster des Lebendigen", Vieweg, Braunschweig 1994.
Hans Meinhardt, „Models of biological pattern formation", Academic Press, London 1982.
James D. Murray, „Mathematical Biology", Springer, New York 1989.
Stephen J. Gould, „Wie das Zebra zu seinen Streifen kommt", Birkhäuser, Basel 1986.
Die eindimensionalen Automaten auf der Grundlage physikalischer und chemischer Zell-Zell-Interaktionen sind beschrieben in:
G. Gocho, R. Pérez-Pascual, und J.L. Rius, „Discrete systems, cell-cell interactions and color pattern of animals I und II...", J. theor. Biol. 125, 1987.
Der zweidimensionale Automat, der auf Reaktions- und Diffusionskräften basiert, findet sich in:
David A. Young, „A local activator-inhibitor model of vertebrate skin patterns", Math. Biosc. 72, 1984.
Weitere Ansätze zellulärer Automaten zu Turingmustern präsentieren folgende Autoren:
Mario Markus, Hans Schepers, „Turing Structures in a Semi-Random Cellular Automaton", in: J. Demongeot, V. Caspasso (Hrsg.), „Mathematics Applied to Biology and Medicine", Wuerz, Winnipeg 1994.
J. Weimar und Jean-Pierre Boon, „New Class of Cellular Automata for Reaction-Diffusion Systems Applied to the CIMA Reaction", in: A: Lawniczak, R. Kapral, „Lattice Gas Automata and Pattern Formation", Fields Institute, Waterloo 1994.

Kapitel 10:

Ein einführender Artikel zur Ökologie von Räubern und ihrer Beute ist:

Arthur T. Bergerud, „Die Populationsdynamik von Räuber und Beute", Spektrum der Wissenschaft, Februar 1985.

Der Planet WATOR wird vorgestellt in:
A.K. Dewdney, Computer-Kurzweil, Spektrum der Wissenschaft, Februar 1984.

Der zelluläre Automat zur Populationsentwicklung der Dornenkronen wird in folgendem Artikel beschrieben:
Jan van der Laan, Pauline Hogeweg, „Waves of crown-of-thorns starfish outbreaks", Coral Reefs 11, 1992.

Kapitel 11:

Soziale Dilemmata und ihre spieltheoretische Simulation beschreibt in anschaulicher Weise:
Robert Axelrod, „Die Evolution der Kooperation", Oldenbourg, München 1987.

Das zelluläre Spiel zwischen kooperativen und nicht-kooperativen Zellen stellen seine Erfinder vor in:
Martin A. Novak, Robert M. May, „The spatial dilemmas of evolution", International Journal of Bifurcation and Chaos, Vol. 3, No. 1, 1993.

Eine genaue Schilderung des Solidaritätsspiels findet sich in:
Rainer Hegselmann, „Solidarität in einer egoistischen Welt: Eine Simulation", in: Julian Nida-Rümelin (Hrsg.), „Praktische Rationalität", Walter de Gruyter, Berlin 1994.

Weitere Anwendungen zellulärer Automaten im sozialwissenschaftlichen Bereich geben:
zur Ausbildung von Meinungen und Positionen:
Dorothea Rumianek, Reinhard Samson, „Theorie und Experiment – Simulationsspiele zur Selbstorganisation", in: H.J. Andreß u.a. (Hrsg.), „Theorie, Daten, Methoden", Oldenbourg, München 1992.
A. Novak, J. Szammrej, B. Latane, „From private attitude to public opinion – Dynamic Theory of Social Impact", Psychological Review 97, 1990.

zur Ghettobildung und Klassensegregation:
Thomas C. Schelling, „Dynamic models of segregation", Journal of Mathematical Sociology, Vol.1, 1971.

Kapitel 12:

Zu den Musterbildungen der erregbaren Medien am Beispiel der Belousov-Zhabotinsky-Reaktion siehe die unter Kapitel 6 zitierten Literaturstellen.
Eine spezielle Beschreibung zu den räumlichen Mustern des Schleimpilzes Dictyostelium discoideum, gibt:
F.Siegert, O. Steinbock, „Das Sein bestimmt das Gestaltsein", in: A. Deutsch (Hrsg.), „Muster des Lebendigen", Vieweg, Braunschweig 1994.

Den eigentümlichen Lebenslauf des Pilzes beschreibt Bonner im folgenden Buch, in dem er ihn in ausgesprochen unterhaltsamer Weise gleichzeitig als ein Paradigma für die allgemeinen Lebenskreisläufe in der Biologie vorstellt:
John Tyler Bonner, „Evolution und Entwicklung", Vieweg, Braunschweig 1995.

Die besondere Bedeutung der Theorie und Experimente zu erregbaren Medien im Zusammenhang des Herzen beschreibt Winfree in dem unter Kapitel 5 zitierten Buch „When Time Breaks Down".

Über die Experimente, in denen die Spiralwellen im Herzmuskel untersucht werden, berichtet der folgende Artikel:
J.M. Davidenko, A.V. Pertsov, R. Salomonsz, W. Baxter, J. Jalife, „Stationary and Drifting Spiral Waves of Excitation in Isolated Cardiac Muscle", Nature 355, 1992.

Eine kurzen Überblick über die theoretische Untersuchung erregbarer Medien mit kontinuierlichen Sytemen gibt der Artikel:
J.K. Keener, J.J. Tyson, „Singular Perturbation Theory of Travelling Waves in Excitable Media", Physica D 29, 1987.

Einfache Zellularautomaten zu erregbaren Medien finden sich in:
J.M. Greenberg, S.P. Hastings, „Spatial Patterns for Discrete Models of Diffusion in Excitable Media", SIAM Journal of Applied Mathematics, Vol. 34, No. 3, 1978.
B.F. Madore, W.L. Freedman, „Self-organizing Structures", American Scientist, May-June 1987.

Der GST-Automat wird in den folgenden Artikeln vorgestellt:
M.Gerhardt, H. Schuster, J.J. Tyson, „A Cellular Automaton Model of Excitable Media Including Curvature and Dispersion", Science, Vol. 247, 1990.
..., part II: „Dispersion, Curvature, Rotating Waves and Meandering Waves", Physica D 46, 1990.
..., part III: „ Fitting the Belousov-Zhabotinsky Reaction, Physica D 46, 1990.
..., part IV: „ Untwisted Scroll Rings" Physica D 50, 1991.

Ein zellulärer Automat mit ähnlichen Regeln, aber einem zufälligen Gitter mit kreisrunden Nachbarschaften beschreibt:
M.Markus, B. Hess, „Isotropic Cellular Automaton for Modelling Excitable Media", Nature 347, 1990.

Eine Weiterführung des GST-Automaten gibt:
J.R. Weimar, J.J. Tyson, L.T. Watson, „Diffusion and Wave Propagation in Cellular Automata Models of Excitable Media", Physica D 55, 1992.
J.R. Weimar, J.J. Tyson, L.T. Watson, „Third Generation Cellular Automaton for Modeling Excitable Media", Physica D 55, 1992.

Anhang:

Programmtechnische Kniffs zur effizienten Implementation großer Nachbarschaften sind in den unter Kapitel 12 bereits zitierten folgenden Artikeln zu finden:
M. Gerhardt u.a., „... part II und part IV".
J.R. Weimar u.a., „Diffusion and Wave Propagation...".

Bildnachweis

Für alle hier nicht aufgeführten Bilder liegen die Rechte bei den Autoren.

Bild 4.14: S. Camazine, Cornell University, New York.

Bild 5.5: T. Schwenk, „Das sensible Chaos", Verlag Freies Geistesleben, Stuttgart 1962, mit freundlicher Genehmigung vom Verlag Freies Geistesleben.

Bild 5.6: J. Rackl und J. Burzler, Institut für Physik, Universität Regensburg.

Bild 5.11: aus: T. Toffoli und N. Margolus, „Cellular Automata Machines" (dort Fig. 17.2).

Bild 6.1: aus: A.T. Winfree, „When Time Breaks Down" (dort Fig. 7.4).

Bild 6.2: A.T. Winfree, University of Arizona, Tuscon.

Bild 6.3: K. Möller, N.I. Jaeger, P.J. Plath, Universität Bremen.

Bild 6.4: aus: J.R. Brown, G.A. D'Netto, R.A. Schmitz in „Temporal Order" (hrsg. von N.I. Jaeger und L. Rensing), Springer Verlag, Berlin 1985, S. 86 ff (dort Fig. 2). Mit freundlicher Genehmigung von Roger Schmitz und dem Springer Verlag.

Bild 6.8: H.H. Rotermund, G. Ertl, Fritz-Haber-Institut Berlin.

Bild 7.1: aus: Der große Brockhaus (Stichwort: Automat).

Bild 7.3: aus: M. Boerlijst, Dissertation, Universität Utrecht 1994 (dort Fig. 1).

Bild 9.1: zusammengestellt aus: COREL cliparts.

Bild 9.5: Q.Ouyang, H.L. Swinney, Universität von Texas, Austin.

Bild 10.5: aus: J. van der Laan, Dissertation, Universität Utrecht 1994 (dort Fig. 1 in Chap. 4).

Bild 11.5 und 11.6: aus: R. Hegselmann, in „Wirtschaftsethische Perspektiven I" (hrsg. von K. Homann), Duncker & Humblot, Berlin 1994 (dort Abb. 2 und 3).

Bild 12.2: C. Weijer, F. Siegert, Universität München.

Bild 12.4: aus: J. Roelandt et al., Eur. Heart J. 5, 7-20, 1984.

Bild 12.5: aus: J.M. Davidenko, P. Kent, J. Jalife, Physica D 49, 1991 (dort Fig. 8a).

Bild in Kasten 12B (links): aus: S.C. Müller, in: „Muster des Lebendigen" (hrsg. von A. Deutsch), Vieweg, Braunschweig 1994 (dort Bild 12.6).

Tafel 3 und 4: berechnet mit WINCA, Shareware von D. Griffeath and R. Fisch (s. Literaturhinweise).

Tafel 6: M. Boerlijst, P. Hogeweg, Universität Utrecht.

Tafel 8: R. Hegselmann, Universität Bremen.

Tafel 9: C. Henze, J.J. Tyson, Virginia Tech, Blacksburg.

Sachwort- und Namensverzeichnis

A

Aktionspotential 266; 271
Aktivator 203; 205 - 211
Alcanthaster planci siehe
  Dornenkronen
Altruismus 183; 188; 238; 247
Anisotropie 117; 119; 210
Apfelmännchen 12
asynchrones Updaten 28
Attraktor 9; 92; 93
Auszahlungsmatrix 239
Automaten
  siehe auch zelluläre Automaten
  endliche 18
  selbstreproduzierende 158; 160;
    161; 162; 163; 164; 166; 169;
    170; 173
Axelrod, R. 240; 241; 242

B

Belousov, B.P. 139; 140
Belousov-Zhabotinsky-Reaktion 141;
  142; 147; 156; 260; 263; 264; 270;
  271; 277; 281; 288; 289
Berechenbarkeit 55; 57
Billardkugel-Automat 111; 136
Billardkugel-Modell *siehe*
  kontinuierliches Billardkugel-
  Modell
Binomialkoeffizienten 67; 68
Blinker 37 - 43; 45
Blockpartitionierung 113
Blockregel 113 - 115; 135
Boerlijst, M.C. 184; 186

Brown, R. 105
Brownsche Molekularbewegung 106;
  121
Burks, A.W. 164
Busse, H. 141
BZ-Reaktion *siehe* Belousov-
  Zhabotinsky-Reaktion

C

CAM (Cellular Automata Machines)
  132; 298; 305
cAMP (zyklisches
  Adenosinmonophosphat) 265
CAT (Cellular Automaton Tool) 304;
  306
Chaos 5 - 12; 92 - 96; 118; 243
  deterministisches 6 - 8
  Rand des 10; 92; 93; 95
CIMA-Reaktion 204; 205
Codd, E.F. 165; 166; 168 - 170; 173
Codenummerierung 72; 88
Conway, J.H. 15; 33; 34; 38; 45; 46;
  54; 59; 60; 102
CO-Oxidation 145 - 148; 153; 154;
  156; 258
Crick, F. 193
Cronstedt, A. 144
Curietemperatur 125; 129

D

Darwin, C. 93; 183
Demokrit 105
Descartes, R. 159
Determinismus 4; 31

Dewdney, A.K. 156; 222; 223
Dictyostelium discoideum siehe
  Schleimpilz
Differentialgleichungen 103; 177;
  181; 182; 184; 188; 189; 190; 215;
  216; 261; 266; 270; 276; 277; 280
  partielle 119; 184; 205; 259; 271;
  280; 282; 283; 284; 289; 291;
  293 - 295
  Schwierigkeiten der numerischen
  Simulation 259; 261; 280; 295
  steife 280
Differenzmuster 85; 90
Diffusion 121; 123; 147; 151; 186;
  191; 206; 210; 266; 271; 272
Diffusionskoeffizient 278; 288
Diffusionsregel 121; 122; 123
digitale Mechanik 112
diskret
  -e Zustände 18; 26; 149
  im Raum 18; 19; 20
  in der Zeit 18; 28
  versus kontinuierlich 92; 93; 95;
  119; 135; 259; 261; 284; 293 -
  295
Diskretisierungsverfahren 259
Dispersion 277; 279; 282; 285; 287;
  288
dissipative Systeme 138
DNS 161; 168; 177; 178; 194
Doppelhelix 194
Dornenkronen 218; 224; 225; 226;
  227; 228; 229; 232
Dreikörperproblem 7
Dress, A.W.M. 148
dynamisches System 92

E

Egoisten 237; 238; 250
Eigen, M. 177; 178; 180; 181; 184;
  185
Einstein, A. 5; 61; 62; 106; 159
Energieerhaltung 115; 126; 127; 129;
  132

Entropie 10; 109; 125; 138
Entscheidungsproblem 55; 57
Ermentrout, B. 211
erregbare Medien 141; 142; 156;
  260 - 266; 268 - 277; 280 - 283;
  285; 289; 293; 294
Ertl, G. 156

F

Feynman, R. 3; 4
FHP-Gas 119
Fibrillation 268; 291
filament 292; 293; 295
Fisch, R. 305
Fraktale 5
Fredkin, E. 59; 61; 107; 109 - 111;
  133
Fresser 44; 45; 53; 111

G

Galvani, L. 266
Gardner, M. 36
Garten-Eden-Zustände 27; 47
Gaußklammer 152
Gefangenendilemma 238 - 240; 243
generatio spontanea *siehe* Urzeugung
genetischer Code 177; 178; 194; 197
Gitter
  dreieckiges 20
  hexagonales 20; 22; 274
  rechteckiges 20; 21; 24; 35; 151;
  191; 208; 220; 244; 274; 276
  verschobenes 198; 199; 200
Gittergas 108; 112; 120
  reaktives 121
Gleichgewicht
  erregbarer Medien 261; 262
  mathematisches 92; 283; 284
  ökologisches 222; 224
  physikalisches 131; 138; 139; 143
Gleiter 42 - 46; 48 - 51; 54; 64; 82;
  243; 245; 298
Gleiterkanone 46; 48; 51; 52; 60; 82;
  83

Gocho, G. 197 - 199; 202; 203; 211
Gosper, B. 46; 60
Great Barrier Reef 218; 224; 225; 226; 229; 232; 234
Greenberg-Hastings-Automat 273 - 276; 281; 305
  siehe auch zelluläre Automaten, Beispiele ...
Grenzzyklus 93; 215
Griffeath, D. 304
GST-Automat 283; 284 - 291; 293; 294; 303

H
Haken, H. 280
Halteproblem 57
Hegselmann, R. 248; 250; 252
Heisenberg, W. 8
Henze, C. 295
Herz
  als erregbares Medium 266; 267; 270
  Aufbau des -en 267
heterotypische Interaktionen 197; 199; 200
Hilbert, D. 55
Hodgkin, A. 266; 270
Hogeweg, P. 184; 186; 227; 230
homotypische Interaktionen 197; 199; 200
HPP-Gas 114 - 117; 119; 122
Huxley, A. 266; 270
Hydrodynamik 116 - 120
Hyperzyklus 175; 177; 178; 180 - 192; 194; 238
  siehe auch zelluläre Automaten, Beispiele ...

I
ideales Gas 108
Inhibitor 203; 205 - 211
invisible hand
  Paradigma der 237
Irreversibilität 5; 109

Ising, E. 124
Ising-Modell 108; 124; 125; 126; 128; 129; 130; 131
Isokline 283

J
Jaeger, N.I. 144
Jalife, J. 269

K
Katalysator 145 - 147; 150
Katalyse
  Auto- 181
  heterogene 143; 156
Kollisionsregel 114; 116
Komplexität 3 - 7; 9 - 12; 14; 16; 33; 36; 57; 59; 60; 62; 82; 92; 93;157; 297
Komplexitätsforschung 10; 93
kontinuierlich
  siehe auch diskret versus kontinuierlich
  -e Modelle allgemein 92 - 95; 103
  -es Billardkugel-Modell 112; 133 - 135
  -es Modell erregbarer Medien 260; 261; 272; 277; 283
  -es Räuber-Beute-Modell 215 - 217
Kooperation 235 - 242; 244 - 247
Kooperationsspiel 242 - 246
  siehe auch zelluläre Automaten, Beispiele ...
Korallen 224; 226 - 228; 231; 233
Krebs, A. 139; 159
Krebs-Zyklus 139
Krümmung 277; 278; 286; 292
Krümmungsbeziehung 279; 286; 287; 288
Kuhn, T.S. 137
künstliches Leben 15; 93; 94; 103; 157; 158; 164; 165; 173; 174; 223

L

Langton, C. 93; 94; 165; 167; 168; 170; 173; 174
Laplace, P.S. 4; 272
Laplacescher Dämon 4; 8
LIFE 15; 16; 19; 21; 23; 26; 27; 31; 33 - 54; 57; 59; 60; 64; 76; 82; 88; 90; 102; 109; 111; 134; 163; 243; 297; 298; 300; 301; 305
 siehe auch zelluläre Automaten, Beispiele ...
logische Gatter 50; 53; 133; 134
Lorenz, E. 7; 8
Lotka, A. 215; 216

M

mäandernde Wellen 277; 279; 287; 289
Magnetisierung 124; 128 - 131
Makrokosmos 105
Mandelbrotmenge 12
Margolus, N. 107; 111; 112; 122; 132; 135; 186; 191; 298
Margolus-Nachbarschaft 113; 114
Markus, M. 293
May, R. 242; 243
Maynard Smith, J. 183; 188
Mechanik *siehe* Newtonschen Gesetze der Mechanik
Meinhardt, H. 205
Mikrokosmos 105
Miller, S. 176
Misch-Masch-Maschine 137; 148 - 156; 186; 257; 258; 281; 282; 284; 285; 297; 298; 303
 siehe auch zelluläre Automaten, Beispiele ...
molekulare Dynamik 120; 122
Moore, E.F. 22; 47
Morphogene 203; 204; 206; 207; 210; 211
Morphogenese 204
Murray, J.D. 205

Muster
 chaotische 79; 90
 fraktale 67; 247
 periodische 39; 40; 73; 78; 80; 81; 95
 stationäre 38; 39; 41; 82; 90; 205
 wandernde 82 (*siehe auch* Gleiter)
Myocard 267

N

Nachbarschaft
 erweiterte Moore- 23; 149; 151; 286; 294; 303
 kreisförmig 207; 294
 Moore- 22; 23; 29; 35; 88; 166; 191; 229; 243; 244; 304
 Radius der 22; 70; 288; 289; 303
 von-Neumann 22; 23; 24; 29; 88; 91; 129; 163; 218; 220; 242; 250; 276; 304
Navier-Stokes-Gleichung 119
Nervenreizleitung 262; 266; 271
Neuron 12; 266
Newton, I. 3; 4
Newtonsche Gesetze der Mechanik 4; 105 - 108; 112; 121; 124
nichtlineare Gesetze 7; 8; 94; 119; 143; 259
Nichtlinearität 7
Novak, M. 242; 243

Ö

Ökologie 104; 213; 217

O

Ouyang, Q. 204

P

Packard, N. 90
Paradieszustände *siehe* Garten-Eden-Zustände
Paradigmawechsel 139

Parallelrechner 15; 298
  Connection Machine 299
  MIMD (Multiple Instruction Multiple Data) 299
  SIMD (Single Instruction Multiple Data) 298; 299
Pascalsches Dreieck 67 - 69
Pasteur, L. 176
Pérez-Pascual, R. 197
Phasenraumporträt 283; 284
Phasenübergang 124; 128; 131
Pigmentzellen 196; 197; 198; 199; 206
Planck, M. 5; 106
Plath, P.J. 144
Poincaré, H. 7
Populationsbiologie 215
präbiotische Evolution 103; 175; 177; 184
Prigogine, I. 138; 143
Proteinsynthese 177; 178; 181

Q

Quantentheorie 4; 105; 106; 137; 159

R

Rand
  Artefakte am 24
  offen 230
  Zellen am 24; 25; 79
Randbedingungen
  periodisch 25; 191; 220; 276
  symmetrisch 26; 200
Räuber-Beute-System 213; 224
Raum- und Zeitskala 259; 260; 288
Reaktions- und Diffusionsmodelle 211; 271
Reaktionskinetik 106
refraktär 263; 273; 274; 287
Refraktärzeit 262; 268; 282
Regeln
  außen-totalistische 18; 31; 49; 88; 91; 117; 123; 173; 189; 268; 274
  deterministische 31; 47; 63
  legale 70; 72; 86
  mod 2- 72; 167
  stochastische 31
  totalistische 30; 31; 70; 71; 72; 74; 78; 86; 88; 90; 91; 199; 211
  zweiter Ordnung 111
Relativitätstheorie 4; 105; 106
Reversibilität 108; 109; 112; 115
Rius, J.L. 197
Rosenblueth, A. 274
Ruhepotential 266

S

Schelling, T. 256
Schleimpilz 261; 264; 265; 271
Schuster, P. 177; 180; 181; 184; 185
Scroll-Welle 292; 293; 295
Selbstorganisation 5; 9; 12; 102; 109; 139; 177
Selbstreplikation 182; 185; 191; 192
Selbstreproduktion 157; 158; 163; 165; 167; 170; 171; 174; 291
selbstreproduzierende Schleifen 169 - 173; 302
Selektion 179; 183; 187; 188; 190; 238
Sinusknoten 267; 268
Smith, A. 237
Solidaritätsspiel 248; 249; 250; 252
Solidarnetzwerke 250
Soto, F. 197
soziale Dilemmata 235; 237; 238; 243; 250; 256
Spiel des Lebens *siehe* LIFE
Spieltheorie 159; 236; 238; 241
Spin 125; 126; 127; 129
Spiralen 142; 153; 156; 186 - 189; 263; 264; 266; 268; 270; 273 - 275; 277; 279; 281; 285; 287; 289; 290; 305
statistische Mechanik 107; 124
Strategie 236; 239 - 243; 245; 249; 250; 251

Superspiel 240; 242
Supersuperspiel 241
Swinney, H.L. 204
synchrones Updaten 28
Synergetik 143

T

Tachycardia 268; 291
Thermodynamik 106; 125; 137; 138; 143
   Nichtgleichgewichts- 138; 139
   zweiter Hauptsatz der 125; 138
Tit-for-Tat 240; 242
Toffoli, T. 3; 9; 61; 107; 122; 132; 186; 191; 298
Torsion 292
Triggerperiode 279; 287
Turing, A. 54 - 57; 161; 203; 204
Turingmaschine
   universelle 54 - 57; 82; 111; 161; 166
Turingmuster 204; 206; 207
Twist 293
Tyson, J.J. 281; 294; 295

U

Ulam, S. 17; 162
Unberechenbarkeit 59
unkooperativ *siehe* Kooperation
Unschärferelation 8
Unvorhersagbarkeit 15; 36; 82
Urzeugung 175

V

van der Laan, J. 227; 230; 234
Vaucanson, J. de 159; 160
Volterra, V. 215; 216
Volterra-Lotka-Gleichungen *siehe* kontinuierliches Räuber-Beute-Modell
von Neumann, J. 17; 18; 22; 33; 62; 94; 102; 103; 158 - 167; 170; 173; 174

W

WATOR 218 - 220; 222; 223; 297; 300
   siehe auch zelluläre Automaten, Beispiele...
Watson, J. 193
Watson, L. 294
Weimar, J. 294
Wiener, N. 274
WINCA 304; 306
Winfree, A.T. 139 - 141; 280; 293
Wolfram, S. 16; 60 - 64; 69; 70 - 73; 78; 79; 82; 86; 87; 90; 92; 96; 97; 98; 102; 107; 159; 165; 196; 211

Y

Young, D. 205; 206; 207; 210

Z

Zellraum 19 - 23
zelluläre Automaten
   Beispiele (in Kästen):
     Aktivator/Inhibitor 208
     Greenberg-Hastings 276
     Hyperzyklus 191; 192
     Kooperationsspiel 244
     LIFE 35
     Misch-Masch-Maschine 151; 152
     WATOR 220 - 221
     Zell-Zell-Interaktionen 200
   binäre 26; 27; 29; 30; 302
   eindimensionale 21; 22; 29; 63 - 88; 96; 97; 198; 297; 303
   Grundcharakteristika 18
   numerische Effizienz 102; 122; 291
   reversible 108 - 112;
Zeolithe 144; 149
Zhabotinsky, A. 140; 143
Zustandsentwicklung 18; 28 - 32
Zustandsmenge 26; 27

Muster des Lebendigen

von Andreas Deutsch (Hrsg.)

1994. XVI, 299 Seiten mit zahlreichen Zeichnungen und Fotos sowie einem Farbteil (Facetten) Gebunden.
ISBN 3-528-06546-X

Aus dem Inhalt: Einleitung: Vom Muster zum Modell – Symmetrische Ordnung, regelmäßige Flächenaufteilung und Transformation – Der Goldene Schnitt als Gestaltungsprinzip – Turinganalyse als universelles Hilfsmittel zur Analyse von Musterbildungen – Verzweigung mit System: L-Systeme simulieren eine fraktale Welt – Erregung ohne Ende: Das Paradigma erregbarer Medien in Chemie und Biologie – Von chemischer zu biologischer Musterbildung: Runge-Bilder, Liesegangsche Ringe und die Belusov-Zhabotinski-Reaktion – Vom Modell zum Experiment: eine chemische Reaktion bestätigt Vorhersagen des Mathematikers Alan Turing – Schirm und Charme der Riesenalge Acetabularia – Zur Geometrie von Algenmustern – So schön kann Schimmeln sein: Sporenmuster eines Schlauchpilzes – Ein Schleimpilz zieht Kreise und andere Figuren – Das Wandern ist der Pigmentzelle Lust: Die Entstehung von Pigmentierungsmustern bei Salamanderlarven – Zeichnungen auf Schnecken- und Muschelschalen.

Fragestellungen und Erklärungsmodelle zur Entstehung von Ordnung in der Natur werden in anschaulicher Form von anerkannten Wissenschaftlern in eigenständigen Beiträgen vorgestellt, und anhand ausgewählter Beispiele erschließt sich dem Leser ein Querschnitt von Mustern und Theorien zu ihrer Erklärung. Begriffe wie Selbstorganisation, Synergetik, konservative und dissipative Strukturen, zelluläre Automaten, finite Elemente, Reaktions-Diffusions-Systeme, mechano-chemische Modelle und Turing-Analyse werden im wahrsten Sinne des Wortes mit Leben erfüllt und im Zusammenhang biologischer Musterbildungen erläutert. Der Anhang enthält ein Glossar, das durch kurze und prägnante Definitionen die im Text verwendeten Begriffe der Musterbildungstheorie erläutert.

Über den Herausgeber: Dr. Andreas Deutsch forscht an der Abteilung für Theoretische Biologie der Universität Bonn über die Modellierung biologischer Musterbildung.

Verlag Vieweg · Postfach 15 46 · 65005 Wiesbaden

Denkweisen
großer Mathematiker

von Herbert Meschkowski

1990. X, 286 Seiten. (Facetten) Gebunden.
ISBN 3-528-28179-0

Aus dem Inhalt: Die Pythagoreer – Euklid – Archimedes – Nikolaus von Cues – Cardano und Tartaglia: Kubische Gleichungen – Pierre de Fermat – Blaise Pascal – Gottfried Wilhelm Leibniz – Die Brüder Bernoulli – Leonhard Euler – Carl Friedrich Gauß – Bernard Bolzano – Bolyai und Lobatschewsky: Nichteuklidische Geometrie – Ernst Eduard Kummer – George Boole – Weierstraß und seine Schule – Bernhard Riemann – Georg Cantor – Felix Klein – Henri Poincaré – David Hilbert – Erhard Schmidt – Luitzen Egbertus – Jan Brouwer – Emmy Noether – John von Neumann.

Ein echtes Verständnis für die moderne Mathematik ist nur möglich, wenn man etwas über die Geschichte der exakten Wissenschaften weiß. Der Autor hat es in diesem Buch unternommen, das Wesentliche am Leben und Werk einzelner Forscher deutlich werden zu lassen. Dem Leser wird ein kurzweiliger Gang durch die Geschichte der Mathematik von den Griechen bis zu den großen Mathematikern unseres Jahrhunderts geboten. "We obtain indeed a glimpse into the way these mathematicians thought."

(D. J. Struik in „Mathematical Reviews" 92 a)

Verlag Vieweg · Postfach 15 46 · 65005 Wiesbaden

MIX
Papier aus verantwortungsvollen Quellen
Paper from responsible sources
FSC® C105338

If you have any concerns about our products,
you can contact us on
ProductSafety@springernature.com

In case Publisher is established outside the EU,
the EU authorized representative is:
**Springer Nature Customer Service Center GmbH
Europaplatz 3, 69115 Heidelberg, Germany**

Printed by Libri Plureos GmbH
in Hamburg, Germany